D. Peus, A. Meves

Dermatologie

in Frage und Antwort

Fragen und Fallgeschichten zur Vorbereitung auf mündliche Prüfungen während des Semesters und im Examen

2., erweiterte Auflage

ELSEVIER
URBAN & FISCHER

URBAN & FISCHER München · Jena

Zuschriften und Kritik an:
Elsevier GmbH, Urban & Fischer, z.Hd. Dr. Kathrin Feyl, Karlstraße 45, 80333 München

Wichtiger Hinweis für den Benutzer
Die Erkenntnisse in der Medizin unterliegen laufendem Wandel durch Forschung und klinische Erfahrungen. Herausgeber und Autoren dieses Werkes haben große Sorgfalt darauf verwendet, dass die in diesem Werk gemachten therapeutischen Angaben (insbesondere hinsichtlich Indikation, Dosierung und unerwünschten Wirkungen) dem derzeitigen Wissensstand entsprechen. Das entbindet den Nutzer dieses Werkes aber nicht von der Verpflichtung, anhand der Beipackzettel zu verschreibender Präparate zu überprüfen, ob die dort gemachten Angaben von denen in diesem Buch abweichen und seine Verordnung in eigener Verantwortung zu treffen.
Wie allgemein üblich wurden Warenzeichen bzw. Namen (z.B. bei Pharmapräparaten) nicht besonders gekennzeichnet.
Der Verlag hat sich bemüht, sämtliche Rechteinhaber von Abbildungen zu ermitteln. Sollte dem Verlag gegenüber dennoch der Nachweis der Rechtsinhaberschaft geführt werden, wird das branchenübliche Honorar gezahlt.

Bibliografische Information Der Deutschen Bibliothek
Die Deutsche Bibliothek verzeichnet diese Publikation in der Deutschen Nationalbibliografie; detaillierte bibliografische Daten sind im Internet über http://dnb.ddb.de abrufbar.

1. Auflage 1993
2. Auflage 2004

02 03 04 05 06 5 4 3 2 1

Zugelassen an Bayerischen Fachschulen im Rahmen der Lehrmittelfreiheit.

Um den Textfluss nicht zu stören, wurde bei Patienten und Berufsbezeichnungen die grammatikalisch maskuline Form gewählt. Selbstverständlich sind in diesen Fällen immer Frauen und Männer gemeint.

Planung: Dr. Dorothea Hennessen
Lektorat: Dr. Kathrin Feyl
Redaktion: Dr. Markus Gerhard, Dr. Kathrin Feyl
Herstellung: Christine Jehl
Satz: abc.Mediaservice, Jürgen Winnige
Zeichnungen: Stefan Elsberger
Druck und Bindung: LegoPrint, Italien
Umschlaggestaltung: Spiesz-Design, Neu-Ulm
Titelfotografie: Eckhard Schulz, Fotodesign, München

ISBN 3-437-43370-9

Aktuelle Informationen finden Sie im Internet unter www.elsevier.com und www.urbanfischer.de

Vorwort

Liebe Studentinnen und Studenten,

es hat uns viel Freude bereitet, diese zweite, völlig überarbeitete und aktualisierte Auflage von *Dermatologie in Frage und Antwort* zu erstellen. Unser Buch soll zuallererst helfen, die bevorstehenden Prüfungen mit Leichtigkeit und Spaß am Lernen und Lesen zu meistern. Dazu haben wir benötigtes Fachwissen interessant aufgearbeitet, mit vielen neuen Kasuistiken, Merksätzen und Links zu empfehlenswerten Internet-Ressourcen. Neu ist auch der hinzugefügte Bildanhang, an dem sich das Beschreiben von Hautveränderungen mit dem Vokabular der Effloreszenzenlehre in geeigneter Weise üben lässt.

Durch Multiple-Choice-lastige Prüfungsverfahren fällt vielen Medizinstudenten ein frei formuliertes und strukturiertes Antworten schwer. Dieses Buch soll helfen, mögliche Hürden und Ängste vor mündlichen Prüfungen abzubauen. Es liefert Fragen und Antworten, mit denen der Ernstfall zum Beispiel in Lerngruppen geprobt werden kann. Die Fragen orientieren sich an Prüfungsprotokollen vergangener Prüfungen und wurden realitätsnah formuliert.

Trotz aller Hektik und Aufregung im Vorfeld von Prüfungen ist es uns besonders wichtig, die nächste, junge Generation von Ärzten und Ärztinnen für die Dermatologie zu begeistern. Denn Ihnen gehört die Zukunft des Fachs. Begeisterung wird vor allem durch vorbildliche Lehrer vermittelt. Daher möchten wir es nicht versäumen, unseren Dank gegenüber unseren akademischen Lehrern und Förderern – insbesondere Prof. Dr. Dr. Johannes Ring, Prof. Dr. Dr. h.c. Gerd Plewig, Prof. Dr. Martin Röcken, Prof. Dr. Marc Heckmann, Prof. Dr. Dr. h.c. Thomas Ruzicka, Prof. Dr. Jean Krutmann, Prof. Dr. Karin Scharffetter-Kochanek, Prof. Dr. Dr. h.c. Thomas Krieg und Prof. Dr. Mark Pittelkow – zum Ausdruck zu bringen. Für die freundliche Unterstützung von Frau Dr. Kathrin Feyl, Lektorat des Urban & Fischer Verlages, möchten wir uns bedanken.

München und Mayo Clinic, Rochester, MN, April 2004

Dr. med. Dominik Peus
Dr. med. Alexander Meves

Inhaltsverzeichnis

Abbildungsverzeichnis

[1] mediscript-Examensbände 3/94– 8/01. München, mediscript/Urban&Fischer-Verlag.

[2] Massalme, S.: Crashkurs Pathologie. Urban & Fischer, 1. Auflage 2004

[3] Roche-Lexikon Medizin, 4. Aufl. München, Urban & Schwarzenberg 1998.

Allgemeine Hinweise und Tipps

Prüfungsvorbereitung

Zur optimalen Prüfungsvorbereitung empfiehlt es sich, neben dem Einzelstudium Lerngruppen zu bilden. Zwei bis drei Monate sollten sich die Teilnehmer der Lerngruppen etwa 2–3-mal pro Woche treffen. Vor jedem Treffen sollte ein Thema vereinbart werden, das für das nächste Mal vorbereitet wird. Dies erhöht die Motivation zum regelmäßigen Lernen und ermöglicht gleichberechtigte und ergänzende Diskussionen. Punkte, die dem Einzelnen während des Einzelstudiums unklar geblieben sind, sollten notiert und in der Gruppe vorgestellt und beraten werden. Auf diesem Weg kann man das eigene Wissen kontrollieren und Sicherheit gewinnen.

Das Lernen in Lerngruppen hilft, Ängste vor der freien Rede abzubauen und trainiert das freie und strukturierte Antworten. Durch regelmäßiges Treffen wird der Kontakt zu den anderen Studierenden aufrecht erhalten. Meist stellt man zudem fest, dass das Lernen in der Gruppe mehr Spaß macht, als zu Hause oder in der Bibliothek allein vor seinen Büchern zu hocken. Und wenn man dann doch einmal in ein „Tief" fällt, schaffen es andere meist wesentlich besser, die Stimmung und das Selbstbewusstsein wieder zu heben.

Verhalten während der Prüfung

Es empfiehlt sich, sich als Prüfungsgruppe bei den Prüfern vorzustellen. Nur wenige Prüfer sind zu einem Gespräch nicht bereit. Viele Prüfer geben Tipps und Hinweise, worauf man sich vorbereiten sollte, oder nennen Themen, die sie auf keinen Fall abfragen. Alle Prüflinge sollten nach der Vorbereitungszeit einen ähnlichen Wissensstand haben. Extrem schlechte oder extrem gute Prüflinge stören die Gruppendynamik und können Prüfer zu sehr verärgern, bzw. begeistern.

Die Kleidung zur Prüfung sollte man innerhalb der Gruppe besprechen: „Etwas feiner als sonst" hat sich bewährt; es muss nicht gleich Anzug oder Kostüm sein. Auf alle Fälle sollte man sich in seiner Haut einigermaßen wohl fühlen.

Natürlich kann man für eine Prüfung nicht den Typ abstreifen, der man ist. Trotzdem sollte man sich bewusst machen, dass manche Verhaltensweisen eher verärgern und nicht zu einer angenehmen Prüfungssituation beitragen. Sicherlich ist es gut, eine Prüfung selbstbewusst zu bestreiten. Arroganz und Überheblichkeit jedoch sind, selbst wenn man exzellent vorbereitet und die Kompetenz des Prüfers zweifelhaft ist, fehl am Platz. Jeder Prüfer kann einen, so er möchte, vorführen und jämmerlich zappeln lassen. Also: Besser keinen vermeidbaren Anlass dazu liefern. Genauso unsinnig und peinlich ist es, devot und unterwürfig zu sein.

Auch wenn man vor der Prüfung gemeinsam gelitten, während der Vorbereitungszeit von der Gruppe profitiert hat, geht es in der Prüfung um das eigene Bestehen, die eigene Note. Man braucht sich darüber nichts vorzumachen. Trotzdem sollte man in der Prüfung fair bleiben und z.B. nicht aus freien Stücken gerade die Fragen und Themen aufgreifen, an denen sich der Mitprüfling die Zähne ausgebissen hat.

Häufige Frageformen

Offene Fragen: Dies ist die häufigste Frageform. Die Antwort sollte strukturiert und flüssig erfolgen. Ziel ist es, möglichst lange zu reden, sich gleichzeitig aber nicht in unwichtigen Dingen zu verlieren. Viele Prüfer unterbrechen dann den Redefluss und dies kann enorm verwirren. Schon in den Vorbereitungsmeetings sollte man sich zur Beantwortung der Fragen eine gute Struktur angewöhnen. Es empfiehlt sich, im Schlusssatz eine neue Problematik, in der man sich gut auskennt, anzuschneiden, die der Prüfer aufgreifen kann.

Nachfragen: Im Anschluss an eine offene Frage kommt es oft zu einigen Nachfragen, die das angeschnittene Thema vertiefen. Dabei wird der Schwierigkeitsgrad der Fragen meist höher. Die Prüfer tasten sich an die Grenzen der Prüflinge heran.

Fallbeispiele: Fallbeispiele eignen sich immer gut, praktische Belange abzufragen. Daher sind sie besonders in den handwerklichen Fächern sehr beliebt. Es besteht die Chance, dass sich zwischen Prüfer und Prüfling ein kollegiales Gespräch entwickelt. Eindeutige Beschreibungen und charakteristische Krankheitsbilder machen die Beantwortung der Frage meist einfach. Zu Anfang sollte immer auf mögliche Differentialdiagnosen eingegangen werden. Vorsicht ist bei Krankheitsbildern geboten, über die man nicht viel weiß. Der Prüfer könnte sie bei einer weiteren Frage aufnehmen und man gerät arg ins Schwitzen. Also sich selbst keine Grube graben.

Probleme während der mündlichen Prüfung

Während einer mündlichen Prüfung können vielfältige Probleme auftreten, die man im Gegensatz zur schriftlichen Prüfung sofort und möglichst souverän managen muss.

- Kann man eine Frage nicht beantworten, braucht man nicht sofort zu verzweifeln. Auf Nachfragen oder Bitten um weitere Informationen formuliert der Prüfer seine Frage oft anders. Dies kann auch sinnvoll sein, wenn man merkt, dass man am Prüfer vorbeiredet.
- Was ist jedoch, wenn es nicht zum „Aha-Effekt" kommt? Ein Problem, das nur schwer zu lösen ist. Die meisten Prüfer helfen weiter oder wechseln das Thema. Selbst wenn eine Frage nicht beantwortet wird, ist dies noch lange kein Grund durchzufallen.
- In Prüfungssituationen beginnen viele Prüflinge vor Aufregung zu stottern oder sich zu verhaspeln. Dies ist normal. Vor und während einer Prüfung darf man aufgeregt sein, dafür hat jeder Prüfer Verständnis. Übertriebene Selbstsicherheit löst sogar bei manchen Prüfern Widerwillen und Antipathie aus.
- Sehr unangenehm wird die Situation, wenn Mitstreiter „abstürzen". Die Prüfung spitzt sich zu und der Prüfer reagiert verärgert. Hier hilft nur der Leitsatz: Ruhig bleiben. Der Gedanke, dass der Prüfer sich ebenfalls unwohl fühlt und kein persönliches Interesse hat, die Situation weiter zu verschärfen, erleichtert ungemein.
- Gelassen die Fragen der anderen geschehen lassen. Das Gefühl „alle guten Fragen sind schon weg, ehe ich an die Reihe komme" ist nicht außergewöhnlich.
- Häufig ist ein Prüfer bekannt dafür, dass er besonders „gemein" und schwer prüft. Bemerkenswert ist jedoch, dass die Kritik oft von früheren Prüflingen stammt, die entweder durchgefallen sind oder die Prüfung mit einer schlechten Note bestanden haben. Weiß man jedoch, dass dies nicht der Fall sein kann, weil man die Informationsquelle kennt, hilft nur eins: Lernen, Lernen, Lernen.

Manche Prüfer fragen, ob zur Notenverbesserung eine weitere Fragenrunde gewünscht wird. Eine solche Chance sollte man sich nicht entgehen lassen, da man nur gewinnen kann.

Hinweise für die Benutzung

Alle Angaben entsprechen den Standards und dem Kenntnisstand zur Zeit der Drucklegung. Dennoch können klinikinterne abweichende diagnostische und therapeutische Vorgehensweisen üblich sein.

Alle diejenigen, die zum ersten Mal mit einer „In Frage und Anwort"-Reihe arbeiten, sollten sich anfangs durch die sehr ausführlichen Antworten, so wie sie in der mündlichen Prüfung nur ein sehr guter Student geben würde, nicht entmutigen lassen. Zweck der IFA ist es, sich durch häufiges Wiederholen ein strukturiertes und inhaltlich vollständiges Wissen anzutrainieren.

Bedeutung der Symbole in der Randspalte

? Frage

✚ Zusatzwissen

tipp Tipps zur Prüfungssituation

! Merksätze

klinische Hinweise

Fallbeispiele

Zur Erleichterung der Wiederholung kann in der Randspalte neben der Frage angekreuzt werden,

- ob die Frage richtig beantwortet wurde ☺
- ob die Frage falsch beantwortet wurde ☹
- ob die Frage wiederholt werden sollte 😐

1 Grundlagen der Dermatologie

1.1 Funktionelle Morphologie der Haut

Frage: Wie ist der histologische Aufbau der Haut?

? ☐ ☐ ☐ ☺ 😐 ☹

Antwort: Die Haut wird histologisch in folgende Schichten eingeteilt:

Epidermis	
Stratum corneum	flache, fest gepackte, kernlose Hornzellen
Stratum lucidum	elastische Verschiebeschicht aus platten, kernlosen Zellen
Stratum granulosum	abgeflachte Körnerzellen bilden eine bis mehrere Schichten
Stratum spinosum	Stachelzellschicht mit stachelartigen Interzellularbrücken
Stratum basale	Schicht kubischer Zellen mit großen Kernen (Basalzellen)
Dermis (Korium)	
Stratum papillare	zell- und gefäßreich, lockeres Fasergeflecht (nutritive Funktion)
Stratum reticulare	zellarmes, straffes Fasergeflecht (mechanische Funktion)
Subkutis	lockeres Bindegewebe und subkutanes Fettgewebe

Tab. 1.1: Hautschichten

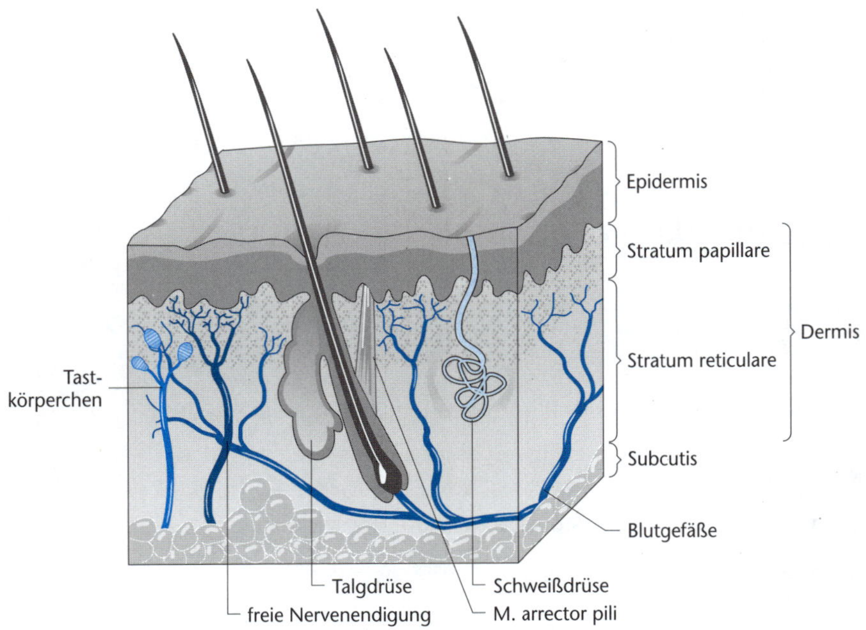

Abb. 1.1: Aufbau der Haut

☐ ☐ ☐ ?

Frage: Welche Epidermiszellen kennen Sie?

Antwort: Es gibt fünf verschiedene Epidermiszelltypen:

- Die **Keratinozyten** bilden den Hauptanteil der Epidermis. Sie wandern bei der Verhornung aus dem Stratum basale nach oben und verändern bei der Durchwanderung der verschiedenen Schichten ihre Gestalt, um schließlich als kernlose Korneozyten das Stratum corneum zu bilden.
- Die **Melanozyten** befinden sich in der Basalschicht. Sie bilden das Pigment Melanin und schützen damit den Körper vor schädlichen UV-Strahlen.
- Die **Merkelzellen** liegen einzeln oder gruppiert in der Basalzellschicht und der äußeren Wurzelscheide. Sie haben eine ovuläre Form und stehen immer mit einem Neuriten in Verbindung. Ihre Aufgabe ist die Vermittlung der Tastempfindung.
  Zu den Hautzellen mit immunologischer Funktion zählen die Langerhanszellen und die T-Lymphozyten.
- Die **Langerhanszellen** befinden sich hauptsächlich suprabasal. Sie besitzen weit verzweigte Ausläufer, die den Kontakt mit den Allergenen erleichtern. Sie spielen bei der allergischen Typ-IV-Reaktion, wie sie z. B. beim allergischen Kontaktekzem auftritt, eine Rolle.

- **T-Lymphozyten** liegen vereinzelt in der Epidermis und kommen hauptsächlich perivaskulär im Stratum papillare der Dermis vor und kooperieren mit den Langerhanszellen.

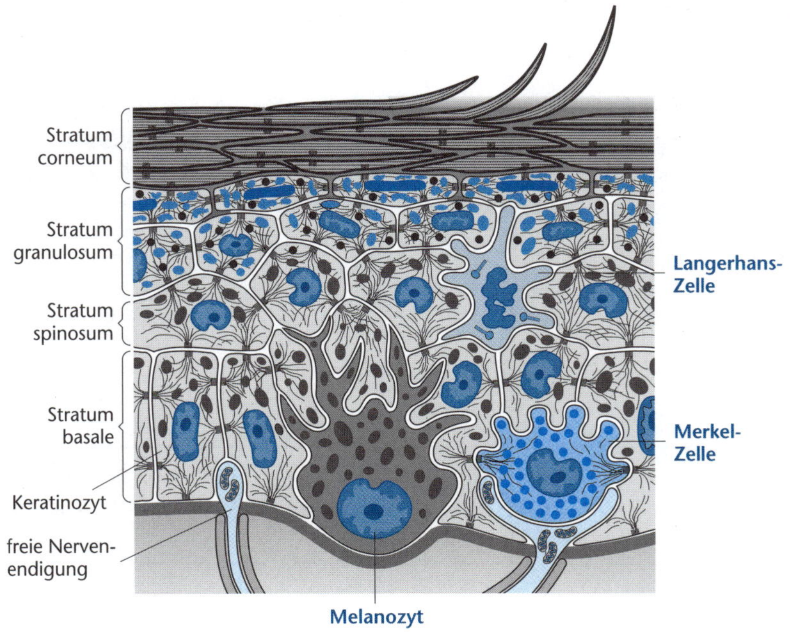

Abb. 1.2: Zellen der Epidermis

Frage: Welches sind die Funktionen der Haut?

? ☐ ☺ ☐ 😐 ☐ ☹

Antwort: Die Haut besitzt als Grenzorgan des Organismus Kontakt- und Schutzfunktion. Durch die Anwesenheit von Sinnesrezeptoren für Wärme, Schmerz und Tastreize ergibt sich die **Kontaktfunktion**. Die Haut bietet einen **mechanischen Schutz**, da sie elastisch, verformbar und zugfest ist. Der von den Talgdrüsen produzierte saure Schutzfilm (pH 5,7) stellt eine chemische Barriere dar.

Darüber hinaus schützt die Haut vor Austrocknung, Hitze- und Lichteinwirkung. **Thermoregulatorische Aufgaben** erfüllt die Haut durch Fettschicht und Haare als auch durch Schweißdrüsen. Auch die **Vermittlung von Immunreaktionen** durch T-Lymphozyten und Langerhanszellen gehört zu den Funktionen der Haut.

1.2 Klinische Reaktionsformen, Effloreszenzen

Frage: Was sind Primär- und Sekundäreffloreszenzen?

tipp Mit Hilfe des Bildanhangs sollte man das Beschreiben von Hautveränderungen üben. Darüber hinaus gibt es im Internet umfangreiche und kostenlose Dermatologie-Atlanten. Besonders empfehlenswert ist der online-Atlas der Hautklinik Erlangen: www.dermis.net/doia.

Antwort: Eine **Primäreffloreszenz** ist eine Hautveränderung, die unmittelbar durch eine Krankheit hervorgerufen wird. Die **Sekundäreffloreszenz** entsteht entweder aus einer Primäreffloreszenz oder durch äußere Schädigung der Haut.

Merke: In der mündlichen Prüfung sollte man unbedingt in der Lage sein, Hautveränderungen mit dem Vokabular der Primär- und Sekundäreffloreszenzen zu beschreiben.

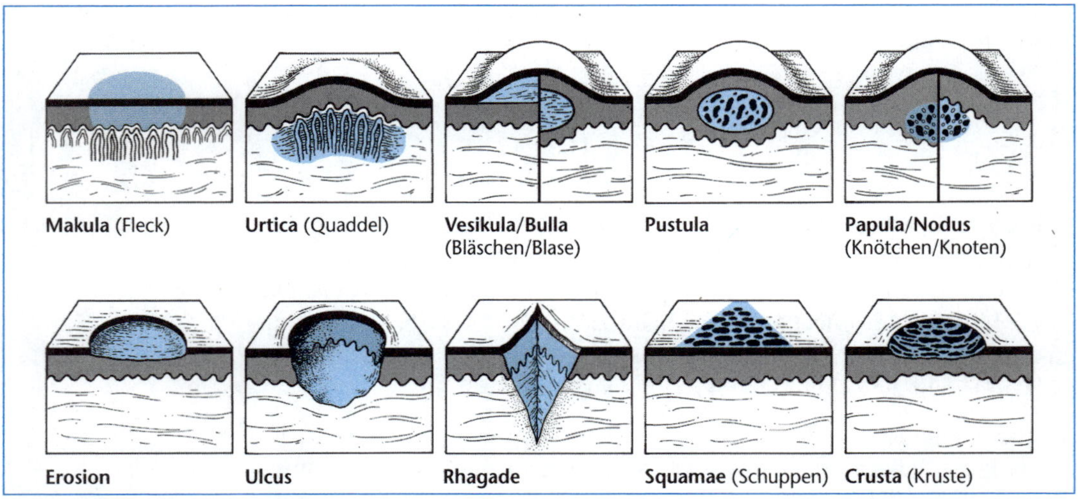

Abb. 1.3: Effloreszenzen [2]

Frage: Wann kommt es zu einem Erythem?

Antwort: Ein **Erythem** ist eine Rötung der Haut. Erytheme können auftreten bei Temperaturerhöhung, seelischer Erregung oder nach Einnahme von Medikamenten. Sie können Ausdruck einer Infektionskrankheit oder auch erstes Anzeichen einer Arzneimittelunverträglichkeit sein.

Primäreffloreszenzen	
Makula (Fleck)	Umschriebene, nicht tastbare Farbveränderung
Papula (Knötchen)	kleine, die Haut überragende Erhabenheit
Urtica (Quaddel)	flüchtige, flache Erhabenheit (juckend)
Vesicula (Bläschen)	mit Flüssigkeit gefüllter epidermaler Hohlraum
Pustula (Pustel)	sterile Leukozytenansammlung in epidermalem Hohlraum
Sekundäreffloreszenzen	
Squama (Schuppe)	Verstärkte Ansammlung von Hornlamellen
Crusta (Kruste)	Auflagerung von eingetrocknetem Sekret
Erosion (Abschürfung)	Oberflächlicher Substanzdefekt; heilt narbenlos
Excoriatio (Exkoriation)	Substanzverlust bis ins Korium; heilt meist narbenlos
Rhagade (Schrunde)	Spaltförmiger, bis ins Korium reichender Riss
Ulcus (Geschwulst)	Tiefer reichender Substanzdefekt; heilt mit Narbe
Atrophie	Gewebsschwund ohne vorherigen Substanzdefekt
Pustula (Pustel)	Ansammlung von Leukozyten durch bakterielle Infektionen

Tab. 1.2: Primär- und Sekundäreffloreszenzen

Eine Vielzahl von Hautkrankheiten können mit einem Erythem beginnen: allergisches Kontaktekzem, toxisches Kontaktekzem, Herpes Zoster, Erysipel. Mit einem Erythem können sie auch wieder abklingen. Fleckige Exantheme können zu Erythemen konfluieren.

Frage: Was ist der Unterschied zwischen einem Exanthem und einem Enanthem?

Antwort: Unter einem **Exanthem** versteht man das schubweise Auftreten gleichartiger entzündlicher Effloreszenzen auf verschiedenen Hautarealen. Dies ist z.B. der Fall bei: Arzneimittelunverträglichkeit, Syphilis, Scharlach, Masern, Röteln und Typhus. Diese Erscheinungen müssen einen zeitlichen Ablauf mit Anfang, Höhepunkt und Ende zeigen.
Als **Enanthem** wird der gleichartige Vorgang an den Schleimhäuten bezeichnet.

2 Erbkrankheiten

2.1 Hereditäre Verhornungsstörungen

☐ ☐ ☐ ?
☺ 😐 ☹

Frage: Wie äußert sich klinisch eine Ichthyosis vulgaris? Welche Hautstellen sind in der Regel erscheinungsfrei?

Antwort: Die autosomal-dominante Ichthyosis kommt wesentlich häufiger vor als die x-chromosomal-rezessiv vererbte. Sie wird daher einfach als **Ichthyosis vulgaris** bezeichnet. Der Name Ichthyosis wurde in Anlehnung an die Schuppenhaut des Fisches (gr. = Ichthys) gebildet. Diese relativ milde Form der diffusen Verhornungsstörungen geht mit einer feinen, hellen Schuppung am ganzen Körper einher.

Nicht selten wird diese Dermatose von den Betroffenen lediglich als „trockene Haut" ohne wesentlichen Krankheitswert empfunden. Die Hautveränderung äußert sich meist erst zwischen dem 1. und 2. Lebensjahr und hat sich bis zur Pubertät voll ausgebildet.

Betroffen sind vor allem die **Streckseiten der Extremitäten**, der **Hals** und die **seitlichen Gesichtspartien**. Charakteristischerweise sind die **Gelenkbeugen ausgespart**. Die Handlinien sind vergröbert, weshalb man auch von einer **Ichthyosishand** spricht. Ebenfalls typisch sind follikuläre Hyperkeratosen und eine verminderte Schweiß- und Talgsekretion.

☐ ☐ ☐ ?
☺ 😐 ☹

Frage: Welche **Formen der Ichthyosis** kennen Sie noch und wodurch unterscheiden sie sich?

Antwort: Neben den so genannten **vulgären Ichthyosen** gibt es noch die **kongenitalen Ichthyosen**. Sie sind sehr selten, aber schwerwiegend. Sie lassen sich in die nicht bullösen und bullösen, also Blasen bildenden Typen einteilen.

- Die **nichtbullösen Typen** bezeichnet man aufgrund ihrer groben Schuppung auch als **lamelläre Ichthyosen** (↗ Foto 1).
- Die **bullösen kongenitalen Ichthyosen** zeichnen sich durch die histologisch erkennbare Akanthokeratolyse aus.

- Bei der **bullösen ichthyotischen Erythrodermie** hebt sich die Haut des Neugeborenen in Blasen ab. Später entwickelt sich eine massive stachelschweinartige, schwarzbraune Hyperkeratose. Diese Erkrankung wird auch als **hystrixartige Ichthyose** bezeichnet (Hystrix = Stachelschwein).

2.2 Neurofibromatose

Frage: Welche Typen der Neurofibromatose werden unterschieden?

? ☐ ☐ ☐ ☺ 😐 ☹

Antwort: Man unterscheidet zwei Typen der **Neurofibromatose (NF)**:

- Die Neurofibromatose **Typ 1** wird auch als **M. von Recklinghausen** bezeichnet (↗ Foto 2). Die Vererbung ist autosomal dominant mit 100% Penetranz und unterschiedlicher Expressivität. Eine Mutation im so genannten Neurofibromin-Gen (Chromosom 17) verursacht die Erkrankung. Neurofibromin, ein Tumorsuppressor-Gen, unterbindet die Zellproliferation durch eine Inaktivierung von Ras-Onkogenen. Etwa eine in 3000 Personen leidet an NF1. 50% der Krankheitsfälle entstehen durch Neumutation, 50% werden familiär vererbt.
- Die Neurofibromatose **Typ 2** prädisponiert vor allem zur Entwicklung multipler Hirntumore. Pathognomonisch sind **bilaterale Akustikusneurinome** (Schwannome), Astrozytome, multiple Meningeome und gelegentlich Ependymome. Die Erkrankung wird durch eine Veränderung im NF2-Gen ausgelöst. Dabei handelt es sich um ein Tumorsuppressor-Gen auf Chromosom 22, welches für ein Membran-gebundenes Zytoskelettprotein namens Merlin oder Schwannomin codiert.

Merke: Beide Formen der Neurofibromatose werden autosomal dominant vererbt. Die NF1 ist mit mindestens 85% der Neurofibromatosefälle die weitaus häufigere Form.

!

Frage: Wie diagnostiziert man eine Neurofibromatose Typ 1?

? ☐ ☐ ☐ ☺ 😐 ☹

Antwort: Die Diagnose beruht auf spezifischen klinischen Kriterien. Charakteristisch für die NF1 sind Café-au-lait-Flecken und kutane Neurofibrome (↗ Foto 2):

- **Café-au-lait-Flecken:** scharf begrenzte, hellbraune Flecken
- **Neurofibrome:** Weiche, auf Palpation eindrückbare Knoten (Klingelknopf-Phänomen).

Klinische Merkmale, die zu der Diagnose einer NF1 führen, wurden 1987 und 1997 durch Konsensuskonferenzen wie folgt definiert:

- Sechs oder mehr **Café-au-lait-Flecken** mit einem maximalen Durchmesser von >5 mm präpubertär und >15 mm postpubertär
- Zwei oder mehr **Neurofibrome** jedweder Art oder ein plexiformes Neurofibrom
- **Multiple Lentigines** in Achseln und Leisten
- **Optikusgliome**
- Zwei oder mehr **Lischknötchen** (pigmentierte Iris-Hamartome)
- Ausgeprägte **Knochenläsionen** wie z.B. Dysplasien des Os sphenoidale oder Kortexverdünnungen langer Röhrenknochen (mit oder ohne Pseudarthrose)
- An NF1 erkrankte **Verwandtschaft ersten Grades** (basierend auf den oben genannten Kriterien), z.B. Eltern, Geschwister, Kinder.

!

Merke: Mindestens zwei der hier genannten Kriterien müssen vorliegen, um die Diagnose einer Neurofibromatose Typ 1 zu stellen.

Die Reihenfolge des Auftretens der klinischen Manifestationen ist oft wie folgt: Café-au-lait-Flecken, Lentigines in Achseln und Leisten, Lischknötchen und Neurofibrome. **Knochenveränderungen** treten während des **ersten** Lebensjahres auf, **Optikusgliome** um das **dritte** Lebensjahr. Die oben genannten Diagnosekriterien sind hochspezifisch. Studien haben belegt, dass alle Neurofibrosepatienten im Alter von 20 Jahren diese Kriterien erfüllen, 95% im Alter von 8 Jahren und 70% im Alter von weniger als einem Jahr.

☐ ☐ ☐
☺ 😐 ☹ ?

Frage: Was sind Lischknötchen? Wie können Lischknötchen helfen, Eltern über das Risiko von weiteren Kindern mit NF1 aufzuklären?

Antwort: Lischknötchen sind **pigmentierte Hamartome** der Iris. Sie sind relativ spezifisch für die NF1 und verursachen so gut wie nie Beschwerden. Weniger als 10% der Kinder unter 6 Jahren mit Neurofibromatose haben Lischknötchen. Im Gegensatz dazu entwickeln mehr als 90% aller erwachsenen Patienten diese Irisveränderungen. **50%** der Neurofibromatose-Erkrankungen beruhen auf **Spontanmutationen** des Neurofibromin-Gens, nur knapp die Hälfte der Erkrankungen werden familiär vererbt. Wenn die Eltern eines NF1-erkrankten Kindes nicht selber Träger eines Defekten Neurofibromin-Gens sind – z.B. erkennbar am Fehlen von Lischknötchen –, und somit die Erkrankung des Kindes durch Spontanmutation entstanden ist, dann ist die Wahrscheinlichkeit, ein weiteres Kind mit NF1 zu bekommen, weitaus niedriger (weniger als 1%), als wenn ein Elternteil Träger eines Defekten Gens ist und unter NF1 leidet (50% Wahrscheinlicheit).

Lischknötchen können eventuell mit Hilfe einer direkten Ophthalmoskopie diagnostiziert werden. Dies ist allerdings nur dann möglich, wenn die Knötchen groß sind und in größeren Mengen auftreten, und die Iris nicht allzu stark pigmentiert ist. Im Allgemeinen sollte jedoch eine **Spaltlampenuntersuchung** durch den Augenarzt durchgeführt werden, um die Knötchen sicher zu identifizieren und von Irisnävi zu unterscheiden.

Merke: Abhängig von Vorlieben und Spezialambulanzen der prüfenden Hautklinik werden gelegentlich auch speziellere Fragen zu bestimmten Krankheitsbildern gefragt!

!

Frage: Wie kann man Patienten mit Neurofibromatose Typ 1 medizinisch helfen?

? ☐ ☐ ☐ ☺ 😐 ☹

Antwort: Die geistige und körperliche Entwicklung von Kindern mit NF1 sollte sorgfältig überwacht werden. Eine **gründliche neurologische Untersuchung** sollte Teil einer jährlichen Kontrolluntersuchung sein. Die körperliche Entwicklung und die Schulleistungen des Kindes sollten dokumentiert und besprochen werden. Sonderpädagogische Hilfestellung sowie Sprech-, Ergo- und Physiotherapie sollte jedem Kind mit Lernbehinderungen angeboten werden. Manche Kinder leiden unter einem Aufmerksamkeits-Defizit-Syndrom, welches evtl. auf stimulierende Medikamente anspricht (z.B. Methylphenidat in Präparaten wie Ritalin® oder Concerta®).

✚ Die Lebenserwartung von NF1-Patienten scheint signifikant beeinträchtigt zu sein. In einer retrospektiven Studie (Auswertung von Totenscheinen) war die durchschnittliche Lebenserwartung von 70,1 auf 54,4 Jahre reduziert.

3 Viruserkrankungen der Haut

3.1 Papillomavirus-Infektionen

☐ ☐ ☐ ?
☺ 😐 ☹

Frage: Welche Erkrankungen werden durch das HPV-Virus ausgelöst?

Antwort: Der Papillomavirus wird zur Gruppe der Papovaviren gezählt. Das beim Menschen vorkommende **Humane Papilloma Virus (HPV)** ist ein DNA-Virus, von dem bisher mehr als 150 verschiedene Subtypen bekannt sind. Das HPV ruft hauptsächlich 5 verschiedene Hautveränderungen hervor:

- Verrucae vulgares (seltene Sonderform: Verrucae filiformes)
- Verrucae plantares
- Verrucae planae juvenilis
- Condylomata acuminata (↗ Foto 3), Sonderform: Condylomata gigantea
- Epidermodysplasia verruciformis Lewandowski-Lutz.

Papillomaviren werden kategorisiert nach Gewebeaffinität und Krankheitsbild. Außerdem unterscheidet man zwischen onkogenen und nichtonkogenen Viren.

!

Merke: Papillomaviren vom Typ 16 und 18 haben ein ausgeprägtes onkogenes Potential. Sie spielen eine Schlüsselrolle bei der Entstehung von Zervix-Karzinomen.

☐ ☐ ☐ ?
☺ 😐 ☹

Frage: Wie heißt der Erreger der Verrucae vulgares? Wie würden Sie eine Warze beschreiben und wovon muss sie unterschieden werden?

Antwort: Die Erreger der **Verrucae vulgares** (Syn.: Warzen) sind **Humane Papilloma Viren (HPV)**. Verrucae vulgares sind harte, hautfarbene, z.T. bräunlich pigmentierte vorgewölbte Papeln. Durch zunehmende Verhornung wird ihre Oberfläche rau und höckrig und wird daher auch verrucös genannt. Sie kommen häufig an den Fingerstreckseiten, an den Handrücken und periungual vor. In der Umgebung können oft so genannte Tochterwarzen entstehen.

Die beiden wichtigsten Differentialdiagnosen sind seborrhoische Warzen und ein Cornu cutaneum auf aktinischer Keratose. In Frage kommen weiter ein Morbus Darier und ein Lichen ruber verrucosus.

Frage: Welche weiteren klinischen Erscheinungsbilder kennen Sie, die durch die Erreger der Verrucae vulgares hervorgerufen werden?

? ☐ ☐ ☐ ☺ 😐 ☹

Antwort:

- Eine Sonderform sind die gestielten Warzen, die **Verrucae filiformes**, die hauptsächlich im Gesicht vorwiegend bei älteren Menschen vorkommen.
- Bei Patienten mit Immunschwäche kann es zu einer **ausgedehnten Aussaat von Viruswarzen** kommen.
- Bei der **Epidermodysplasia verruciformis Lewandowski-Lutz** handelt es sich um eine dysplastische Hautverhornung, die mit der Bildung konfluierender warzenartiger Papeln einhergeht. Prädilektionsstellen sind die Gliedmaßen, der Hals und das Gesicht. Die Erkrankung wird durch eine Reihe von Papillomaviren hervorgerufen (siehe Tab. 3.1). Eine maligne Entartung der Hautveränderungen ist möglich.
- Bei Neurodermitikern besteht ebenfalls Gefahr eines gehäuften Auftretens durch Autoinokulation. Es wird dann von einem **Eczema verrucatum** gesprochen.

Frage: Wie würden Sie Warzen behandeln?

? ☐ ☐ ☐ ☺ 😐 ☹

Antwort: Die Art der Behandlung von Warzen richtet sich nach Warzentyp, Zahl, Größe und Lokalisation. Da Warzen spontan abheilen können, sollten Maßnahmen, die zu Narbenbildung und Dauerschäden führen können, vermieden werden. Dazu gehören operative Maßnahmen, Verätzung und Röntgenbestrahlung. Eine Zwischenstellung nehmen die Elektrokauter-Therapie und die Kürettage mit dem scharfen Löffel ein.

Empfohlen werden können die **lokale Salicylbehandlung** und die mechanische Entfernung des Hornmaterials. Diese Methoden sind zwar langwierig, aber dafür schonender. Nach Abtragung der Hornschicht kann eine lokale Therapie mit Imiquimod begonnen werden. Auch intraläsional gespritzte Zytostatika wie Bleomycin können zu einer Abheilung therapierefraktärer Warzen führen.

Die **Kryotherapie** mit flüssigem Stickstoff ist zwar schmerzhaft, bei richtiger Anwendung aber sehr effektiv. Weiterhin kann bei persistierender Erkrankung eine Kohlendioxid-Laserbehandlung versucht werden.

☐ ☐ ☐ ?
☺ 😐 ☹

Frage: Wie entstehen Condylomata acuminata?

Antwort: **Condylomata acuminata (Syn.: Feigwarzen)** sind die häufigste Virusinfektion im Genitalbereich und zählen zu den weit verbreiteten sexuell übertragbaren Krankheiten. Sie werden durch die **HPV-Typen 6 und 11** ausgelöst. Die Kondylome sind anfangs einzelne, kleine, warzenförmige Papeln und können wachstumsbedingt ein blumenkohlartiges Aussehen annehmen und beetartig auftreten (↗ Foto 3). In den Furchen können sich Mikroben ansiedeln, wodurch ein übel riechendes Sekret entsteht.

Besonders häufig treten die Condylomata acuminata bei sexuell aktiven jungen Erwachsenen auf. Sie können im gesamten Urogenital-, Anal- und Perianalbereich, selten auch an der Mund- und Rachenschleimhaut, vorkommen und lassen Rückschlüsse auf die Form des Sexualkontakts zu. Bei Kindern ist an sexuellen Missbrauch zu denken. Der Verlauf ist vom zellvermittelten Immunstatus des Patienten abhängig.

☐ ☐ ☐ ?
☺ 😐 ☹

Frage: Welche Differentialdiagnosen kommen bei Condylomata acuminata in Frage? Wie werden sie therapiert?

Antwort: Differentialdiagnosen der Condylomata acuminata sind:
- Condylomata lata bei Lues II
- Morbus Heck
- Verrucae vulgares
- Bowenoide Papulose
- Marisken
- Plattenepithelkarzinome
- Morbus Bowen.

Zur lokalen Behandlung wird der Mitosehemmstoff **Podophyllin** in Lösung angewendet. Auch Imiquimodcreme oder Interferon-Gele können zur Anwendung kommen. Bei ausgedehntem Befall kann eine Behandlung mit Trichloressigsäure oder eine chirurgische Entfernung mittels Kryotherapie, Elektrokauterisation, Kürettage oder CO_2-Laser in Frage kommen. Bei der zuletzt genannten Therapieform ist mit einer hohen Rezidivquote zu rechnen.

☐ ☐ ☐ ?
☺ 😐 ☹

Frage: Womit assoziieren Sie den Begriff „Buschke-Löwenstein"?

Antwort: Als Buschke-Löwenstein-Tumoren bezeichnet man die **Condylomata gigantea**, die sich meist bei geschwächter Immunität aus ganz gewöhnlichen Kondylomen entwickeln können. Sie sind meist an der Vorhaut, im Perianalraum sowie am gesamten Perineum lokalisiert. Sie können das Präputium durchbrechen und können in den Schwellkörper eindringen.

Als Erreger gelten die **HPV-Typen 6** und **Subtypen**. Maligne Umwandlung und Metastasierung kommen selten vor.

3.2 Pockenvirus-Infektionen

Frage: Bei einem Patienten finden sich stecknadelkopf- bis erbsgroße, derbe, halbkugelig vorgewölbte Papeln mit zentraler Delle (↗ Foto 4). Aus der zentralen Öffnung lässt sich eine breiartige Masse herausdrücken. Worum handelt es sich bei dieser Erkrankung und wie heißt der Erreger?

Antwort: Diese Beschreibung ist typisch für ein **Mollusca contagiosa**, auch Dellwarze genannt. Der Erreger ist ein **quaderförmiges DNA-Virus** der Pockengruppe. Die Inkubationszeit beträgt 2–6 Wochen. Die Übertragung erfolgt von Mensch zu Mensch hauptsächlich über kleine Epitheldefekte, beim Erwachsenen häufig durch Geschlechtsverkehr.

Diese weit verbreitete, benigne Erkrankung tritt hauptsächlich bei Kindern auf, bei Jungen häufiger als bei Mädchen. Mollusken kommen bevorzugt im Gesicht, am Hals, an den Augenlidern und den großen Beugen vor.

Frage: Welche Patienten sind hauptsächlich von Mollusken betroffen und wie werden sie behandelt?

Antwort: Zwei Gruppen machen über 90% der betroffenen Patienten aus:
- atopische Kinder
- Erwachsene mit Immundefekt, wobei besonders an die HIV-Infektion zu denken ist.

Bei immungeschwächten Patienten und Neurodermitikern kann es zu einem **Eczema molluscatum** kommen. Dabei entstehen durch Autoinokulation Hunderte von Mollusca. Als Komplikation kann es zum Auftreten einer bakteriellen Superinfektion mit starkem Juckreiz kommen.

Es handelt sich um eine selbstlimitierende Krankheit mit einer Dauer von mehreren Monaten. Dennoch kann sie durch Exprimieren oder Entfernung der Mollusca mit dem **scharfen Löffel** behandelt werden. Bei immungesunden Menschen persistiert die Erkrankung meist nicht länger als 6 Monate und heilt spontan ab. In immungeschwächten Patienten kann die Erkrankung trotz aggressiver Therapie schwer kontrollierbar sein.

3.3 Herpesvirus-Infektionen

Frage: Nennen Sie die Viren der Herpesgruppe und die Erkrankungen, die sie auslösen.

Antwort: Es gibt acht verschiedene Viren der Herpesgruppe, die sehr heterogene Krankheitsbilder auslösen:

HHV-Typ	Synonym	Assoziierte Erkrankungen
HHV-1	Herpes-simplex-Virus (HSV)-1	Herpes simplex labialis
HHV-2	Herpes-simplex-Virus (HSV)-2	Herpes genitalis
HHV-3	Varizellen-Zoster-Virus (VZV)	Windpocken (Varizellen) und Gürtelrose (Zoster)
HHV-4	Epstein-Barr-Virus (EBV)	Pfeiffersches Drüsenfieber (Infektiöse Mononukleose)
HHV-5	Cytomegalie-Virus (CMV)	CMV-Infekion (bei immunsupprimierten Patienten)
HHV-6	(Humanes-Herpes-Virus-6)	Drei-Tage-Fieber (Exanthema subitum)
HHV-7	(Humanes-Herpes-Virus-7)	Drei-Tage-Fieber (Exanthema subitum), Pityriasis rosea
HHV-8	(Humanes-Herpes-Virus-8)	Kaposi Sarkom

Tab. 3.1: Humane Herpesviren (HHV) und assoziierte Erkrankungen

Die Viren der Herpesgruppe sind morphologisch kaum unterscheidbar. HSV und VZV sind **neurotrope Viren**. Alle Herpesvirus-Infektionen neigen dazu, in ein **latentes Infektionsstadium** überzugehen. Sie verbleiben nach erfolgter Primärinfektion in Hirnnerven und Spinalganglien, in die sie über die sensorischen peripheren Nerven eingewandert sind.

Frage: Wie wird eine HSV-Infektion übertragen?

? ☐ ☐ ☐ ☺ 😐 ☹

Antwort: Die Übertragung des Herpes-simplex-Virus erfolgt hauptsächlich durch **Kontakt-** und **Tröpfcheninfektion**, v.a. durch Personen mit anderen herpetischen Erkrankungen. Das einzige Erregerreservoir ist der Mensch.

- Beim **Herpes genitalis** ist der Geschlechtsverkehr wichtigster Übertragungsweg.
- Beim **Herpes neonatorum** findet die Infektion im Geburtskanal statt.
- Auch eine intrauterine Übertragung ist möglich und führt zur so genannten **pränatalen HSV-Infektion**.

Die Erstinfektion verläuft meist ohne klinische Erscheinungen. Der erste Kontakt des Organismus mit dem Virus führt jedoch zur Bildung von neutralisierenden Antikörpern.

Frage: Was wissen Sie über **Prophylaxe** und **Therapie** des **Herpes neonatorum?**

? ☐ ☐ ☐ ☺ 😐 ☹

Antwort: Herpesviren können wie andere Mikroorganismen fetale Infektionen und Fehlbildungen auslösen. Eine Infektion kann intrauterin oder unter der Geburt erfolgen.

Die Mehrzahl der neonatalen HSV-Infektionen wird durch **HSV-2** verursacht. HSV-2-Infektionen verlaufen für das Neugeborene meist milder als HSV-1-Infektionen. In 70% der Fälle wird das Virus von einer asymptomatischen Mutter auf das Neugeborene übertragen. Deshalb sollte schon möglichst früh in der Schwangerschaft eine Infektion der Mutter mit HSV-1 und -2 serologisch ausgeschlossen werden.

Mit Beginn der Wehen muss eine HSV-Infektion anamnestisch und klinisch erneut ausgeschlossen werden. Im Zweifelsfall sind Kulturen des Geburtskanals anzufertigen. Neugeborene, die mit HSV in Kontakt gekommen sind, sollten sorgfältig postnatal untersucht werden. Klinisch erkrankte Neugeborene oder Neugeborene mit positiven Viruskulturen bedürfen einer antiviralen Therapie mit Aciclovir.

Merke: Herpesviren sind fruchtschädigend (Merke: TORCH)! Exponierte Neugeborene bedürfen einer sorgfältigen Nachuntersuchung und ggf. Therapie mit Virostatika!

!

☐ ☐ ☐ ?
☺ 😐 ☹

Frage: Welche Maßnahmen sollten ergriffen werden, wenn im Kreißsaal bei einer Mutter ein **Herpes simplex erosivum** der Vagina festgestellt wird?

Antwort: Bei einer Herpes simplex-Infektion im Geburtskanal sollte eine **Sektio** durchgeführt werden. Es besteht sonst die Gefahr, dass die Infektion auf das Neugeborene während der Geburt übertragen wird. Dies könnte zu einer gefürchteten Herpes-Sepsis mit der Gefahr einer Herpesenzephalitis führen. Dabei handelt es sich um die schwerste Erkrankungsform nach Erstkontakt mit HSV.

☐ ☐ ☐ ?
☺ 😐 ☹

Frage: Was raten Sie einer Krankenschwester in der geburtshilflichen Abteilung, die eine HSV-Infektion am Finger hat? Welche Maßnahmen könnten Sie einer Mutter mit Herpes labialis im Umgang mit ihrem Säugling empfehlen?

Antwort: Wegen der Infektionsgefahr dürfen Pflegepersonen mit floridem Herpes simplex keine Manipulationen an Patienten durchführen. Dies gilt allerdings nur, solange Herpesläsionen vorhanden sind.

Schwierig wird die Beurteilung bei Personen mit rezidivierendem Herpes, da minimale Herpesepisoden auch unbemerkt ablaufen können.

Einer Mutter mit Herpes labialis ist beim Umgang mit ihrem Säugling das Tragen eines **Mundschutzes** zu empfehlen.

☐ ☐ ☐ ?
☺ 😐 ☹

Frage: Welche anderen Krankheitserreger können ebenfalls zu fruchtschädigenden Infektionen führen?

Antwort: Dazu gehören zum Beispiel die Erreger des aus dem Englischen abgeleiteten Akronyms **TORCH:**
- **T:** Toxoplasma
- **O:** Other (andere infektiöse Mikroorganismen), z. B.:
  - Treponema pallidum (Syphilis)
  - Masern
  - Mumps
  - Coxsackie-B-Virus
  - Hepatitis-B-Virus
- **R:** Rubella-Viren
- **C:** Cytomegalie-Virus
- **H:** Herpes-Simplex-Virus + HIV

Frage: Geschädigte und immunsupprimierte Haut ist besonders anfällig für HSV-Infektionen. Die atopisch veränderte Haut ist ein Beispiel hierfür. Worauf spiele ich an?

? ☐ ☺ ☐ 😐 ☐ ☹

Antwort: Weitflächige HSV-Infektionen bei vorgeschädigter, immunkompromittierter Haut sind oftmals Folge eines superinfizierten atopischen Ekzems. Ein solches Krankheitsbild nennt man auch **Ekzema herpeticum**. Die Erstmanifestation der Erkrankung äußert sich meist mit Fieber, ausgeprägtem Krankheitsgefühl, Lymphknotenschwellungen, Reizbarkeit, Juckreiz und Schmerzen. Eine zweite Krankheitsepisode geht normalerweise mit weniger Symptomen einher. Klinisch findet man akut disseminierte oder konfluierende Herpes-Bläschen von Linsengröße in großer Zahl. Sie platzen nach einigen Stunden bis Tagen und führen zu charakteristisch aussehenden Erosionen. Sie kommen vorwiegend im Gesicht, am Hals mit Übergang auf die oberen Extremitäten und den Stamm vor.

+ In stark immunsupprimierten Patienten kann eine HSV-Infektion systemisch disseminieren. Die Mortalität dieses schweren Krankheitsbildes beträgt 10 bis 50%.

Die Erstmanifestation eines Ekzema herpeticum heilt normalerweise nach 2 bis 6 Wochen ab. Die Therapie der Erkrankung beinhaltet eine Behandlung des zugrunde liegenden atopischen Ekzems. Zusätzlich erfolgt eine antivirale Therapie mittels Virostatika (z.B. **Aciclovir**). In manchen Fällen muss ebenfalls an die Behandlung bakterieller Superinfektionen mittels Antibiotika gedacht werden.

Merke: Beim Ekzema herpeticum handelt es sich um eine HSV-Infektion ekzematöser und immungeschwächter Haut.

!

Frage: Welche Vorstellung haben Sie zur Pathogenese einer HSV- bzw. VZV-Infektion?

? ☐ ☺ ☐ 😐 ☐ ☹

Antwort: Nach der **Erstinfektion** gelangt das HSV bzw. VZV über periphere sensorische Nerven zum zugehörigen Spinalganglion bzw. Hirnnervenganglion.

Durch Reaktivierung der dort persistierenden Viren durch verschiedene Stimuli kommt es zu einem Rezidiv (bzw. zur so genannten **Zweitmanifestation**). Die reaktivierten Viren wandern über die Nervenbahnen in die sensorisch versorgten Areale und führen dort zu lokalen Rezidiven.

HSV	VZV
Infektionskrankheiten	Hohes Alter
Sonnenbestrahlung	Röntgenstrahlen

HSV	VZV
Verletzungen	AIDS
Stress	Immunsuppressive Therapie
Menstruation u.a.	Neoplasien

Tab. 3.2: Ursache der Reaktivierung von latent persistierenden Viren

Frage: Wie kommt es zu einer Gingivostomatitis herpetica und wie sieht das klinische Erscheinungsbild aus?

Antwort: Eine **Gingivostomatitis herpetica (Syn.: Mundfäule, Stomatitis aphthosa)** ist fast ausschließlich die erste Manifestation der HSV-1-Infektion. Hauptsächlich Kleinkinder sind betroffen.

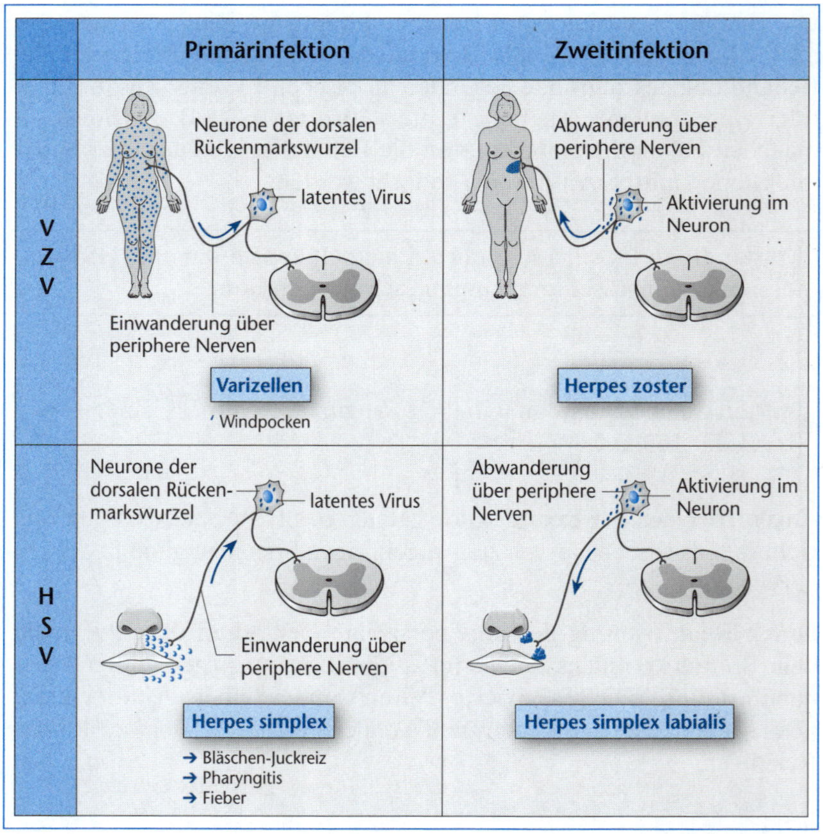

Abb. 3.1: Pathogenetische Vorstellungen zur Primär- und Sekundärinfektion mit VZV und HSV

Nach einer Inkubationszeit von 3–10 Tagen kommt es zu schmerzhaftem Befall der Mundhöhle mit Bläschen, der von Fieber, regionaler Lymphknotenschwellung und Allgemeinsymptomen begleitet ist.

Die verbleibenden Erosionen der leicht platzenden Bläschen imitieren Aphten. Die Läsionen der Mundschleimhaut behindern die Nahrungsaufnahme und führen zu einem Foeter ex ore. Eine spontane Abheilung erfolgt innerhalb von 2–3 Wochen.

Frage: Wie wird eine Gingivostomatitis herpetica behandelt?

? ☐ ☺ ☐ 😐 ☐ ☹

Antwort: Die Behandlung erfolgt weitgehend symptomatisch:
- Touchierung mit Farbstoffen wie z. B. Gentianaviolett
- Bettruhe
- Flüssige Kost
- Antibiotische Therapie bei Superinfektion
- Aciclovir per os bei schwerem Verlauf und bei Atopikern.

Frage: Wie kann man eine Herpesvirus-Infektion einfach mikroskopisch sichern?

? ☐ ☺ ☐ 😐 ☐ ☹

Antwort: Eine vermutete Herpesvirus-Infektion lässt sich mittels **Tzanck-Test** sichern. Dafür überträgt man die Flüssigkeit aus einem intakten Hautbläschen auf einen Objektträger und lässt sie antrocknen. Danach färbt man den zellulären Debris mittels Wright- oder Giemsa-Färbung und betrachtet ihn unter einem Mikroskop. Sieht man **akantholytische multinukleäre Riesenzellen**, spricht dies für eine Herpesvirus-Infektion als Ursache der Blasenbildung. Richtig durchgeführt hat der Tzanck-Test eine Sensitivität von rund 75%.

Frage: Wie sieht eine Herpes-simplex-Infektion meist bei einem Erwachsenen aus?

? ☐ ☺ ☐ 😐 ☐ ☹

Antwort: Eine HSV-Infektion tritt bei Mann und Frau gleich häufig auf.
- Bei der Frau ist meist die Mundregion betroffen. Man spricht dann von einem **Herpes simplex labialis**, der durch HSV-I hervorgerufen wird (↗ Foto 5).
- Beim Mann wird der so genannte **Herpes genitalis** durch HSV-II ausgelöst. Diese Herpesinfektion ist hauptsächlich an der Glans penis und am Präputium lokalisiert. Es finden sich gruppierte, schmerzhafte Ulzerationen mit Lymphknotenschwellung.

Eine Herpeseruption kündigt sich durch Jucken und Brennen an. Die aufkommenden etwa linsengroßen Bläschen besitzen einen roten

Randsaum und sind **herpetiform**, d.h. sie stehen gruppenförmig zusammen. Sie können jedoch auch **konfluieren**, d.h. zusammenfließen. Die älteren Bläschen sind gedellt. Ihr Inhalt ist nicht mehr klar, sondern eitrig trüb. Nach ihrem Zerplatzen entstehen **polyzyklische Erosionen**, die nach 8–14 Tagen meist ohne Narben abheilen (↗ Foto 5). Rezidive an derselben Stelle kommen nicht selten vor. Die Rezidivhäufigkeit schwankt jedoch stark.

☐ ☐ ☐ ?
☺ 😐 ☹

Frage: Wie wird eine HSV-Infektion therapiert? Wie wirkt Aciclovir?

✚ Ein weiteres Virostatikum, das Ganciclovir, ist prinzipiell gegen alle replikativen Herpesviren wirksam. Insbesondere besitzt es eine ausgeprägte Wirksamkeit gegen das humane Zytomegalievirus (CMV).

Antwort: Zur symptomatischen Behandlung werden desinfizierende und austrocknende Maßnahmen angewandt. Bei schweren Rezidiven, insbesondere im Genitalbereich, sollte **Aciclovir** per os verabreicht werden. Topisch angewendetes Aciclovir ist nicht wirksam.

Aciclovir ist ein Derivat des Guanins. Nach Aufnahme in eine Herpesvirus-infizierte Zelle wird das Aciclovir durch eine virale Thymidinkinase phosphoryliert. Es entsteht Acicloguanosin-Monophosphat. Nach weiteren Phosphorylierungsschritten durch intrazelluläre Enzyme entsteht schließlich das Acicloguanosin-Triphosphat, welches als **kompetitiver Inhibitor** und alternatives Substrat für die virale DNS-Polymerase fungiert. Acicloguanosin-Triphosphat wird in die DNS eingebaut und führt zu einem DNS-Kettenabbruch. Die **Virusreplikation wird gehemmt**. Die menschliche DNS-Polymerase ist dagegen um den Faktor 30-50 weniger empfindlich für das Acicloguanosin-Triphosphat, sodass kaum unerwünschte Nebenwirkungen auftreten. Aciclovir wirkt nur in der Vermehrungsphase der Viren und sollte deshalb sobald wie möglich nach Diagnosestellung gegeben werden. Es verkürzt die Erkrankungsdauer, sein Einfluss auf die Rezidivrate wird unterschiedlich bewertet. Aciclovir-empfindliche Herpesviren sind das HSV-1, HSV-2 und VZV. Die Empfindlichkeit des VZV gegenüber Aciclovir beträgt nur 1/10 der des HSV-1. Entsprechend höher erfolgt die therapeutische Dosierung.

☐ ☐ ☐ ?
☺ 😐 ☹

Frage: Wie entstehen Resistenzen gegen Aciclovir? Welche anderen dem Aciclovir verwandten Virostatika kennen Sie?

Antwort: Eine Resistenzentwicklung gegen das Aciclovir kann durch **Mutation** der Virus-**Thymidinkinase** entstehen. Wenn dies der Fall ist, sind auch andere Derivate des Aciclovir unwirksam, z.B. das Valaciclovir oder das Famciclovir, denn auch sie bedürfen einer Aktivierung durch die virale Thymidinkinase.

Foscarnet ist ein Pyrophosphatanalogon, welches ohne Wirkstoffmodifikation direkt die herpesvirale Polymerase inhibiert. Forscarnet ist deshalb indiziert bei Aciclovir-Resistenz. Der Wirkstoff muss intravenös verabreicht werden und ist stark nephrotoxisch.

Das **Valaciclovir** ist eine inaktive **Vorstufe** des Aciclovir mit einer 3- bis 5- mal höheren Bioverfügbarkeit. Nach Resorption erfolgt im Gastrointestinaltrakt und der Leber eine rasche enzymatische Hydrolyse und Umwandlung in Aciclovir. Im Vergleich zu Aciclovir reduziert Valaciclovir in manchen Fällen die Dauer von akuten Zoster-Schmerzen und postzosterischen Schmerzen.

Frage: Welche Hautpartien sind bei Windpocken am häufigsten befallen?

? ☐ ☐ ☐ ☺ 😐 ☹

Antwort: Überwiegend sind Kinder unter 10 Jahren betroffen. Auf erythematöser Haut entwickeln sich schubweise innerhalb von 2–3 Tagen bis reiskorngroße Bläschen. Das Nebeneinander von frischen, wasserklaren und abtrocknenden, mit einer Kruste bedeckten Bläschen ist charakteristisch und wird als **Heubnersche Sternenkarte** bezeichnet (↗ Foto 6). Rumpf und Gesicht sind häufiger befallen als die Extremitäten.

Typisch ist der Befall der Mund- und Rachenschleimhaut, der Konjunktiven, der Genitalschleimhaut und vor allem des behaarten Kopfes. Eine Abheilung erfolgt normalerweise innerhalb von 2–3 Wochen. Schlüsselförmige Narben sind für eine durchgemachte Varizelleninfektion typisch.

Frage: Welche Differentialdiagnosen sollten bei Windpocken berücksichtigt werden?

? ☐ ☐ ☐ ☺ 😐 ☹

Antwort: Ein Herpes zoster (↗ Foto 7) kann aufgrund der segmentalen Verteilung leicht von Varizellen abgegrenzt werden.

Weiter sollte an folgende Differentialdiagnosen gedacht werden:
- Insektenstiche, Strophulus
- Eczema herpeticatum
- Vesikulöse Virusexantheme
- Vesikulöse Arzneimittelexantheme.

✚ Ein Impfstoff gegen Varizellen existiert. Er hat eine nachgewiesene Immunogenität und Schutzwirkung. Seine Reaktogenität ist gering. Eine generelle Impfungsempfehlung für Kleinkinder besteht in verschiedenen Ländern, zum Beispiel in den USA. In Deutschland wird der Impfstoff nicht generell empfohlen.

Merke: Die Windpocken (Syn.: Varizellen) sind eine hochansteckende Erkrankung des Kindesalters, verursacht durch das Varizella-Zoster Herpesvirus (HHV-3).

!

Hinweis: Online-Resourcen zum Thema Impfempfehlungen: Robert Koch Institut (www.rki.de), Weltgesundheitsorganisation (www.who.int/vaccines), Center for Disease Control and Prevention (www.cdc.gov).

☐ ☐ ☐ ☺ 😐 ☹ ?

Frage: Wie kommt es zur Entstehung eines Herpes zoster? Bei welchen Patienten tritt ein Herpes zoster vorzugsweise auf?

Antwort: Der Erreger des **Herpes zoster** ist auch der Erreger der Windpocken (Varizellen), die der Herpes-zoster-Infektion immer zeitlich vorausgehen. Ähnlich dem HSV persistiert das **Varizella-Zoster-Virus (VZV)** nach der Windpockeninfektion im hinteren Spinalganglion und führt nach Reaktivierung zum Herpes zoster. Das Auftreten eines Zosters bzw. von Rezidiven, die sonst selten vorkommen, kann gefördert werden durch

- Nervenverletzungen
- Röntgen- und UV-Strahlung
- HIV-Infektion
- Leukämien
- Zytostatika-Therapie.

Ein Herpes zoster findet sich vor allem bei älteren Menschen jenseits des 50. Lebensjahres.

☐ ☐ ☐ ☺ 😐 ☹ ?

Frage: Durch welche klinische Symptomatik zeichnet sich der Herpes zoster aus? Wie entstehen aberrierende Bläschen?

Antwort: Kennzeichnend für den Herpes zoster ist, dass die Hauterscheinungen **auf ein oder mehrere Dermatome beschränkt** sind. Der Befall der Haut ist meist gürtelförmig und streng einseitig. Erste Symptome eines aufkommenden Herpes zoster sind brennende Schmerzen und erythematöse oder ödematöse Veränderungen im betroffenen Hautareal. Dort kommt es innerhalb von 2–3 Tagen zur Bildung **herpetiformer Bläschen**. Im Verlauf trübt der Bläscheninhalt ein. Die Bläschen sinken ein, und es bildet sich eine braungelbliche Borke (↗ Foto 7).

Aberrierende Bläschen sind Effloreszenzen außerhalb des Dermatoms. Ihre Entstehung erklärt man sich durch virämische Aussaat. Normalerweise heilt ein Zoster innerhalb von 2–4 Wochen ab. Bei immungeschwächten Patienten kann er jedoch einen prolongierten Verlauf aufweisen und generalisieren.

Frage: Welche Differentialdiagnosen können bei einem Herpes zoster in Abhängigkeit von den verschiedenen Stadien in Frage kommen?

Antwort: Im **Prodromalstadium** können gelegentlich neuritisartige Schmerzen den Bläschen vorausgehen. Diese Schmerzen können verwechselt werden mit einer

- Neuritis
- Bandscheibenbeschwerden
- pektangiösen Anfällen.

Im **erythematösen Initialstadium** kann eine Ähnlichkeit der Hautveränderungen bestehen mit einem

- Erysipel
- Kontaktekzem
- An **Varizellen** ist insbesondere bei aberrierenden Bläschen zu denken. Die Bläschen des Zosters unterscheiden sich von denen der Varizellen nur durch eine heftigere entzündliche Reaktion und stärkere Tendenz zur Nekrose.
- An einen **zosteriformen Herpes simplex** sollte v. a. bei Rezidiven gedacht werden.

Frage: Wie therapiert man einen Herpes zoster?

Antwort: Ein unkomplizierter Zoster wird lokal mit austrocknenden, desinfizierenden und antientzündlichen Mitteln (z. B. Lotio alba) therapiert zum Schutz vor Superinfektionen. Kortison ist kontraindiziert. Außerdem können Valaciclovir oder verwandte Virostatika per os gegeben werden.

Frage: Welche Komplikationen können beim Herpes zoster auftreten? Wann generalisiert ein Zoster?

Antwort: Im Anschluss an einen Zoster wird gelegentlich eine Beteiligung motorischer Nerven beobachtet z. B. mit Hemiparese oder **Fazialisparese** bei einem Zoster oticus. Die Lähmungserscheinungen bilden sich jedoch meist wieder zurück.

Bei älteren abwehrgeschwächten Patienten, bei HIV-Infektionen, Leukämien und unter Zytostatika-Therapie kann es zu schweren Verläufen mit hämorrhagischen und nekrotisierenden Läsionen kommen. Es wird dann jeweils von einem **Zoster hämorrhagicus** bzw. **Zoster necroticans** gesprochen.

Bei diesen Patienten kann sich auch ein generalisierter Zoster entwickeln, der an Varizellen erinnert. Dieser so genannte **Zoster generalisatus** kann mit Organbeteiligungen einhergehen. Bei der Beteiligung von Lunge und Zentralnervensystem kann es zu einer Zosterpneumonie bzw. zu einer Zoster-Enzephalitis kommen.

☐ ☐ ☐ ?
☺ 😐 ☹

Frage: Bei welchen Patienten kommt es hauptsächlich zu einer postzosterischen Neuralgie?

Antwort: Von der **postzosterischen Neuralgie** sind vor allem ältere Menschen im Anschluss an einen Zoster im Kopfbereich betroffen. Es kommt zu einschießenden, starken Schmerzzuständen, die in Extremfällen zu einem Suizid führen können. Bei einem Großteil der Patienten bessert sicht die Neuralgie oder verschwindet ganz.

☐ ☐ ☐ ?
☺ 😐 ☹

Frage: Wie kann man einer postzosterischen Neuralgie vorbeugen und wie wird sie am besten therapiert?

Antwort: Zur Vorbeugung sollten Patienten mit floridem Zoster frühzeitig mit **Valaciclovir, Famciclovir** oder **Amitryptilin** behandelt werden. Aciclovir hat keinen vorbeugenden Effekt. Die Gabe von **oralen Steroiden** ist nicht sinnvoll. Steroide sind bei Abwehrschwäche oder Zoster generalisatus kontraindiziert. Die Neuralgien werden je nach Stärke mit einer Kombination aus Analgetika, Neuroleptika wie Levomepromazin, Antiepiletika wie Gabapentin und Antidepressiva wie Amitryptilin, Doxepin und Maprotilin behandelt.

!

Merke: Die Therapie postzosterischer Neuralgien kann schwierig sein und sollte einem Spezialisten vorbehalten bleiben.

☐ ☐ ☐ ?
☺ 😐 ☹

Frage: Was ist das Exanthema subitum und an welche Differentialdiagnose denken Sie?

Antwort: Das **Exanthema subitum** ist eine seltene Kinderkrankheit, die weltweit verbreitet ist. Die Erreger sind die **Herpesviren 6 und 7**. Die Erkrankung geht mit hohem Fieber für fünf Tage einher bei beeinträchtigtem Allgemeinzustand. Mit dem Temperaturabfall entwickelt sich ein kleines, nicht konfluierendes makulöses Exanthem am Rumpf, das nach zwei Tagen wieder folgenlos verschwunden ist. Spezifische Antikörper lassen sich im Serum gegen Herpesvirus 6 nachweisen.

In die Differentialdiagnose sollten andere exanthemische Erkrankungen eingeschlossen werden, wie:

- Röteln
- Masern
- Scharlach
- Erythema infectiosum.

Merke: Das Exanthema subitum ist wird durch HHV-6 und -7 verursacht. Die Therapie ist symptomatisch.

!

Fallbeispiel: Ein 39-jähriger verheirateter heterosexueller Mann stellt sich bei seinem Hausarzt mit seit Monaten bestehenden juckenden Hautveränderungen vor. Die klinische Untersuchung zeigt disseminierte, violett-braune, makulopapuläre Hautveränderungen und lichenoide Plaques auf Haut und Schleimhaut. Besonders ausgeprägte Hautveränderungen mit Lymphödem von Penis und Skrotum finden sich in der Leistengegend. Eine daraufhin durchgeführte HIV-Serologie ist positiv. Mehrere Biopsien bestätigen die Verdachtsdiagnose. Eine immunhistochemische Spezialfärbung der histologischen Schnitte ist positiv für HHV-8. An welcher Erkrankung leidet der Patient? Welche Rolle spielt das Humane Herpesvirus Typ 8 (HHV-8) bei der Entstehung der Erkrankung?

☐ ☐ ☐
☺ 😐 ☹

Antwort: Der Patient leidet an einem **Kaposi-Sarkom**. Das Kaposi-Sarkom wurde 1872 als idiopathisches multiples Pigmentsarkom bei älteren Männern jüdischer Abstammung von Moritz Kaposi beschrieben. Es war vor Beginn der AIDS-Pandemie und der Einführung immunsuppressiver Chemotherapeutika eine dermatologische Rarität.

HHV-8 wurde erstmals 1994 aus Tumorgewebe von Patienten mit Kaposi-Sarkom isoliert. Das Virus wurde zunächst als Kaposi-Sarkom-assoziiertes Herpesvirus bezeichnet, später synonym als **HHV-8**. Seine Struktur ähnelt der des Epstein-Barr-Virus. Seit der Erstbeschreibung des Virus wurde HHV-8 von verschiedenen Forschergruppen aus Kaposi-Sarkomen isoliert. Außerdem wurde HHV-8 in Lymphknoten von Patienten mit M. Castleman und in Tumorzellen des so genannten „primary effusion lymphoma“ nachgewiesen. Dabei handelt es sich um seltene hämatologische Erkrankungen.

3.4 Andere Virusinfektionen mit Befall der Haut

☐ ☐ ☐ ?
☺ 😐 ☹

Frage: Kennen Sie die Herpangina von Zahorsky?

Antwort: Die Erreger der **Herpangina von Zahorsky** sind Coxsackie-Viren der Gruppe A, von der es über 20 verschiedene Typen gibt. Die Erkrankung kommt bei Kindern und Jugendlichen vor.

Die Herpangina beginnt mit hohem Fieber, das etwa vier Tage anhält und mit anderen Allgemeinsymptomen einhergeht. An Gaumenbogen, Uvula und Tonsillen treten sagoähnliche Bläschen auf, die erodieren und ulzerieren. Nach spätestens zwei Wochen kommt es zu einer komplikationslosen Abheilung.

Differentialdiagnostisch sollten berücksichtigt werden:

- Gingivostomatitis herpetica
- Masernenanthem
- Diphtherie
- Soor.

4 Bakterielle Infektionen

4.1 Nicht-follikuläre Pyodermien

Frage: Durch welchen Erreger wird welche Form der **Impetigo contagiosa** ausgelöst? Wer wird hauptsächlich betroffen?

? ☐ ☺ ☐ 😐 ☐ ☹

Antwort: Es gibt zwei Formen der Impetigo contagiosa:

- Die **kleinblasige Contagiosa** gilt als häufigste Hautinfektion bei Kindern. Sie wird hauptsächlich durch **β-hämolysierende Streptokokken** ausgelöst und heilt narbenlos ab (↗ Foto 8).
- Die **großblasige Contagiosa** wird von **Staphylococcus aureus** hervorgerufen und tritt bei Neugeborenen nach Kontakt mit Keimträgern, wie z.B. Krankenschwestern oder Hebammen, auf. Durch die Bildung des exfoliativen Toxins ist ein Übergang in das SSS-Syndrom (Syn.: Staphylococcal scaled skin syndrome) möglich.

✚ Warme Außentemperaturen, hohe Feuchtigkeit, vorangegangene Antibiotikatherapie, schlechte Hygiene und eine ekzematös vorgeschädigte Haut begünstigen das Wachstum β-hämolysierender Streptokokken und Staphylokokken.

Bei der Impetigo handelt es sich um eine oberflächliche Infektion der Epidermis. Eine tiefergehende, bis in die Dermis reichende Entzündung bezeichnet man auch als **Ekthym**. Die Impetigo befällt bevorzugt den Nasen-Mund-Bereich und die Hände. Es kommt zu einem plötzlichen Auftreten rötlicher Makulae mit Vesikeln, die sich pustulös umwandeln und platzen. Sie trocknen zu den typischen honiggelben Krusten ein (↗ Foto 8). Schwerste Komplikation der kleinblasigen Contagiosa ist die akute Glomerulonephritis.

In einfachen Fällen reicht die lokale Behandlung mit Desinfizientien. Bei stärkerer Ausbreitung ist zusätzlich eine Antibiotikabehandlung (z.B. Amoxicillin per os) indiziert.

Frage: Was ist eine Phlegmone?

? ☐ ☺ ☐ 😐 ☐ ☹

Antwort: Eine **Phlegmone** entsteht meist nach Verletzungen oder postoperativ durch Staphylococcus aureus, selten durch Streptokokken der Gruppe A oder gramnegative Bakterien. Sie ist gewöhnlich durch eine tiefe, entzündliche Schwellung gekennzeichnet. Die teigige Schwellung ist eher dunkel-livide und tiefer reichend.

Im Gegensatz zum ähnlich erscheinenden Erysipel ist eine Phlegmone sehr schmerzhaft und unscharf begrenzt. Die systemischen Erscheinungen sind meist milder und weniger akut. Eine Interdigitalmykose kann als Eintrittspforte für Bakterien dienen und die Entstehung einer Phlegmone begünstigen.

Die **Mundboden-** und **Sehnenscheidenphlegmone** sind besonders gefürchtet. Wichtig ist die hoch dosierte Antibiotikatherapie i.v. und ein rechtzeitiges chirurgisches Vorgehen.

Frage: Welche Unterschiede bestehen zwischen einem Erysipel und einem Erysipeloid?

Antwort: Die differentialdiagnostischen Kriterien sind:

	Erysipel	Erysipeloid
Erreger	Streptokokken	Erysipelothrix rhusiopathiae
Verlauf	akut, innerhalb von Stunden	Entwicklung über 2–7 Tage nach Stichverletzung
Fieber	vorhanden (mit Schüttelfrost)	kein Fieber
Lokalisation	Gesicht, Unterschenkel	meist an den Händen
Patientengruppe	Senioren, Diabetiker	Metzger, Köche, Hausfrauen
Therapie	Penicillin, keine Inzision	hoch dosiertes Penicillin

Tab. 4.1: Erysipel vs. Erysipeloid

Frage: Zu Ihnen kommt ein Patient mit plötzlich aufgetretener schmerzhafter Rötung und Schwellung der Wange. Wie klären Sie ab, ob ein Erysipel oder ein allergisches Kontaktekzem vorliegt?

Antwort: Hauptsächlich sprechen drei Argumente für ein Erysipel:
- Akutes Auftreten
- Druckschmerz
- Entzündungszeichen (mit Schüttelfrost).

Die wichtigsten Unterscheidungskriterien sind:

	Erysipel	allergisches Kontaktekzem
Anamnese	Verletzung, Hautabschürfung, o.ä.	Modeschmuck, Kosmetika, Medikamentenapplikation, o.ä.
Symptome	Fieber, Schüttelfrost, Papulovesikel, Druckschmerz, regionäre Lymphknotenschwellung	Rötung, Ödem, Feuchtigkeit, Überwärmung, Erosionen
Verlauf	akut, innerhalb von Stunden, mit Entzündungszeichen	Nicht akut, mindestens 48 h

Tab. 4.2: Erysipel vs. allergisches Kontaktekzem

Fallbeispiel: Eine 75-jährige Frau kommt in die Notfallambulanz mit einem ödematös und erythematös veränderten Unterschenkel. Der betroffene Unterschenkel ist schmerzhaft und stellenweise pruriginös. Die Läsion reicht von oberhalb der Ferse bis zum Knie. Diese Veränderungen entwickelten sich innerhalb der letzten zwei Tage und gehen nun mit einer Temperatur von 38,2 °C einher. Die Patientin ist Diabetikerin und hatte bereits zwei ähnliche Episoden. Neben einer Zehenzwischenraummykose leidet die Patientin zusätzlich an einer venösen Insuffizienz.
Welche Diagnose vermuten Sie?

Antwort: An erster Stelle lässt sich ein **Erysipel** vermuten (↗ Foto 9), das in der Mehrzahl der Fälle durch β-hämolysierende Streptokokken der Gruppe A ausgelöst wird. Der Erreger kann durch kleine Hautverletzungen eintreten. Zu diesen zählen typischerweise Rhagaden bei Interdigitalmykosen oder Ekzemen.

Ein Erysipel kann insbesondere bei Diabetikern aber auch spontan entstehen und tritt meist an Fuß, Unterschenkel oder im Gesicht auf.

Frage: Wodurch wird das Auftreten eines Erysipels begünstigt?

Antwort: Zu den begünstigenden Faktoren gehören:
- Arteriopathie
- Diabetes
- Nicht-Steroidale-Antiphlogistika
- Chronisch-venöse Insuffizienz
- Lymphabflussstörungen

- Unterernährung
- Alkoholismus
- Immunsuppression
- Mykosen.

☐ ☐ ☐ ?
☺ 😐 ☹

Frage: Welche weiteren Diagnosen ziehen Sie in Betracht?

Antwort: Sämtliche ödematösen Veränderungen, die mit einem Erythem einhergehen, sollten in die Differentialdiagnose einbezogen werden:

- Die wichtigste Differentialdiagnose des Erysipels ist eine **frühe oberflächliche Thrombophlebitis**. Sie wird häufig falsch diagnostiziert.
- Ein **Erysipeloid** tritt meist an den Händen auf. Außerdem ist eine Berufsanamnese meistens vorhanden.
- Bei einer **akuten Dermatitis** sind die Patienten afebril, die BSG ist nicht beschleunigt und allergische Streuphänomene können vorkommen. Die Hautoberfläche ist bei einer akuten Dermatitis wegen der Spongiose matt, beim Erysipel wegen der Spannung glänzend.
- Ein **früher Herpes zoster** noch ohne Bläschen kann ebenfalls schwer von einem Erysipel zu unterscheiden sein.

☐ ☐ ☐ ?
☺ 😐 ☹

Frage: Welche Behandlung leiten Sie ein? Welche zusätzlichen Untersuchungen würden Sie veranlassen?

✚ Staphylococcus aureus und β-hämolysierende Streptokokken sind häufige Erreger von Weichteilinfektionen. Viele andere Bakterienspezies können jedoch ebenfalls Weichgewebe infizieren, z. B. H. influenzae, C. perfringens und P. aeroginosa.

Antwort: Penicillin G (1–20 Millionen Einheiten/Tag i.v.) ist das Mittel der Wahl. Fieberfreiheit wird dadurch innerhalb von 24–48 Stunden erreicht. Die Therapie kann nach 4–8 Tagen mit Penicillin V (4–6 Mio. Einheiten/Tag) fortgesetzt werden. Die gesamte Therapiedauer beträgt etwa 15 Tage. Falls eine Allergie besteht, kann mit Erythromycin 3 g/Tag behandelt werden.

Örtlich können Desinfizientien angewendet werden. Bei Rezidivneigung sollte ein lang wirkendes Penicillin (Benzathin-Penicillin) in monatlichen Abständen etwa ein Jahr lang gegeben werden. Um eine Reinfektion zu verhindern, sollte die Eintrittspforte beseitigt werden. Im vorliegenden Fall muss daher die Mykose behandelt werden.

Eine Untersuchung auf Proteinurie und Hämaturie sollte drei Wochen später durchgeführt werden, um eine Poststreptokokken-Glomerulonephritis auszuschließen.

4.2 Pyodermien der Haarfollikel und Schweißdrüsen

Frage: Was ist ein Furunkel?

Antwort: Das **Furunkel** ist eine tiefe abszedierende bakterielle Entzündung, die meist von Staphylococcus aureus ausgelöst wird. Mit Ausnahme des Gesichts geht die Entzündung von einem Haarfollikel und dessen Umgebung aus (↗ Foto 10). Es kann zu einer Spontanheilung durch Entleerung oder Resorption kommen.

Furunkel treten gehäuft auf bei:

- Immunschwäche
- Diabetes mellitus
- Atopikern
- Mangelhafter Hygiene.

Frage: Welche Gefahr besteht bei Oberlippen- und Nasenfurunkeln?

Antwort: Bei **Oberlippen-** und **Nasenfurunkeln** (↗ Foto 10) besteht die Gefahr einer **Sinus-cavernosus-Thrombose** über die Venae angulares. Exprimieren und Stichinzision sind dabei streng kontraindiziert. Vielmehr sind absolute Bettruhe und Ernährung mit weicher Kost einzuhalten. Neben lokal desinfizierenden Maßnahmen und Ruhigstellung ist eine systemische Antibiotikatherapie indiziert.

Frage: Worum handelt es sich bei einem Schweißdrüsenabszess? Wer ist hauptsächlich betroffen und welche Behandlungsmaßnahmen kommen in Frage?

Antwort: Ein **Schweißdrüsenabszess (Syn.: Hidradenitis suppurativa)** ist eine abszedierende, furunkelartige Entzündung in der Axilla, Leiste, Vulva, Perineal- und Perianalregion. Oft liegt ein chronisch-rezidivierender Verlauf vor, der mit der Bildung von Narbensträngen und Fisteln einhergehen kann. Die Krankheit ist relativ selten und betrifft v.a. Männer ab dem 20. Lebensjahr. Sie ist häufig mit einer **Acne conglobata** verbunden. Die mikrobielle Besiedlung mit Staphylokokken und gramnegativen Keimen wird eher als sekundär angesehen.

Wegen hoher **Rezidivneigung** ist die konservative Behandlung nicht leicht. Sie besteht aus gründlicher Lokalhygiene, Antibiotika, Antiandrogenen und Isotretinoin. Eine chirurgische Exzision mit Hauttransplantation ist bei ausgedehnten Vernarbungen notwendig.

☐ ☐ ☐ ?
☺ 😐 ☹

Frage: Welche Haut-Weichteil-Infektionen kennen Sie? Ordnen Sie diese nach ihrem Schweregrad!

Antwort:

leichte Infektionen, oberflächlich (konservative Behandlung)	• Impetigo • Ekthyma • Erysipel • Pyoderma gangraenosum
mittelschwere Infektionen, mitteltief (dringliche chirurgische Behandlung)	• Phlegmone • Abszess • Karbunkel • Hidradenitis suppurativa
schwere Infektionen, tief (z. T. vitale Indikation zur chirurgischen Behandlung)	• Nekrotisierende Fasziitis • Streptokokkenmyositis • Gasbrand • Toxische Schocksyndrome

Tab. 4.3: Haut-Weichteil-Infektionen

4.3 Mykobakterielle Hauterkrankungen

☐ ☐ ☐
☺ 😐 ☹

Fallbeispiel: Ein 60-jähriger Mann stellt sich bei seinem Hausarzt mit einer seit zehn Jahren bestehenden Hautveränderung an der rechten Wange vor. Die klinische Untersuchung zeigt eine erythematös veränderte, peripher knotige, zentral ulzerierte Hautläsion inmitten einer großflächigen atrophischen Narbe. Glasspateldruck auf peripher knotige Hautveränderungen erzeugt eine apfelgeleeartige Hautfärbung. Bei der körperlichen Untersuchung finden sich keine vergrößerten Lymphknoten. Die histologische Aufarbeitung zentraler Aspekte der Hautveränderung zeigt ein verhornendes Plattenepithelkarzinom. In tieferen Hautschichten finden sich granulomatöse Infiltrate mit Epitheloidzellen, zahlreichen Lymphozyten und Riesenzellen vom Langhans-Typ.
An welcher Erkrankung leidet der Patient?

Antwort: Der Patient leidet wahrscheinlich an einem langjährigen **Lupus vulgaris**. Klinik und Histologie sind stimmig mit dieser Vermutung. Auch der histologische Befund eines Spinalioms nach jahrelanger Erkrankung ist vereinbar mit diesem Krankheitsbild.

☐ ☐ ☐ ?
☺ 😐 ☹

Frage: Wodurch zeichnet sich der Lupus vulgaris gegenüber den anderen Formen der Hauttuberkulose aus?

Antwort: Der **Lupus vulgaris** ist die **häufigste** Form der **Hauttuberkulose**. Der Krankheitsverlauf ist bei immungesunden Menschen chronisch-progressiv. Man schätzt, dass etwa jeder zweihundertste Patient mit Tuberkulose einen Lupus vulgaris entwickelt. Meist erfolgt die mykobakterielle Infektion der Haut auf dem Lymph- oder Blutweg. Klinisch findet sich ein planer oder leicht erhabener braunroter Fleck, bevorzugt im Gesichtsbereich. Bei Glasspateldruck sieht man eine **apfelgeleefarbene** Hautverfärbung.

Bei leichtem Sondendruck kommt es zum Einbruch in das Gewebe. Diese Erscheinung wird als **positives Sondenphänomen** bezeichnet. Im weiteren Verlauf, der sich über Jahre hinstrecken kann, kommt es zu Ulzerationen und tief reichenden Gewebezerstörungen. Auf länger bestehenden, straffen Narben kann ein Spinaliom entstehen.

Frage: Welche möglichen Komplikationen eines Lupus vulgaris sind Ihnen bekannt?

? ☐ ☺ ☐ 😐 ☐ ☹

Antwort: Mögliche Komplikationen eines Lupus vulgaris sind:
- Narbenkontrakturen
- Sekundäre Infektionen ulzerierter Hautveränderungen
- Bildung von Tumoren, vor allem Basaliome, Spinaliome, Sarkome oder Lymphome.

Merke: Der Lupus vulgaris ist eine chronisch-progressive Form der Hauttuberkulose. !

Frage: Wie wird der Tuberkulintest durchgeführt?

? ☐ ☺ ☐ 😐 ☐ ☹

Antwort: Der **Tuberkulintest** (Syn.: Tine-Test) ist ein Indikator für eine allergische Reaktion vom Typ IV gegen Tuberkulin. Es wird bei der Moro-Probe perkutan eingebracht. Das Tuberkulin kann jedoch auch intrakutan oder mit Hilfe einer Multipunktur appliziert werden.

Erscheint nach etwa drei Tagen eine entzündlich gerötete Papel am Applikationsort, gilt der Test als positiv. Der Tuberkulintest ist negativ bei immungeschwächten Menschen und bei solchen, deren Immunsystem noch nicht mit Antigenen der Tuberkelbakterien in Berührung gekommen sind

Frage: Wie sie vielleicht wissen, kann eine Chemoprophylaxe mit Isoniazid (INH) das Zustandekommen einer aktiven Tuberkulose verhindern. Wem würden Sie eine INH-Prophylaxe empfehlen?

? ☐ ☺ ☐ 😐 ☐ ☹

tipp Mehr zum Thema Tuberkulose: Robert Koch Institut (www.rki.de), Weltgesundheitsorganisation (www.who.int/tdr), Center for Disease Control and Prevention (www.cdc.gov).

Antwort: Laut Robert-Koch-Institut sollten **Kinder** mit engem Kontakt zu einem ansteckenden Fall von Tuberkulose eine **Chemoprophylaxe mit INH** über 3 Monate erhalten (nach Ausschluss einer aktiven Tuberkuloseerkrankung). Ist der Hauttest nach Ablauf dieser Zeit weiter negativ, so kann die INH-Prophylaxe beendet werden. Kommt es jedoch unter Chemoprophylaxe nach 3 Monaten zu einer Tuberkulinkonversion, so muss eine **präventive Chemotherapie** über insgesamt 9 Monate durchgeführt werden.

4.4 Weitere bakterielle Hauterkrankungen

☐ ☐ ☐ ?
☺ 😐 ☹

Frage: Welche Erkrankungen können auf einen Zeckenbiss folgen?

Antwort: Der in Europa am häufigsten vorkommende Vertreter der **Zecken** ist der so genannte **Holzbock (Ixodes ricinus)**. Zu den durch ihn ausgelösten Folgeerkrankungen gehören:
- Borrelia-burgdorferi-Infektionen (Teilsyn.: Lyme Disease)
- Frühsommermeningoenzephalitis (FSME)
- Fremdkörperreaktionen (Zeckengranulom)
- Eiterkokken, Pyodermie, Erysipel.

☐ ☐ ☐ ?
☺ 😐 ☹

Frage: Wie verläuft der Übertragungsmechanismus beim Zeckenbiss?

Antwort: Ixodes ricinus kommt in waldreichen feucht-warmen Gebieten vor und lässt sich von einem Zweig auf den Blutwirt herabfallen. Die Zecke beißt sich in der Haut fest, was einen leichten Juckreiz erzeugt. Nach der Blutmahlzeit lässt sie sich vom Wirt abfallen. Bei Saugakt findet die Erregerübertragung statt.

☐ ☐ ☐ ?
☺ 😐 ☹

Frage: Wie entfernt man eine Zecke?

Antwort: Am sichersten wird die Zecke mit der **Biopsiestanze** entfernt. Eine anschließende Präparation und Mikroskopie der gewonnenen Hautbiopsie wird empfohlen, um eine vollständige Entfernung der Zecke sicher zu stellen. Da zurückbleibende Zeckenbestandteile ein Zeckengranulom auslösen können, sollten Reste mit der Biopsiestanze entfernt werden. In Endemiegebieten von Frühsommermeningoenzephalitis wird eine passive, bei beruflicher Exposition eine aktive Immunisierung empfohlen.

Nach einem Zeckenbiss sollte der Patient auf mögliche **Folgeerkrankungen** aufmerksam gemacht werden, zu denen die Borrelia-burgdorferi-Infektionen und die Frühsommermeningoenzephalitis gehören. Etwa ein halbes Jahr danach können serologische Untersuchungen durchgeführt werden.

Fallbeispiel: Eine 29-jährige Frau kommt zu Ihnen in die Praxis wegen einer erythematösen Läsion des linken Oberschenkels. Sie hat mit einem erythematösen Fleck begonnen und vergrößert sich fortschreitend. Während der ersten Tage der Entwicklung klagte die Patientin über schnelle Ermüdbarkeit, Kopfschmerzen, Myalgie und hatte subfebrile Temperaturen. Der erythematöse Herd ist von ringförmiger Gestalt mit diskret infiltrierender, roter Begrenzung und einem blass-rosa Zentrum. Drei Wochen vorher ist sie in einem Wald spazieren gegangen.
Was ist die Diagnose?

Antwort: Des handelt sich um ein **Erythema chronicum migrans**. Es wird durch die Spirochäte Borrelia burgdorferi ausgelöst, die durch die Zecke Ixodes ricinus übertragen wird. Ixodes ricinus tritt besonders häufig in waldreichen Regionen auf. Das Erythema chronicum migrans erscheint etwa 2–3 Wochen nach dem Zeckenbiss, kann jedoch auch erst nach bis zu drei Monaten zum Vorschein kommen. Frauen sind in Europa häufiger betroffen.

Das Erythema chronicum migrans beginnt als roter, schmerzloser Fleck an der Zeckenbissstelle, die sich häufig am Bein, Hüfte, Leiste oder Achseln findet. Im weiteren Verlauf dehnt es sich ringförmig aus und blasst zentral ab. Die Diagnose des Erythema chronicum migrans wird aufgrund des typischen klinischen Erscheinungsbildes gestellt. Die Isolierung von Spirochäten aus dem Erythemrand ist möglich, wird aber praktisch kaum angewandt. Antikörper können zu diesem Zeitpunkt selten nachgewiesen werden.

Frage: Wie behandeln Sie ein Erythema chronicum migrans?

Antwort: Obwohl das Erythema chronicum migrans nicht selten spontan abheilt, müssen Antibiotika verschrieben werden. Sie sollen den gravierenden sekundären Komplikationen vorbeugen, zu denen insbesondere neurologische, kardiale und arthritische Beschwerden gehören (Tab. 4.4).

☐ ☐ ☐ ?
☺ 😐 ☹

Frage: Welche Hautveränderung kann gelegentlich im Frühstadium der Erkrankung an der Zeckenbissstelle noch zum Vorschein kommen?

Antwort: Selten kann es an der Bissstelle zur Entwicklung einer **Lymphadenosis cutis benigna** mit Lymphfollikel-ähnlichen histologischen Strukturen kommen. Es handelt sich dabei um eine gutartige lymphomähnliche Veränderung, bei der hauptsächlich B-Lymphozyteninfiltrate gefunden werden. Diese Knötchen mit rötlich-livider Verfärbung kommen bevorzugt am Ohr, Gesicht und an den Mamillen vor. Hauptsächlich sind Kinder von dieser Erscheinung betroffen.

☐ ☐ ☐ ?
☺ 😐 ☹

Frage: Eine Borrelia-burgdorferi-Infektion wird unter anderem mit zwei weiteren Erkrankungen in Verbindung gebracht. Welche meine ich?

Antwort: Zum einen sehen manche Wissenschaftler einen Zusammenhang zwischen der **Morphea** und einer Borreliose. Dieser Vermutung entsprechend können sich Borreliose und Morphea nach konsequenter Antibiotikatherapie wieder zurückbilden. Nur bereits indurierte, sklerotische Veränderungen und gegebenenfalls vereinzelte postinflammatorische Hyperpigmentationen bleiben bestehen. Darüber hinaus besteht eine Assoziation zwischen **Lichen sclerosus et atrophicus**, Morphea und Borrelia-burgdorferi-Infektion.

!

Merke: Die Morphea und der Lichen sclerosus et atrophicus können im Zusammenhang mit einer Borrelia-burgdorferi-Infektion auftreten.

☐ ☐ ☐ ?
☺ 😐 ☹

Frage: Wie sieht die Stadieneinteilung der Borrelia-burgdorferi-Infektionen aus?

Antwort: Nach dem **Stadium I (Frühstadium)** mit dem klinisch leicht diagnostizierbaren **Erythema chronicum migrans**, kann es im **Stadium II (Spätstadium)** zu einer Generalisation mit verschiedenen Organmanifestationen kommen mit Meningopolyneuritiden, Enzephalitis, Arthriden und seltener auch zu Myo- und Perikarditis. Muskel- und Knochenschmerzen kommen häufig vor. In diesem Stadium können serologisch borrelienspezifische IgM-Antikörper nachgewiesen werden.

Das **Stadium III (Chronisches Stadium)** kann Jahre bis Jahrzehnte nach der Erstinfektion auftreten.

Frage: Wodurch ist das chronische Stadium charakterisiert und wie wird es therapiert?

? ☐ ☐ ☐

Antwort: Im **chronischen Stadium** kommt es in 60% zu einer Rheumafaktor-negativen Oligoarthritis. Sie ist intermittierend und befällt hauptsächlich die größeren Gelenke. Die charakteristische Hauterscheinung dieses Stadiums ist die **Acrodermatitis chronica atrophicans**. Dabei handelt es sich um eine Atrophie des subkutanen Fettgewebes mit einem lividen Randbereich vor allem an den Streckseiten der Extremitäten.

An den Gelenken finden sich gelegentlich Knötchen, die denen bei Rheuma ähneln. Der Nachweis spezifischer IgG- und IgM-Antikörper und die Histologie führen zur Diagnosestellung.

Frage: Was wissen Sie über die Therapie der Borrelia-burgdorferi-Infektionen?

? ☐ ☐ ☐

Antwort: Die Behandlung erfolgt mittels antibiotischer Therapie und ist abhängig vom Krankheitsstadium (Tab. 4.4). Wenn innerhalb von 72 Stunden nach einem Zeckenbiss einmalig 200 mg Doxicyclin per os gegeben wird, kann ein Erythema migrans in den meisten Fällen verhindert werden.

Krankheitsstadium	Erwachsene
Stadium I (Lokalinfektion):	• **Doxicyclin** oral • **Amoxicillin** oral
Stadium II und III (Generalisationsphase und Spätmanifestationen):	• **Cephalosporine iv** der dritten Generation
Hinweise: • **Doxicyclin** ist **nicht geeignet** für den Gebrauch **in Kindern unter 8 Jahren.** • Ein geeignetes Cephalosporine der dritten Generation ist z. B. das **Ceftriaxon (Rocephin).** • Im Stadium I lassen sich alternativ auch Makrolid-Antibiotika wie das **Azithromycin** einsetzen: diese sind jedoch dem Amoxicillin in seiner Wirksamkeit unterlegen.	

Tab. 4.4: Therapie der Borreliose nach Stadien

5 Dermatomykosen

5.1 Pilze

Frage: Wie werden die medizinisch relevanten Mykosen eingeteilt?

Antwort: Die medizinisch relevanten Pilze werden nach dem **DHS-System** eingeteilt:
- **D**ermatophyten (Fadenpilze)
- **H**efen
- **S**chimmelpilze.

Die Dermatophyten werden in 3 Gattungen eingeteilt: Epidermophyten, Mikrosporum und Trichophyton.

Frage: Wie lassen sich die Erreger von Pilzerkrankungen nachweisen?

tipp Einfache, preiswerte, vielfach einsetzbare diagnostische Tests wie der KOH-Test sind beliebte Prüfungsfragen. Mit seiner Hilfe lässt sich eine vaginale Candidiasis ebenso nachweisen wie eine Tinea corporis oder eine Pityriasis versicolor.

Antwort:
- Am Herdrand lassen sich die Erreger am leichtesten finden, wo Schuppen abgeschabt und auf einen **Objektträger** aufgebracht werden. Die Überschichtung der Schuppen mit verdünnter Kalilauge (KOH) dient zur Aufhellung des Präparates und zur Zerstörung der Horngrenzen.
- Mittels einer **Pilzkultur** lassen sich die Erreger klassifizieren, was vor der Behandlung geschehen sollte. Eine Kultur lässt sich auf fertig erhältlichen Nährböden bei Zimmertemperatur anlegen und braucht je nach Erreger drei Tage bis drei Wochen.
- Mit Hilfe der Untersuchung des Patienten im **Wood-Licht** lassen sich einige Pilze aufgrund ihrer verschiedenartigen fluoreszierenden Eigenschaften unterscheiden.
- Der **histologische Nachweis** lässt sich am leichtesten mit Hilfe der Perjodsäure-Schiff-Reaktion erbringen.

Merke: Mit dem KOH-Test lassen sich Pilzinfektionen von Haut und Schleimhaut nachweisen. Er gehört zum diagnostischen Basisinventar jedes Allgemeinmediziners.

5.2 Tinea (Dermatophytosen)

Fallbeispiel: Ein 8-jähriges Mädchen stellt sich wegen fortschreitender Alopezie mit seiner Mutter beim Hausarzt vor. Es lebt mit seiner Familie auf einem Bauerhof mit vielen Tieren. Die Mutter berichtet, sie habe zuerst vor 8 Wochen einen kleinen geröteten Bereich am Hinterkopf mit Haarausfall bemerkt. Das befallene Areal habe sich seither beträchtlich vergrößert. Die klinische Untersuchung zeigt einen kahlen, rund-ovalen, 6 x 5 cm^2 messenden Bereich am Hinterkopf mit erythrosquamösen, teilweise superinfizierten Effloreszenzen. Eine weitere nummuläre erythrosquamöse Effloreszens findet sich am linken Ellbogen. Zervikale Lymphknoten sind vergrößert und druckschmerzhaft. Eine Pilzkultur zeigt Trichophyton-Wachstum.
An welcher Erkrankung leidet das Mädchen? Wie würden Sie sie behandeln?

☐ ☐ ☐
☺ 😐 ☹

Antwort: Das Mädchen leidet mit großer Wahrscheinlichkeit an einer **Tinea capitis**. Als Ausgangsherd der Infektion kommen die Tierbestände der Familie in Betracht. Eventuell handelt es sich hier um eine eitrig-durchsetzte, profunde Trichophytie des behaarten Kopfes im Sinne eines **Kerion celsi**. Um die Erkrankung effektiv behandeln zu können, müssen antimykotische Wirkstoffe tief in die Haarfollikel penetrieren. Dies wird durch eine ausschließlich lokale Therapie in der Regel nicht erreicht, es sollte eine systemische Therapie durchgeführt werden.

Merke: Mittel der Wahl für die systemische Dermatophyten-Therapie bei Tinea capitis ist das **Griseofulvin**. Itraconazol, Terbinafin und Fluconazol können alternativ eingesetzt werden.

!

Frage: Beschreiben Sie die Hautveränderungen bei einer Tinea corporis. Welche Differentialdiagnosen kommen in Frage?

?
☐ ☐ ☐
☺ 😐 ☹

Antwort: Die **Tinea corporis** wird den oberflächlichen Trichomykosen zugeordnet und wird meist von **Trichophyton rubrum** und **Trichophyton mentagrophytes** ausgelöst. Es kommt zu scheibenförmigen, relativ scharf begrenzten und schuppenden Erythemen. Charakteristischerweise heilen sie im Zentrum ab und breiten sich peripher aus, wodurch die typische Ringform zustande kommt (↗ Foto 11). Es besteht Juckreiz.

Zur Diagnosestellung sollte ein kultureller und mikroskopischer Nachweis erfolgen. Die Erreger lassen sich am besten aus der Randzone des

Herdes gewinnen. Wird eine Tinea corporis nicht richtig diagnostiziert und mit lokalen Kortikoiden behandelt, verschwinden zwar die Entzündungszeichen und der Juckreiz, die Pilzinfektion kann sich jedoch weiter ausbreiten.

In der Differentialdiagnose sollten enthalten sein:
- Psoriasis vulgaris
- Parapsoriasis en plaque
- Ekzeme
- Mycosis fungoides.

Lokal werden Antimykotika (z.B. Clotrimazol oder Ciclopiroxolamin) angewendet. In schweren Fällen werden systemische Antimykotika, wie z.B. Griseofulvin, Itraconazol und Ternifadin gegeben.

☐ ☐ ☐ ☺ 😐 ☹ ?

Frage: Was versteht man unter einem Fußpilz?

Antwort: Mit einem **Fußpilz** wird eine **Tinea pedis** (Syn.: Athlete's foot) bezeichnet. Sie ist die häufigste Pilzerkrankung und wird meist durch das Trichophyton rubrum ausgelöst. Sehr häufig sind der 3. und 4. Interdigitalraum betroffen. Dabei sind Mazeration, Rötung, Schuppung und Juckreiz kennzeichnend. Rhagaden können eine Eintrittspforte für Erysipelerreger sein.

Eine Tinea pedis kann mit bakteriellen Infekten einhergehen. Die Infektionsrate nimmt mit steigendem Alter zu. Übermäßiges Schwitzen und mangelnde Hygiene begünstigen das Auftreten. Erst nach Erregernachweis kann eine Tinea pedis diagnostiziert werden. Differentialdiagnostisch sind abzugrenzen:
- Ekzeme
- Bakterielle Fußinfekte
- Pustulosis palmoplantaris
- Hereditäre Plantarkeratosen.

!

Merke: Eine Interdigitalmykose kann als Eintrittspforte für Bakterien dienen und die Entstehung einer Weichteilentzündung (Erysipel, Phlegmone) begünstigen.

☐ ☐ ☐ ☺ 😐 ☹ ?

Frage: Welche Therapie würden Sie bei Fußpilz empfehlen?

Antwort: Die Therapie erfolgt lokal mit **Antimykotika** (z.B. Clotrimazol oder Ciclopiroxolamin) nach Abklingen der entzündlichen Erscheinungen durch **desinfizierende Bäder** (Kaliumpermanganat). Mit antimykotischen Pudern kann nachbehandelt werden. Eine Prophylaxe mit desinfizierendem, Wasser absorbierendem Puder sowie das Trockenhalten der Zehenzwischenräume ist zu empfehlen.

Frage: Wodurch wird eine Onychomykose hervorgerufen?

? ☐ ☐ ☐ ☺ 😐 ☹

Antwort: Eine **Onychomykose** ist häufig und tritt meist bei lang bestehenden Fußmykosen an vorgeschädigten Nägeln auf. Erreger sind meist **Dermatophyten** (z. B. Trichophyton rubrum), seltener auch Hefen und Schimmelpilze. Als Grunderkrankungen kommen vor:

- Durchblutungsstörungen (v. a. CVI)
- Neurogene Störungen
- Onychodystrophie.

Frage: Wie sieht eine Onychomykose aus?

? ☐ ☐ ☐ ☺ 😐 ☹

Antwort: Der Befall durch Dermatophyten erfolgt bei einer Onychomykose vom freien Rand her und breitet sich von dort aus über Monate und Jahre fort. Es kommt zu einer streifigen Weißverfärbung bzw. je nach Erregertyp zu weiß-gelben bis braunen Verfärbungen der Nagelplatte.

Haben die Pilze die Nagelmatrix erreicht, kommt es zu Wachstumsstörungen mit Verdickung und höckeriger Oberfläche. Weiter kommt es zu einer Ablösung der Nagelplatte, die auch als Onycholyse bezeichnet wird, und zu Nageldystrophie mit bröckeligem Zerfall und fortschreitender Destruktion.

Frage: Wie wird eine Onychomykose behandelt?

? ☐ ☐ ☐ ☺ 😐 ☹

Antwort: Die folgenden Behandlungsmöglichkeiten stehen zur Verfügung:

- Topische Antimykotika (Cremes, Lotionen, Gele und Lacke):
  - Azolderivate wie Keto-, Oxi- und Econazol
  - Allylamine wie Terbinafin 1 % Creme
  - Hydroxypyridone wie Ciclopiroxolamin
- Orale Antimykotika:
  - Azolderivate wie Keto-, Itra- und Fluconazol
  - Allylamine wie Terbinafin-Tabletten
- Nagelentfernung in Kombination mit topischen Antimykotika oder Tabletten:
  - Nicht-chirurgische Entfernung mittels Harnstoffsalbe
  - Vollständige (Avulsion) oder teilweise (Debridement) chirurgische Entfernung
- Antibiotika bei bakteriellen Superinfektionen.

✚ Pilzelemente können in Hohlräumen von vorgeschädigten Nagelplatten überleben. Da Pilze im Zustand der Ruhe keine ergosterolhaltigen Membranen neu aufbauen, können sie auch nicht durch Antimykotika, die durch Störung der Ergosterolbiosynthese wirken, abgetötet werden. Dies gilt auch bei Therapie mit modernen Antimykotika wie Terbinafin.

! **Merke:** Die Therapie der Onychomykose ist schwierig. Die besten Langzeiterfolge (über 70 % Heilungsrate) wurden mit 250 mg/d Terbinafin über 4 Monate erzielt und waren deutlich besser als die mit der Itraconazol-Pulstherapie.

Hinweis: Mehr zum Thema Evidenz-basierte Medizin in der Dermatologie: www.uni-duesseldorf.de/WWW/AWMF/ll/

☐ ☐ ☐ ☺ 😐 ☹ ?

Frage: Wie sieht die Trichophytie der Bartregion bzw. der Kopfhaut aus? Welche Mykose geht noch mit einer narbigen Alopezie einher?

Antwort: Eine **Trichophytie der Bartregion** (Syn.: Tinea barbae) bzw. der **Kopfhaut** (Syn.: Kerion Celsi) wird den tiefen Trichomykosen zugeordnet. Sie werden durch verschiedene Trichophyten-Arten ausgelöst.

Eine Trichophytie der Bartregion kommt nur noch selten und hauptsächlich auf dem Land vor. Es kommt zur Bildung von rötlichen und teigig weichen Herden. Sie können auf Druck Eiter entleeren.

Ein **Kerion Celsi** findet sich hauptsächlich auf dem Kopf von Kindern. Es kommt dabei wie auch beim Favus zu einer Zerstörung der Haarfollikel und zu einer narbigen Alopezie. Im Gegensatz dazu brechen zwar die Haare bei der Mikrosporie ebenfalls ab, können aber wieder nachwachsen.

Der Erregernachweis erfolgt mikroskopisch und kulturell. Im Wood-Licht zeigt sich eine schwach grünliche Effloreszenz.

Zur Behandlung werden die Pusteln nach dem Kurzschneiden der Haare oder dem Abrasieren des Bartes steril eröffnet und mit desinfizierenden Pudern ausgetrocknet. Lokal kommen Antimykotika zur Anwendung, systemisch z.B. Griseofulvin, Itraconazol und Ternifadin.

! **Merke:** Beim Kerion handelt es sich um eine von Pusteln, Abszessen und Fisteln durchsetzte entzündliche Verdickung der Haut, die z.B. bei einer tiefen Trichophytie im Bartbereich (**Kerion barbae**) und an der Kopfhaut (**Kerion Celsi**) auftreten kann.

☐ ☐ ☐ ☺ 😐 ☹ ?

Frage: Um welche Krankheit handelt es sich, die durch den Pilz Microsporum audouinii verursacht wird, und bei der die Haare brüchig werden?

Antwort: **Microsporum audouinii** ist der Erreger der hochkontaginösen **Mikrosporie**. Diese Krankheit tritt vorwiegend bei Kindern, bevorzugt bei Jungen, auf. Sie zeigt einen chronischen Verlauf mit spontaner

Abheilung in der Pubertät. Über den Kopf verstreut bilden sich rundliche Läsionen ohne entzündliche Rötung mit mehlstaubähnlicher Schuppenbildung.

Der Erreger dringt entlang der Haarwurzelscheiden in die Haarfollikel bis zur keratinogenen Zone vor. Die dadurch geschädigten Haare brechen kurz über der Kopfhaut ab. Es kommt zu rundlichen haarfreien Arealen auf der Kopfhaut. Der Haarausfall ist reversibel. Im Wood-Licht fluoreszieren die Herde weißlich-grün. Dabei können auch klinisch noch unauffällige Herde entdeckt werden.

Zur lokalen Behandlung werden antiseptische und antimykotische Tinkturen appliziert.

5.3 Candidamykosen

Frage: Welche Faktoren begünstigen das Auftreten einer Candidose?

? ☐ ☐ ☐ ☺ 😐 ☹

Antwort: Der wichtigste pathogene Erreger der Hefemykosen ist **Candida albicans**. Er kommt beim Menschen im Magen-Darm-Trakt und oft im Mund vor. In der Regel kommt es nur bei geschwächter Immunlage zu pathologischen Erscheinungen.

Zu den Dispositionsfaktoren zählen:
- Diabetes mellitus
- Zytostatika, Antibiotika
- Systemische Kortisontherapie
- Pille, Gravidität
- Adipositas, Unterernährung, feuchtes Milieu
- AIDS, Tumoren.

Frage: Welche Veränderungen an der Haut werden durch Candida albicans ausgelöst?

? ☐ ☐ ☐ ☺ 😐 ☹

Antwort: Auf der Haut konfluieren kleine Pusteln zu rundlichen, roten Erosionen. Sie sind von einer peripheren Schuppenkrause typisch gruppierter satellitenartiger Pusteln umgeben. Es besteht Juckreiz.
- **Soorintertrigo:** Kommt fast ausschließlich bei adipösen Diabetikern vor. Befallen sind Leistenbeugen, Achselhöhlen, Submammärregion, Nabel, Analfalte.
- **Soormykose der Säuglinge:** Vom Darm ausgehender Befall von Glutaen, Vulva und Inguinalregion.

- **Interdigitaler Soor:** Befall der Zwischenräume von Fingern und Zehen. Wird leicht als Tinea pedis verkannt und mit Mitteln behandelt, die gegen Hefen unwirksam sind.
- **Soormykose der Nägel** (Syn.: Candidaonychomykose): Beginnt im Gegensatz zur Onychomykose durch Dermatophyten an der Matrix. Sie geht mit einer Anschwellung und Infiltration der Umgebung der Nagelplatte einher.
- **Soorparonychie:** Chronischer Befall des Nagelwalls.

Frage: Welche durch Candida albicans hervorgerufenen Schleimhautveränderungen sind Ihnen bekannt?

Antwort: Auf der Schleimhaut bilden sich bei Candida-Befall abstreifbare Beläge, die nach Entfernen einen geröteten Grund hinterlassen.

- **Mundsoor** (Syn.: Candida Stomatitis): Die Beläge sind im Gegensatz zur Leukoplakie abwischbar. Jedoch kann eine Leukoplakie auch durch Candida hervorgerufen werden.
- **Cheilitis angularis:** Wird in 80% durch Candida albicans hervorgerufen. Im Mundwinkelbereich finden sich Rhagaden und Erosionen.
- **Soorkolpitis** und **Soorbalanitis:** Die durch Candida ausgelöste Vulvovaginitis geht oft mit Juckreiz und Fluor vaginalis einher. Da auch bei der Soorbalanitis eine gegenseitige Infektion möglich ist, sollte der Partner mit behandelt werden.

Frage: Wie wird die Diagnose bei einer Candidose gesichert?

Antwort: Die Diagnose wird neben dem oft charakteristischen Erscheinungsbild mit Hilfe wiederholter **mikroskopischer (KOH-Test)** und **kultureller Nachweise** gestellt. Im Mikroskop stellen sich nach Färbung mit Methylenblau rundliche, maulbeerartig gelagerte Hefezellen dar. Ein zuverlässiges Hilfsmittel zur Diagnosestellung und Verlaufskontrolle ist der **Candida-Hämagglutinationstest**. Differentialdiagnostisch sind Pyodermien, Viruserkrankungen, parasitäre Erkrankungen und granulomatöse Dermatosen abzugrenzen.

Frage: Wie wird eine Candidose behandelt?

Antwort: Im Allgemeinen erfolgt die Therapie der Hautcandidose topisch. **Polyen-Derivate** wie das Nystatin, Amphotericin B und Natamycin spielen therapeutisch nach wie vor eine wichtige Rolle.

Auch **Azolderivate** wie das Clotrimazol, Allylamine wie Naftifin und Hydroxypyridone wie das Ciclopiroxolamin sind für die Behandlung geeignet. Außerdem sind **lokal austrocknende** und **desinfizierende Maßnahmen** indiziert. Bei der Behandlung einer Candidose sollten auch das Grundleiden bzw. prädisponierende Faktoren so weit wie möglich ausgeschaltet werden.

Bei Candida-Follikulitis, Nagelsoor und schwerem mukokutanem Befall erfolgt die orale Behandlung mit **Fluconazol** oder **Itraconazol**. Die Standardtherapie im Fall einer systemischen Candidose z.B. im fortgeschrittenen Stadium von AIDS und Tumoren erfolgt intravenös z.B. mit der Kombination von Amphotericin B und Flucytosin.

✚ Die Behandlung der Candidose der Haut erfolgt im Allgemeinen ambulant, lediglich beim Vorliegen schwerwiegender Grundkrankheiten, die als Ursache anzusehen sind, sowie bei chronischer mucocutaner Candidose, kann die stationäre Einweisung erforderlich sein.

5.4 Oberflächliche Dermatomykosen

Frage: Was ist die Pityriasis versicolor?

? ☐ ☺ ☐ 😐 ☐ ☹

Antwort: Die weit verbreitete und harmlose **Pityriasis versicolor** wird durch die Hefe **Malassezia furfur** ausgelöst. Hauptsächlich wird die zu starker Schweißbildung neigende Haut des oberen Stammes befallen. Es bilden sich zehnpfennigstückgroße, konfluierende Flecken. Diese sind zum Teil hyper-, vorwiegend aber depigmentiert, da die Melaninbildung und -verteilung unter dem Einfluss des Pilzes gestört ist. Die Hypopigmentation kann lange anhalten.

Frage: Wie wird eine Pityriasis versicolor diagnostiziert und therapiert?

? ☐ ☺ ☐ 😐 ☐ ☹

Antwort: Charakteristischerweise können mit einem Holzspatel kleine, feine, glanzlose Schuppen abgeschabt werden. Bei Nachweis dieser Erscheinung spricht man von einem **Hobelspanphänomen**. Im Wood-Licht zeigt sich eine rot-bräunliche Fluoreszenz. Der Erreger kann mit Hilfe eines über einer Läsion abgezogenen Tesafilm-Streifens **(Abrisspräparat)** nachgewiesen werden. Eine Kultur ist normalerweise nicht erforderlich.

Die Therapie besteht aus lokalen Desinfizientien, Imidazolantimykotika und Seleniumdisulfid-Shampoos. Eine innerliche Behandlung kann mit Itraconazol durchgeführt werden.

!

Merke: Mikroskopisch zeigt die Pityriasis versicolor nach KOH-Test kurze Hyphen und Sporen – auch „spaghetti-and-meatball"-Muster genannt.

6 Epizoonosen

☐ ☐ ☐ ?
☺ 😐 ☹

Frage: Welche Gruppen von **Läusen** werden unterschieden?

Antwort: Läuse sind flügellose und Blut saugende Insekten. Beim Menschen kommen drei Lausarten vor:

- **Kleiderlaus** (Pediculus vestimentorum)
- **Kopflaus** (Pediculus capitis)
- **Filzlaus** (Phthirius pubis).

Sie werden durch direkten Kontakt von Mensch zu Mensch v.a. bei schlechten hygienischen Bedingungen übertragen. Sie saugen mehrmals täglich Blut.

☐ ☐ ☐ ?
☺ 😐 ☹

Frage: Welche Erkrankungen können durch Läuse übertragen werden?

Antwort: Folgende Erkrankungen können, wenn auch nicht sehr häufig, durch Läuse übertragen werden?

Erkrankung	Erreger
Europäisches Rückfallfieber	Borrelia recurrentis
Flecktyphus	Rickettsia prowazeki
Fünftagefieber	Rickettsia quintana

Tab. 6.1: Durch Läuse übertragene Erreger und Erkrankungen

☐ ☐ ☐ ?
☺ 😐 ☹

Frage: Was sind die „Taches bleues"?

Antwort: Die charakteristischen **Taches bleues** entstehen an den Bissstellen der **Filzlaus (Phthirius pubis)**. Sie werden auch **Maculae caeruleae** genannt und entwickeln sich aus kleinen Hämatomen. Die Filzlaus befällt ausschließlich Regionen mit apokrinen Schweißdrüsen, wie die Axillen, Regio pubis und Mamillen. Bei Kindern sind häufig die Augenbrauen betroffen (**Pediculosis ciliaris**). Da nur mäßiger Juckreiz besteht, kommt es kaum zu Kratzeffekten.

Zur Behandlung wird Gamma-Hexachlorhexan (Jacutin) oder Benzylbenzoat lokal aufgetragen. Mit Hilfe eines Nissenkamms können die Nissen nach Aufweichen ausgekämmt werden.

Phthirus pubis hat sich hervorragend an die moderne Zivilisation angepasst. Die sexuelle Freizügigkeit der letzten vier Jahrzehnte hat wesentlich zum ihrem Erfolg beigetragen.

Fallbeispiel: Ein arbeitsloser Bauarbeiter, der in einer Gemeinschaftsunterkunft wohnt, klagt seit zwei Wochen über heftig juckende Hautläsionen, deren Juckreiz ihn nachts am Schlaf hindert. Es finden sich, von Kratzspuren durchsetzte, erythematöse und ekzematöse Läsionen. Sie sind vor allem am vorderen Rumpf lokalisiert, mit Betonung am Bauchnabel, am Genital, an den Unterarmen und den Fingerzwischenräumen.
Die Hautveränderungen an der rechten Innenseite des Oberschenkels werden von Kratzspuren und krustösen Exkoriationen mit lokal entzündlichen Reaktionen begleitet. Sie gehen mit einer inguinalen Lymphknotenvergrößerung einher. Das Gesicht, der Hals und die Kopfhaut, wo sich weder Nissen noch Läuse finden, sind unversehrt. Welche Diagnose halten Sie in Anbetracht der typischen Topographie dieser unspezifisch juckenden Dermatose für wahrscheinlich?

Antwort: Die wahrscheinlichste Diagnose ist **Skabies**. Sie wird durch die **Krätzmilbe (Sarcoptes scabiei)** ausgelöst. Milben bevorzugen warme Körperstellen mit dünner Hornschicht und sind vor allem an Handgelenken, Fingerzwischenräumen, Brust und Genitalen anzutreffen. Der nachts sich verstärkende Juckreiz ist nahezu pathognomonisch. Die Übertragung erfolgt durch direkten Hautkontakt. Die weibliche Milbe gräbt sich einen Gang in die Hornschicht. Aus den dort abgelegten Eiern entwickeln sich über ein Larvenstadium geschlechtsreife Milben. Sie saugen kein Blut, sondern leben von Lymphe und Gewebsdetritus.

Charakteristisch für Skabies sind die **Milbengänge**: feine gewundene, dunkel gefärbte Linien mit einer Erhabenheit am Ende des Ganges, unter der die Milbe sitzt. Zum Nachweis kann die Milbe vorsichtig mit einem Skalpell abgeschabt werden und unter dem Mikroskop identifiziert werden.

Frage: Wodurch kann der Verlauf dieser Erkrankung modifiziert und beeinflusst werden?

Antwort: Die Ausbreitung der Skabies ist von der **Immunitätslage** abhängig. Nach einer Sensibilisierungsphase von 4–6 Wochen kann sich ein generalisiertes Ekzem entwickeln. Daher vergehen meist mehrere

Wochen, bis die Infektion bemerkt wird. Bei Bestehen einer allergischen Immunlage kann der Juckreiz nach erfolgreicher Therapie noch länger weiter bestehen.

Eine besonders schwere Verlaufsform ist die **Scabies norwegica**. Sie bezeichnet einen massiven Milbenbefall bei schwerer Immunschwäche.

Schlechte hygienische Verhältnisse fördern zwar die Verbreitung, es sind jedoch alle Sozialschichten betroffen.

Besonders schwierig zu diagnostizieren ist die so genannte **gepflegte Scabies**. Sie tritt bei gut gepflegten Patienten auf, die lediglich über Juckreiz klagen und kaum entzündliche Hauterscheinungen aufweisen.

☐ ☐ ☐ ?
☺ 😐 ☹

Frage: Wie interpretieren Sie die Hautveränderungen an der Innenseite des rechten Oberschenkels und wie werden sie behandelt?

Antwort: Es handelt sich dabei um eine nicht seltene **bakterielle Superinfektion**. Die durch den starken Juckreiz bedingten Kratzartefakte und Erosionen fördern die Entstehung von Pyodermien. Die lokalen Entzündungszeichen und die damit einhergehende Lymphknotenvergrößerung machen eine antiinfektiöse Therapie notwendig. Im Anschluss an einen Abstrich kann z.B. Erythromycin (0,5 g 3-mal täglich per os) verabreicht werden. Eine dichte klinische Beobachtung zur Beurteilung des Infektionsverlaufs ist notwendig.

☐ ☐ ☐ ?
☺ 😐 ☹

Frage: Welche Behandlung ist bei Skabies indiziert?

✚ Eine weitere Substanz, die evtl. erfolgreich zur Behandlung einer Skabies eingesetzt werden kann, ist Ivermectin, ein orales Antihelmetikum. Die orale Einnahme vereinfacht die Therapie. Seine Wirksamkeit ist nicht sicher nachgewiesen.

Antwort: Heutzutage setzt sich immer mehr die Therapie mit **Permethrin** durch. Permethrin wirkt skabizid und ovizid. Nur einmal über acht bis zwölf Stunden angewendet, erreicht das Präparat eine Effektivität von mehr als 90 Prozent. Die Substanz wird kaum perkutan resorbiert, ist nur sehr gering toxisch und ökologisch unbedenklich. Im Gegensatz zu **Lindan (Hexachlorcyclohexan)** werden keine Resistenzen beobachtet. Die Substanz darf nicht in Augen, Schleimhäute oder offene Wunden gelangen. In Deutschland ist Permethrin für die Behandlung der Skabies noch nicht als Fertigpräparat erhältlich. Verfügbar ist ein 25%-Rezepturkonzentrat, das für individuelle Cremezubereitungen verwendet werden kann. Therapeutisch wird eine 5%ige Permethrin-Creme eingesetzt. Kinder unter 6 Jahren sollten mit einer 2,5%-Zubereitung behandelt werden.

Die Nachbehandlung mit rückfettenden Bädern und Salben kann sinnvoll sein. Die jeweiligen Kontaktpersonen sollten untersucht werden. Da die Milbe außerhalb der Haut nicht lange überleben kann, genügt ein Nichtbenutzen und Lüften der Wäsche für 4–5 Tage.

7 Physikalisch und chemisch bedingte Hauterkrankungen

7.1 Lichtdermatosen (Photodermatosen)

Frage: Welche chronischen Hautveränderungen können durch Sonnenbestrahlung hervorgerufen werden?

Antwort: Mit zunehmender Tendenz der Bevölkerung zum Sonnenbaden, zu Bräunungsurlauben und zum übermäßigen Gebrauch von Solarien lassen sich vermehrt und vorzeitig degenerative Veränderungen der Haut beobachten, die beim normalen Alterungsprozess nicht auftreten:

- Faltenbildung durch Elastizitätsverlust
- Verstärkte Hautfelderung durch Bindegewebsdegeneration
- Scheckige Pigmentierung
- Follikelzysten (Komedonen)
- Teleangiektasien.

Frage: Woran muss eine übermäßige Sonnenempfindlichkeit denken lassen und wovon hängt sie ab?

Antwort: Bei übermäßiger Sonnenempfindlichkeit muss gedacht werden an eine

- Phototoxische Reaktion
- Photoallergie
- Störung des Porphyrinstoffwechsels
- Polymorphe Lichtdermatose
- Lichturtikaria
- Andere Photodermatosen.

Die Empfindlichkeit gegenüber Sonnenstrahlen ist abhängig vom Hauttyp, Vorpigmentierung und Hornhautdicke und damit körperabhängig. Die Intensität der Sonnenstrahlung zeigt eine Abhängigkeit von verschiedenen Umweltfaktoren wie geographischer Breite, Tageszeit und Seehöhe.

Frage: Nennen Sie einige Dermatosen, die durch Sonnenstrahlen provoziert werden können.

Antwort: Folgende Dermatosen können durch Sonnenstrahlen induziert oder verschlechtert werden:
- Herpes solaris
- Lupus erythematodes
- Hepatische oder erythropoetische Porphyrien
- Rosazea
- Chromat- und Waschmittelekzeme
- Xeroderma pigmentosum
- Bullöse Dermatosen
- Morbus Bowen
- Erythema exsudativum multiforme.

☐ ☐ ☐ ?
☺ 😐 ☹

Frage: Was ist eine Wiesengräserdermatitis?

✚ Phototoxische Reaktionen sind mit Abstand die häufigsten Medikamenten-induzierten Photoeruptionen. Meist beruht die hautschädigende Reaktion auf einer Interaktion der photosensibilisierenden Substanz mit UV-A.

Antwort: Die **Wiesengräserdermatitis** (Syn.: Dermatitis pratensis) ist eine charakteristische Form der **phototoxischen Reaktion**. Sie äußert sich durch streifig-bizarre, erythematobullöse, abnorm verstärkte Sonnenbrandreaktion (↗ Foto 12). Sie tritt an Beinen, Gesicht, Hals, Unterarmen und anderen Körperstellen auf, die mit furocumarinhaltigen Gräsern in Kontakt geraten sind. Auch Zitrusfrüchte, Feigen und Sellerie können zu solchen Reaktionen führen.

Während beim Sonnenbrand eine rein quantitative Strahlenüberdosierung vorliegt, bedarf es zur Auslösung einer phototoxischen Reaktion einer photosensibilisierenden Substanz, z.B. durch Kontakt mit Gräsern (↗ Foto 12), oder durch die Einahme eines Medikaments (↗ Foto 13) in Gegenwart von Licht. Ist genug von dieser Substanz vorhanden, könnte theoretisch bei ausreichender Lichtenergie eine phototoxische Reaktion bei jedermann ausgelöst werden.

! **Merke:** Phototoxische Reaktionen sind Folge einer Wechselwirkung von photosensibilisierender Substanz und ultraviolettem Licht.

☐ ☐ ☐ ?
☺ 😐 ☹

Frage: Welche Medikamente sind für die Auslösung einer phototoxischen Reaktion von Bedeutung?

Antwort: Die häufigsten photosensibilisierenden Medikamente sind:
- NSAIDs (z.B. Salicylsäure-Derivate)
- Quinolone (z.B. Ciprofloxazin)
- Tetrazykline (z.B. Doxycyclin, Minocyclin)
- Amiodaron
- Phenothiazine (Antihistaminika).

Merke: Das Prinzip der Phototoxizität wird auch therapeutisch bei der PUVA-Therapie genutzt.

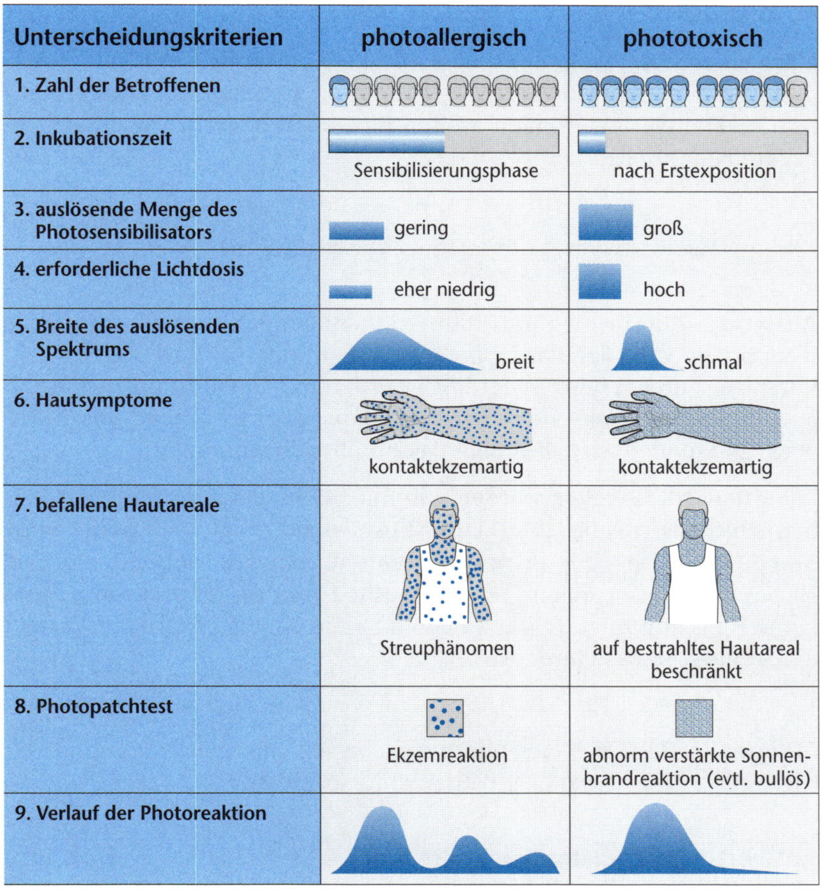

Abb. 7.1: Differentialdiagnose zwischen photoallergischer und phototoxischer Reaktion (nach G.K. Steigleder)

Frage: Wie läuft eine photoallergische Reaktion ab? Wodurch wird sie hervorgerufen und wie wird sie diagnostiziert und therapiert?

Antwort: Eine **photoallergische Reaktion (Syn.: Photokontaktallergie)** tritt vorwiegend an lichtexponierten Körperstellen durch direkten Kontakt mit einem Photosensibilisator in Anwesenheit von Licht (meist UVA) auf. Durch Photoaktivierung entsteht aus dem Photosensibilisator ein Allergen. Es handelt sich also um eine **T-Zell vermittelte Typ IV-Reaktion** der Haut.

Die **häufigsten Photokontaktallergene** sind:
- Antibakterielle, antimykotische Substanzen
- Duftstoffe (v. a. in Rasierwasser und Parfüms)
- Sonnenschutzmittel
- Aufheller in Waschmitteln
- Pflanzliche Stoffe.

Nach einer Sensibilisierungsphase kommt es zu ähnlichen Hauterscheinungen mit starkem Juckreiz wie bei der allergischen Kontaktdermatitis. Die Hautveränderungen greifen im weiteren Verlauf auch auf bedeckte Hautareale über.

☐ ☐ ☐ ?
☺ 😐 ☹

Frage: Wie wird der Photopatchtest durchgeführt?

Antwort: Zur Testung auf Photokontaktallergien und phototoxische Reaktionen wird der **Photopatchtest** angewandt. Er wird wie der Epikutantest durchgeführt. Allerdings werden die Testsubstanzen doppelt aufgebracht und mit einer schwarzen Folie als Lichtschutz überklebt. Nach 24 Stunden wird die eine Pflasterhälfte abgenommen.

Die offenen Teststellen werden nun mit 5–10 J/cm oder mit einer halben Erythemdosis belichtet. Die Auswertung erfolgt nach weiteren 24 Stunden. Der Test gilt als positiv, wenn auf der bestrahlten Seite eine Ekzemreaktion in einem Testfeld auftritt und die unbestrahlte Seite keine Reaktion zeigt. Tritt auf beiden Seiten eine Reaktion auf, so liegt eine reine Kontaktallergie vor.

☐ ☐ ☐ ?
☺ 😐 ☹

Frage: Wie lässt sich eine phototoxische von einer photoallergischen Reaktion differentialdiagnostisch unterscheiden?

Antwort: Eine **phototoxische Reaktion** ist weitaus häufiger als eine photoallergische Reaktion und tritt bereits bei Erstexposition auf, da sie keine Sensibilisierungsphase benötigt. Die erforderliche Lichtdosis zur Auslösung einer phototoxischen Reaktion ist meist hoch. Die **photoallergische Reaktion** ist jedoch nicht direkt abhängig von der Lichtdosis.

Das klinische Erscheinungsbild ähnelt bei Phototoxizität eher einem verstärkten Sonnenbrand und ist auf das bestrahlte Hautareal beschränkt. Bei der photoallergischen Reaktion kommt es jedoch zum Auftreten kontaktekzemartiger Veränderungen. Sie gehen ebenfalls mit starkem Juckreiz einher und können auch auf unbedeckte Hautareale übergreifen und damit ein Streuphänomen zeigen.

Frage: Was sollten Sie über eine polymorphe Lichtdermatose wissen?

Antwort: Die **polymorphe Lichtdermatose** tritt weltweit und mit zunehmender Tendenz auf, wobei jüngere Frauen häufiger betroffen sind. Die Ursache ist unbekannt. Die Hauterscheinungen können von Patient zu Patient verschiedenartig sein (daher „polymorph“) und treten vor allem im Frühsommer, wenige Stunden bis einige Tage nach erstmaliger Sonnenexposition auf. Die Schübe werden im Laufe des Sommers schwächer und heilen innerhalb von Tagen narbenlos ab.

Die papulösen, vesikulösen oder Plaque-artigen Läsionen sind von quälendem Juckreiz begleitet und persistieren mehrere Tage. Nur selten unbedeckte Körperstellen wie Hals, Brust und Arme sind betroffen, während Gesicht und Hände oft frei sind. Dieses Erscheinungsbild kommt durch **Lichtgewöhnung** zustande, die therapeutisch genutzt wird.

Neben lokalen und systemischen Kortikoiden und Sonnenschutz hat sich die „Abhärtung“ durch Vorbräunung mit Phototherapie (UVB, UVA, PUVA) vor Sonnenexposition bewährt.

Frage: Wie entsteht ein Sonnenbrand und wie kann man ihn behandeln?

Antwort: Die als **Sonnenbrand** (Syn.: Erythema solare) bezeichnete Hautrötung hängt von der Bestrahlungsintensität und -dauer sowie vom Hauttyp und der bereits bestehenden Pigmentierung ab. Die Einteilung nach Schweregrad ist analog der Verbrennung I. und II. Grades: Nach 12–24 Stunden hat das Erythem, das scharf auf das bestrahlte Hautareal begrenzt ist, sein Maximum erreicht und klingt nach 2–5 Tagen wieder ab. Selten kommt es nach hohen UV-Dosen zur Bildung von Blasen.

Es wird angenommen, dass bei der Sonnenbrandentstehung vasoaktive Mediatoren freigesetzt werden. Dabei spielen die **Eicosanoide** (Prostaglandine) eine wesentliche Rolle. Die Behandlung erfolgt mit kühlenden und blanden Externa. Aspirin oder nichtsteroidale Antiphlogistika können zur Abschwächung der Entzündungsreaktionen gegeben werden. Kortikoide sind in besonders schweren Fällen indiziert.

Merke: Schwere Sonnenbrände in der Jugend sind mit einem erhöhten Risiko für die Entwicklung eines malignen Melanoms assoziiert. Daher ist besonders in den ersten Lebensjahren ein konsequenter Sonnenschutz wichtig (siehe auch Kapitel 15).

☐ ☐ ☐ ?
☺ 😐 ☹

Frage: Was ist das Xeroderma pigmentosum?

✚ Mutationen in acht verschiedenen Genen sind als Auslöser einer Xeroderma pigmentosa identifiziert worden. Davon spielen sieben eine wichtige Rolle bei der Exzision geschädigter Nukleotide nach UV-Einwirkung.

Antwort: Das **Xeroderma pigmentosum** ist eine multigene, multiallele autosomal-rezessiv vererbbare Erkrankung. Es besteht ein **Defekt der Reparatur-Enzyme**, die Mutationen, die an der DNA durch UV-Exposition entstanden sind, herausschneiden. Es kommt zu exzessiv ausgeprägten chronischen Lichtschäden und einer gesteigerten Neigung zu Hauttumoren. Bereits im Kleinkindalter zeigen die Betroffenen eine erhöhte Lichtempfindlichkeit. Später kommt es zu Pigmentverschiebungen und Trockenheit der Haut. Zahlreiche aktinische Keratosen und **Hauttumoren** entwickeln sich bereits im Schulalter.

Die Patienten sind lichtempfindlich und weisen eine persistente Rötung als Sofortsymptom auf. An den exponierten Hautarealen bilden sich multiple Präkanzerosen. Es können im weiteren Verlauf Keratoakanthome, Spinaliome, Basaliome und Melanome entstehen. Etwa 20% der Patienten entwickeln zusätzlich neurologische Symptome. Diese sind Folge von Nervenzelluntergängen. Es kann zu Demenz, Ataxie, Choreoathetose, Taubheit und peripherer Neuropathie kommen. Auch eine Mikrozephalie kann entstehen. Die Patienten sind meist auch durch eine erhöhte Empfindlichkeit gegenüber Chemikalien gekennzeichnet. Die Lebenserwartung ist reduziert.

Eine kausale Therapie gibt es nicht. Orales Isotretinoin kann eventuell helfen, die Entstehung von Hautkrebs in Patienten mit Xeroderma pigmentosa zu verhindern. Lebenslanger strenger Lichtschutz ist erforderlich.

☐ ☐ ☐ ?
☺ 😐 ☹

Frage: Welche chronische Veränderung der Haut kann bei therapeutischer Röntgenbestrahlung entstehen?

Antwort: Durch ionisierende Strahlung ausgelöste Hautveränderungen sind meist die Folge der Strahlentherapie oder unsachgemäßer beruflicher Strahlenexposition. Wie bei der UV-Reaktion gibt es eine akute und eine chronische Reaktion, wobei die letztere als **Radiodermatitis chronica** bezeichnet wird. Dabei kommt es im Bestrahlungsbereich zu einer relativ scharf begrenzten Atrophie der Haut mit scheckiger Pigmentverschiebung. Durch den Verlust der Hautanhangsgebilde ist die Haut glatt, haarlos und trocken. Es finden sich Teleangiektasien und präkanzeröse Hyperkeratosen. Im späteren Verlauf kann es zu einem chronischen Röntgenulkus oder einem Strahlenkarzinom kommen.

Frage: Wie sieht eine **Laugenverätzung** aus und welche Sofortmaßnahmen leiten Sie ein?

? ☐ ☺ ☐ 😐 ☐ ☹

Antwort: Durch Laugenverätzung entsteht eine **Kolliquationsnekrose**. Es handelt sich dabei um einen scharf abgegrenzten, weichen, gallertigen Schorf. Er ist zunächst schmutzig weiß und später braun verfärbt. Die Hautveränderungen heilen unter Narbenbildung ab.

Die auslösende Substanz sollte sofort mit Wasser abgespült und verdünnt werden. Eine gezielte Neutralisation ist von der chemischen Natur der Stoffe abhängig. So wird z. B. Essigsäurelösung bei Laugenverätzung verwendet. Die weitere Behandlung erfolgt wie bei chronischen Ulzerationen mit Wundbehandlung oder chirurgischer Entfernung der nekrotischen Areale.

Frage: Was passiert bei einer **Säureverätzung?** Welche besonderen Eigenschaften besitzt die Flusssäure?

? ☐ ☺ ☐ 😐 ☐ ☹

Antwort: Kommt die Haut mit starken Säuren in Kontakt – zum Beispiel Schwefelsäure, Salpetersäure, Salzsäure oder Chromsäure –, kommt es zu einer **Koagulationsnekrose**. Die koagulierten, verbackenen Hautproteine wirken wie eine Schutzbarriere gegen die penetrierende Säure. Fluorwasserstoffsäure – auch Flusssäure genannt – unterscheidet sich von anderen Säuren insofern, als dass es nicht zu einer Koagulationsnekrose mit Barrierewirkung, sondern zu einer Kolliquationsnekrose wie bei Laugenverätzung kommt. Dadurch kann Flusssäure über Tage hinweg tief in das Gewebe eindringen, mitunter bis auf die Knochen. Typisch für die Verätzung mit Flusssäure sind tagelang anhaltende schwere Schmerzen.

Frage: Wie würden Sie eine Flusssäureverätzung behandeln?

? ☐ ☺ ☐ 😐 ☐ ☹

Antwort: Die Ursache der starken Reaktivität der Flusssäure liegt in der Freisetzung von Fluorid-Ionen. Diese dringen tief in das Gewebe ein, binden Kalzium-Ionen und verursachen dadurch starke Schmerzen. Man sollte exponierte Hautpartien reichlich **mit Wasser spülen.** Fluorid-Ionen können durch das Auftragen von **Kalziumglukonat** Gel oder Magnesium-haltigen Verbindungen wie Maalox am Eindringen in die Haut behindert werden. Bei Verätzungen von mehr als 1% der Körperoberfläche ist mit systemischen Nebenwirkungen zu rechnen. Hier sollte eine regelmäßige **EKG-Überwachung** erfolgen, da mit Hypokalzämie-bedingten Herzrhythmusstörungen zu rechnen ist. Auch sollte die Kalziumkonzentration im Serum überwacht werden. Hier muss gegebenenfalls Kalziumglukonat systemisch substituiert werden. Großflächige Verätzungen sollten auf jeden Fall in Verbrennungszentren behandelt werden.

8 Intoleranzreaktionen und allergisch bedingte Erkrankungen der Haut

8.1 Kontaktekzem

☐ ☐ ☐ ?
☺ 😐 ☹

Frage: Was versteht man unter einem **Ekzem?**

Antwort: Ekzeme umfassen eine heterogene Gruppe von **nicht-infektiösen Entzündungsreaktionen.** Sie spielen sich primär in der Epidermis ab und sind von Juckreiz, Rötung, Papel- und Bläschenbildung, Schuppung, Krustenbildung und Lichenifikation begleitet. Sie sind mit 20% weltweit die häufigste Hautkrankheit. Ein Ekzem entsteht meist auf dem Boden einer Überempfindlichkeit.

Es gibt zahlreiche verschiedene Ekzemformen, deren Ätiologie und Pathogenese sehr unterschiedlich sind. Beim endogenen Ekzem besteht eine angeborene Ekzemneigung. Bei allergischen oder irritativen Kontaktdermatitiden können Reizstoffe auf exogenem Weg auf den Körper einwirken. Die klinischen Erscheinungsbilder weisen jedoch gemeinsame Charakteristika auf.

☐ ☐ ☐ ?
☺ 😐 ☹

Frage: In welche Stadien lassen sich die klinischen Veränderungen eines Ekzems einteilen?

Antwort: In Abhängigkeit von der Dauer und Intensität werden folgende **Stadien des Ekzems** unterschieden, die beim Kontaktekzem am klarsten ausgeprägt sind (Tab. 8.1).

akutes Stadium	Erythem
	Epidermales Ödem und Bläschen
	Nässende Erosionen
	Krusten

subakutes und chronisches Stadium	Schuppung
	Lichenifikation mit Vergröberung der Hautfalten
	Unregelmäßige lineäre Erosionen (Eczéma craquelé)
	Lineare Kratzspuren
	Rhagaden (tiefe Hautrisse)

Tab. 8.1: Klinische Präsentation des Ekzems nach Stadien

Frage: Wie lässt sich die Bildung von Vesikeln bei einem akuten Ekzem histologisch erklären?

? ☐ ☐ ☐ ☺ 😐 ☹

Antwort: Die Histologie bei einem akuten Ekzem zeigt typischerweise eine **Spongiose**. Es handelt sich dabei um eine schwammartige Auflockerung der Epidermis, die durch ein interzelluläres Ödem bedingt ist. Die Spongiose kann sich dabei über die Bildung von Vesikeln und Blasen bis hin zur Ablösung ganzer Epidermisschichten (Erosionen) weiter entwickeln. In der Dermis kommt es ebenfalls zu ödematösen Veränderungen sowie zu perivaskulärer Infiltration.

Frage: Wie ordnen Sie die Begriffe Hyperkeratose und Akanthose im Zusammenhang mit dem Ekzem ein?

? ☐ ☐ ☐ ☺ 😐 ☹

Antwort: Beim subakuten und chronischen Ekzem kommt es weniger zum Ödem als vielmehr zu einer Verdickung der Epidermis mit Hyperkeratose und Akanthose.

- Mit **Hyperkeratose** wird die Vermehrung des normalen und kernlosen Hornmaterials bezeichnet. Sie ist für die Verdickung der Hornschicht verantwortlich.
- Unter **Akanthose** versteht man eine Verbreiterung des Stratum spinosum.

Merke: Das histologische Bild des Ekzems ist durch Spongiose, Akanthose, Parakeratose und lymphozytäre Infiltration gekennzeichnet.

!

☐ ☐ ☐ ?
☺ 😐 ☹

Frage: Welche Funktion üben die Langerhanszellen in der Haut aus?

Antwort: Die **Langerhanszellen** sind suprabasal in der Epidermis lokalisiert. Sie enthalten die charakteristischen tennisschlägerartigen Birbeck-Granula. Langerhanszellen sind dendritische Zellen mit bäumchenartigen Zellausläufern, die Immunzellen umfassen und aktivieren können. Sie sind die wesentlichen antigenpräsentierenden Zellen der Haut. Als epidermale Makrophagen nehmen sie Antigene auf, wandern zu den regionären Lymphknoten und präsentieren die durch Haut- und Schleimhäute eingedrungenen Antigene den T-Lymphozyten. Langerhanszellen spielen sowohl bei Immunreaktionen vom Soforttyp (Typ-I-Reaktionen) als auch bei zellvermittelten, verzögerten Immunreaktionen (Typ-IV-Reaktionen) eine wichtige Rolle.

☐ ☐ ☐ ?
☺ 😐 ☹

Frage: Wie würden Sie die Begriffe Allergen, Immunität und Allergie definieren?

Antwort:
- Ein **Allergen** ist ein Antigen, das Überempfindlichkeitsreaktionen sowohl vom Soforttyp als auch vom verzögerten Typ auslösen kann.
- Die **Immunität** ist die Fähigkeit des Organismus, zwischen fremd und eigen zu unterscheiden. Fremdmaterial wird angegriffen, eigenes Gewebe jedoch toleriert. Diese Fähigkeit muss vom Immunsystem erlernt werden. Immunzellen, die bei Kontakt mit körpereigenen Substanzen oder Umweltstoffen eine Immunreaktion provozieren, werden früh in der Entwicklung eines Organismus ausgesondert. Funktioniert dieser Mechanismus nicht, kann es zu Autoimmun- oder allergischen Erkrankungen kommen. Andererseits können Immunzellen, die gegen Krankheiten schützen, durch Impfungen stimuliert und zu Wachstum und Zellteilung angeregt werden. Immunzellen können direkt zytotoxisch wirken, oder sie können die Produktion von protektiven Antikörpern anregen. Man unterscheidet deshalb zwischen zellulärer und humoraler Immunität.
- Eine **Allergie** wird durch den Kontakt mit einer immunogenen Substanz erworben. Bei erneutem Kontakt mit dem Allergen kommt es zu einer erhöhten Bereitschaft, mit bestimmten krankhaften Erscheinungen zu reagieren. Es werden die immunologischen Reaktionen vom Typ I–IV unterschieden.

Frage: Welche Typen der Immunreaktionen kennen Sie? Können Sie Beispiele für die einzelnen Typen nennen?

Antwort:
- Die **Typ-I-Reaktion** vom Soforttyp wird für die Auslösung von **Urtikaria** und **Insektengiftallergien** verantwortlich gemacht.
- Die **Typ-II-Reaktion** wird auch zytotoxische Immunreaktion genannt. Sie kann eine **thrombozytopenische Purpura** und eine **hämolytische Anämie** hervorrufen.
- Die **Typ-III-Reaktion** ist eine Immunkomplex-Reaktion, die zum Beispiel eine **Vasculitis allergica** oder eine **Serumkrankheit** auslösen kann.
- Die **Typ-IV-Reaktion** wird auch als zellvermittelte oder verzögerte Immunreaktion bezeichnet. Sie ist Ursache eines **allergischen Kontaktekzems** und trägt zur Auslösung eines **makulo-papulösen Arzneiexanthems** bei.

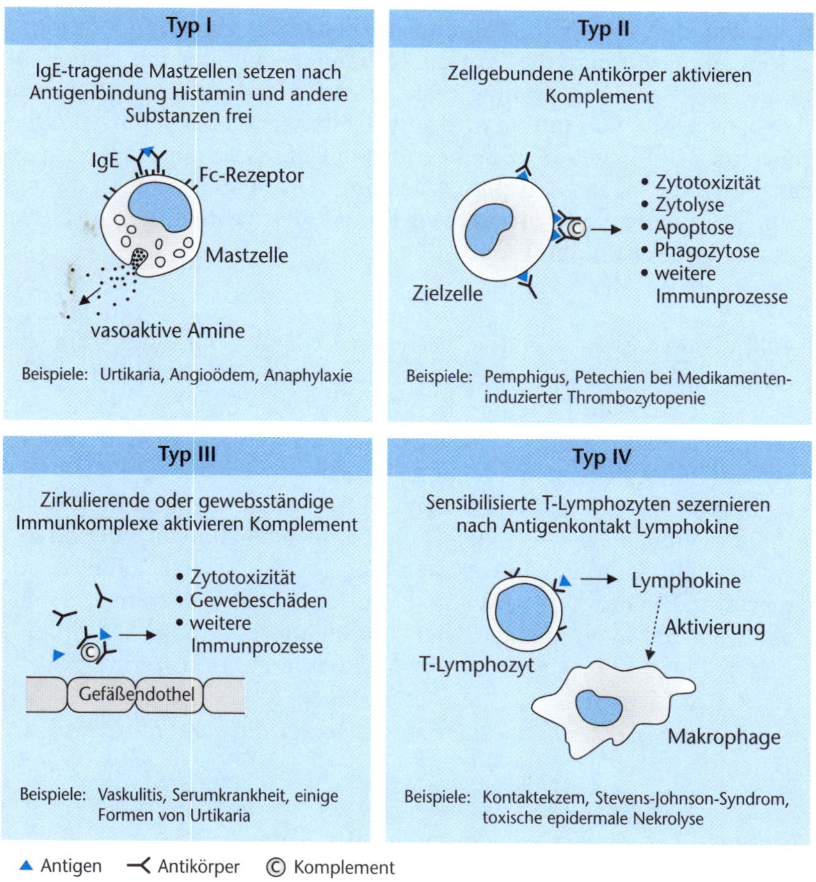

Abb. 8.1: Schema der vier Typen der Immunreaktion (nach Coombs und Gell)

Fallbeispiel: Ein 54-jähriger Polizist stellt sich mit einem juckenden und brennenden Hautausschlag am Gesäß bei seinem Hausarzt vor. Er berichtet, er sei vor einigen Stunden unbeabsichtigt mit Tränengas in Berührung gekommen. Das Tränengas mit der Bezeichnung 2-Chloracetophenon, welches er in einem Behälter nahe der Gesäßregion mit sich führte, sei versehentlich ausgelaufen. Daraufhin habe er bei der nächsten Gelegenheit seine Kleidung gewechselt und die exponierten Hautstellen gründlich mit Wasser gespült. Bei der klinischen Untersuchung findet sich am Gesäß eine Hautrötung mit ödematöser Schwellung und Bläschenbildung. Die Hautveränderungen scheinen auf den Kontaktbereich mit 2-chloracetophenon begrenzt zu sein. Eine später mit dieser Substanz durchgeführte Epikutantestung schließt das Vorliegen einer allergischen Reaktion aus.
Wie würde Ihre Diagnose in dem vorliegenden Fall lauten?

✚ Die meisten Stoffe, die eine irritative Kontaktdermatitis verursachen, kommen tagtäglich über längere Zeit mit der Haut in Kontakt, wie zum Beispiel Seifen, Reinigungsmittel, Reinigungsalkohol (z. B. Franzbranntwein).

Antwort: Der Patient hat sich durch den Kontakt mit einer irritativen Substanz eine Hautreizung zugezogen. Diese Hautreizung beruht wahrscheinlich auf einer direkten Schädigung der Haut durch 2-chloracetophenon. Mit anderen Worten, es handelt sich hier um eine nicht-immunologische Entzündungsreaktion der Haut auf eine chemische Substanz. Diese Vermutung wird gestützt durch den auf den Kontaktbereich mit 2-chloracetophenon begrenzten Charakter der Hautveränderung und die negative Epikutantestung. Der Patient leidet deshalb wahrscheinlich an einer **irritativen Kontaktdermatitis** (Syn.: irritatives oder toxisches Kontaktekzem).

Fallbeispiel: Eine 55-jährige Patientin stellt sich mit einer stark juckenden und schmerzhaften Hautveränderung beidseits bei ihrem Hausarzt vor. Die Patienten berichtet, sie sei seit vielen Jahren im Gemüseanbau beruflich tätig. Tägliche verrichtete Arbeiten umfassen das Säubern, Schneiden und Bündeln von verschiedenen Gemüsesorten. Die klinische Untersuchung zeigt hyperkeratotische Plaques und Rhagaden an den Handinnenflächen und interdigital sowie Lichenifikationen und erythematös-ödematöse Schwellungen an den Handrücken und distalen Unterarmen. Die erkrankte Haut weist sowohl hypo- als auch hyperpigmentierte Areale auf. Epikutantestung zeigt eine positive Typ-IV-Immunreaktion vom verzögerten Typ auf Spinat, Rauke und Schnittlauch.
An welcher Erkrankung glauben Sie leidet die Patientin? Welche Behandlung schlagen Sie vor?

Antwort: Die Patientin leidet mit großer Wahrscheinlichkeit an einer **allergischen Kontaktdermatitis** (Syn.: allergisches Kontaktekzem), hervorgerufen durch eine Typ-IV-Sensibilisierung gegen Spinat, Rauke und Schnittlauch. Weitergehende Exposition gegenüber diesen Lebensmitteln sollte vermieden werden. Eventuell bedeutet dies die Aufgabe der aktuellen beruflichen Tätigkeit. Neben dieser so genannten Allergenkarenz können temporär aufgetragene glukokortikoidhaltige Externa die Abheilung der akuten Erkrankung unterstützen.

Frage: Wie lassen sich die zwei Hauptformen der Kontaktdermatitis – irritativ und allergisch – unterscheiden?

? ☐ ☐ ☐

Antwort: Die allergische Kontaktdermatitis stellt eine Typ-IV-Reaktion nach Coombs und Gell dar und setzt eine spezifische Sensibilisierung gegen Umweltstoffe – so genannte Kontaktallergene – voraus. Die irritative Kontaktdermatitis hingegen ist eine primär nicht-immunologische Entzündungsreaktion der Haut auf physikalische und chemische Reizstoffe. Die Prävalenz der allergischen Kontaktdermatitis beträgt etwa 1.5 bis 3%. Die irritative Kontaktdermatitis tritt sehr viel häufiger auf. Obwohl sich die verschiedenen Ekzemformen in Ätiologie, Pathogenese und klinischem Erscheinungsbild unterscheiden, zeichnen sie sich durch eine gemeinsame Charakteristik der Ekzemreaktion aus.

Merke: Man unterscheidet die primär nicht-immunologische irritative Kontaktdermatitis von einer allergischen Kontaktdermatitis.

!

Frage: Können Sie das pathophysiologische Geschehen, das zur Entstehung einer allergischen Kontaktdermatitis führt, beschreiben?

? ☐ ☐ ☐

Antwort: Bei der allergischen Kontaktdermatitis handelt es sich primär um eine Typ-IV-, also eine zellvermittelte, verzögerte Immunreaktion.

Haptene spielen als **Kontaktallergene** dabei eine wichtige Rolle. Sie sind wegen ihrer geringen Molekülgröße allein nicht immunogen wirksam. Erst durch die Bindung an ein epidermales Trägerprotein werden die Haptene zu Vollantigenen und erhalten so allergisierende Eigenschaften. Das Antigen wird durch die Langerhans-Zellen, quasi die Makrophagen der Epidermis, verarbeitet.

✚ Weitere klinische Beispiele einer allergischen „delayed type hypersensitivity reaction" sind die Tuberkulinreaktion (Disk-Tine-Test, Tuberkulin-Test), die Transplantatabstoßung und zahlreiche Arzneiexantheme (z. B. das **Erythema nodosum**).

Aktivierte Langerhans-Zellen wandern aus der Haut in die regionalen Lymphknoten, wo sie $CD4^+$- und $CD8^+$-T-Lymphozyten-phagozytierte Antigene präsentieren. Sie triggern so den Beginn des **afferenten Teils** der Immunreaktion (**Sensibilisierung**). Die Interleukin-1-Produktion der Langerhans-Zellen und die Interleukin-2-Produktion der T-Zellen stimulieren die Expansion Allergen-spezifischer T-Zellklone (engl.: primed T-cells). Diese Zellen sind alle vollständig in der Lage, mit dem Allergen zu interagieren und eine Immunreaktion auszulösen. Der geschilderte Prozess der Allergen-Sensibilisierung dauert normalerweise

10 bis 14 Tage. Einige sensibilisierte, Allergen-spezifische T-Zellen wandern dann in die Haut.

Der **efferente Teil** der immunologisch-getriggerten allergischen Überempfindlichkeitsreaktion involviert dermale sensibilisierte, Allergen-spezifische T-Zellen, die ein weiteres Mal via Langerhans-Zell-Antigenpräsentation mit dem Allergen in Kontakt kommen. Diese schütten eine komplexe Vielfalt von Zytokinen aus, die das typische klinische Bild einer allergischen Kontaktdermatitis verursachen. Der geschilderte Prozess des efferenten Teils der Überempfindlichkeitsreaktion vom Spättyp (Typ IV) (engl.: **delayed type hypersensitivity reaction**) nimmt normalerweise 12 bis 48 Stunden in Anspruch (so genannte **Latenzphase**).

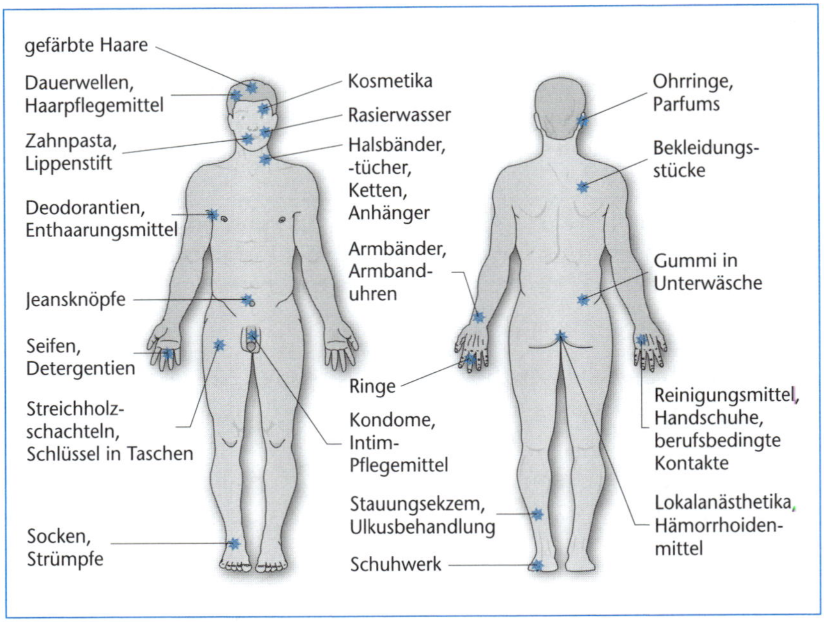

Abb. 8.2: Verteilungsmuster der allergischen Kontaktdermatitis am Körper nach Kontakt mit typischen Auslösern.

☐ ☐ ☐ ?
☺ 😐 ☹

Frage: Was sind die Hautveränderungen der allergischen Kontaktdermatitis? Wie ist der Verlauf?

Antwort: Die Hautveränderungen hängen davon ab, ob es sich um eine akute oder chronische Verlaufsform handelt.

- Im **akuten Stadium** kommt es zu **Rötung, Ödem** und **Papulovesikeln**, die letztlich erodieren und nässen können. Es besteht starker Juckreiz. Später kommen **Schuppen** und **Krusten** hinzu (↗ Foto 14 und 15).
- Bei **chronischem Verlauf (chronisches Stadium)** kommt es zu **Hyperkeratosen, Rhagaden** und **Lichenifikation**. Bei längerer Antigen-

exposition kann das Ekzem in die gesunde Umgebung und in kontaktferne Regionen streuen. Diese charakteristische Erscheinung wird als **Streuphänomen** bezeichnet.

Im Laufe des Lebens nimmt eine allergische Kontaktdermatitis mit Dauer und Intensität der Antigenexposition zu.

Frage: Welche Patienten stehen in der Gefahr, eine allergische Kontaktdermatitis zu entwickeln?

? ☐ ☺ ☐ 😐 ☐ ☹

Antwort: Die allergische Kontaktdermatitis ist eine der häufigsten beruflich bedingten Hauterkrankungen. Unter den **Berufsdermatosen** beträgt der Anteil der allergischen Kontaktdermatitiden zwischen 20 bis 90%. Häufig betroffen ist zum Beispiel das Friseurhandwerk. Die rechtzeitige Erkennung und Ausschaltung potentiell allergener Schadstoffe am Arbeitsplatz ist wichtig für die Prävention der Erkrankung. Eventuell muss die Eignung des Betroffenen für die ausgeübte Tätigkeit überprüft werden.

✚ Viele Patienten mit **chronisch-venöser Insuffiziens** entwickeln eine Kontaktdermatitis, vor allem gegen Lanolin, Neomycin, Parabene (Konservierungsstoffe) und Duftstoffe.

Frage: Was ist der Epikutantest?

? ☐ ☺ ☐ 😐 ☐ ☹

Antwort: Der **Epikutantest** ist neben der Anamnese und Inspektion das wichtigste diagnostische Verfahren bei einer Kontaktallergie. Dabei werden die verdächtigen Substanzen in nicht-toxischen Konzentrationen mit Hilfe eines Spezialpflasters auf den Rücken aufgebracht.

Das Testpflaster verbleibt 48 Stunden, dann erfolgt die erste Ablesung. Nach weiteren 24 Stunden (d.h. nach insgesamt 72 Stunden) erfolgt die zweite Ablesung. Der Test ist positiv für die Substanz, bei der sich eine umschriebene Ekzemreaktion findet. Ein **Allergiepass** wird dem Patienten über seine entsprechenden Sensibilisierungen ausgestellt.

Frage: Wie sieht die Therapie einer Kontaktdermatitis aus und wonach richtet sie sich?

? ☐ ☺ ☐ 😐 ☐ ☹

Antwort: Am wichtigsten ist es, zunächst den Kontakt mit der **auslösenden Substanz** zu **vermeiden**. Die äußerliche Therapie und die Auswahl der Grundlagen, Trägerstoffe und Vehikel verlangt viel Erfahrung und ist vom jeweiligen Hautzustand abhängig. Wichtige Maßnahme ist das **häufige Pflegen** der betroffenen Hautstellen mit einfachen Salben oder Cremes, um die schützende Lipidbarriere zu verstärken.

✚ Feuchttrockene Umschläge können bei stark nässenden Ekzemen die Haut trocknen und kühlen. Die Kühlung der Haut reduziert den Juckreiz. Bei trockener Haut ist man in der Lage, topische Steroide aufzutragen.

Bei akuten Kontaktallergien zeigen **kortikoidhaltige Lotionen und Cremes** eine hervorragende Wirkung. Eine systemische Therapie mit Glukokortikoiden (z.B. 40 bis 60 mg Prednison täglich über 4 bis 6 Tage, dann die Hälfte der Ausgangsdosis für weitere 4 bis 6 Tage – je nach

Schweregrad) und Antihistaminika kann in schweren Fällen notwendig sein. Nässende Ekzeme sprechen gut auf häufige Bäder oder **feuchte Umschläge** an. Beim chronischen Ekzem hat sich die wechselnde Applikation von Harnstoff und teerhaltigen Externa bewährt.

Fallbeispiel: Eine 24-jährige Patientin sucht den Arzt auf wegen eines diffus juckenden Ausschlags, der vor sechs Monaten am linken Handgelenk begann und spontan abheilte. Zwei Monate später traten an den Ohren nach dem Kontakt mit neuen Ohrringen nässende Läsionen auf. Mit dem Befall von Hüftgürtel und Rücken vervollständigte sich allmählich das klinische Bild. Es handelt sich dabei um unscharf begrenzte erythematös-vesikuläre Läsionen, die disseminiert über den Körper anzutreffen sind. Es besteht intensiver Juckreiz. Am stärksten sind die Ohrläppchen betroffen, die ödematös und krustös sind sowie die Nabelgegend und das linke Handgelenk. Eigen- und Familienanamnese sind unauffällig. Die Patientin befindet sich in gutem Allgemeinzustand und nimmt keine Medikamente ein.
An welche Diagnose denken Sie? Wie kann sie bestätigt werden?

Antwort: Es handelt sich um eine **Kontaktdermatitis**. Eine allergische Typ-IV-Reaktion gegen Nickel würde das klinische Erscheinungsbild am besten erklären. Nickel ist ein häufig anzutreffender Metallbestandteil und findet sich regelmäßig im Modeschmuck wie Ohrringen, Armbanduhren, metallischen Hosenverschlüssen, aber u.U. auch in Kosmetika. Der **Epikutantest** erlaubt am besten den Nachweis einer Allergie gegen Nickel.

Frage: Welche Differentialdiagnosen ziehen Sie in Betracht? Begründen Sie.

Antwort: Eine **atopische Dermatitis** lässt sich leicht ausschließen anhand der fehlenden Familienanamnese, fehlender atopischer Symptome, der Unversehrtheit der Beugen und der Abwesenheit trockener Haut. Wichtig ist die Abgrenzung von der **irritativen Kontaktdermatitis**, deren Läsionen zum Rand hin scharf begrenzt sind, morphologisch einförmig geprägt sind und keine Streuphänomene zeigen.

An einen **diffusen Impetigo** lassen die krustösen Läsionen denken. Jedoch handelt es sich beim Erwachsenen meist um eine Superinfektion einer bereits bestehenden Dermatose. Außerdem beginnt ein Impetigo meist peri-orifiziell.

Frage: Welche Therapie schlagen Sie vor?

Antwort: Mit der Behandlung soll einerseits eine Abheilung der Läsionen erreicht werden und andererseits einem Rezidiv vorgebeugt werden.

Zur Abheilung wird eine **kortikoidhaltige Creme** angemessener Stärke appliziert. Eine **antimikrobielle Substanz** sollte ebenfalls zur Vorbeugung von Superinfektionen verabreicht werden. Um ein Rezidiv zu vermeiden, muss der Kontakt mit dem Allergen Nickel vermieden werden.

8.2 Atopische Dermatitis

Frage: Ist die atopische Dermatitis eine erworbene oder eine anlagebedingte Erkrankung? Welche Altersgruppe ist hauptsächlich betroffen?

Antwort: Von der **atopischen Dermatitis** (Syn.: atopisches oder endogenes Ekzem, Neurodermitis) sind hauptsächlich jüngere Menschen betroffen (↗ Foto 16). Sie setzt meist während der ersten beiden Lebensjahre ein, frühestens jedoch ab dem 3. Lebensmonat. Die atopische Dermatitis ist eine **erbliche** „Dispositionskrankheit". Ein autosomal-dominanter Erbgang mit der Lokalisation des verantwortlichen Gens auf Chromosom 11 wird diskutiert. Ca. 2/3 der Erkrankten haben Familienangehörige mit **Atopien**.

✚ Man schätzt, dass weltweit ca. 8 bis 25% der Menschen an Atopie leiden. Die Inzidenz in westlichen Industrienationen scheint besonders hoch zu sein.

Zum atopischen Formenkreis zählen vor allem:
- Allergisches Asthma
- Allergische Rhinitis und Konjunktivitis
- Atopische Dermatitis.

Frage: Durch welche Leitsymptome und Hauptkriterien wird das Krankheitsbild der atopischen Dermatitis beschrieben?

Antwort: Die Leitsymptome der atopischen Dermatitis sind:
- **Trockene Haut** und
- starker Juckreiz

Die klinischen Erscheinungsformen werden in Haupt- und Nebenkriterien unterteilt:

Hauptkriterien sind:
- Juckreiz
- Lichenifikation, d.h. vergröberte Hautfalten z.B. der Beugen
- Atopische Eigen- oder Familienanamnese
- Chronischer und/oder rezidivierender Verlauf.

? **Frage:** Welche Nebenkriterien spielen bei der Diagnostik der atopischen Dermatitis eine Rolle?

Antwort: Zu den **Nebenkriterien** bei atopischer Dermatitis gehören:
- Leicht juckende, trockene Haut (Xerosis cutis) und Kopfschuppung
- Halonierung (dunkles Kolorit) der periokulären Region
- Lichtung der seitlichen Augenbrauen (Herthoge-Zeichen)
- Doppelte Unterlidfalte (Dennie-Morgan-Falte)
- Fältelung und trockene Schuppung der Orbitalregion (scheinbare Voralterung)
- Cheilitis sicca mit eingerissenen Mundwinkeln
- Radiäre Furchung des Lippenrots
- Pityriasis alba (hypopigmentierte Flecken mit feiner, trockener Schuppung)
- Trocken schuppende, juckende Füße v.a. im Winter („atopic winter-feet")
- Finger- und Zehenkuppenekzem (Pulpitis sicca)
- Juckreiz durch Schwitzen oder bei Kontakt mit Schafwolle
- Weißer Dermographismus (Weißverfärbung infolge Vasokonstriktion nach mechanischer Hautreizung).

! **Merke:** Die Diagnose einer atopischen Dermatitis erfolgt nach klinischen Gesichtspunkten. Es existieren bisher keine eindeutigen labordiagnostischen Tests.

? **Frage:** Wo ist die atopische Dermatitis bei Säuglingen und Kindern am häufigsten lokalisiert? Wie sieht das jeweilige klinische Erscheinungsbild aus?

✚ Die meisten Kinder entwickeln eine atopische Dermatitis im Alter von 5 bis 7 Jahren.

Antwort:
- Im **Säuglingsalter** finden sich hauptsächlich akute, nässende Ekzeme. Aufgrund des Kratzens kann es zu hämorrhagischen Krusten kommen. Vor allem sind die **konvexen Gesichts- und Körperbereiche** wie Stirn, Kinn, Wangen und Rumpf betroffen (↗ Foto 16). Wegen der Ähnlichkeit der Krusten am behaarten Kopf und im Gesicht mit verbrannter Milch spricht man auch von **Milchschorf**. Wegen des starken Juckreizes sind die Kinder vielfach weinerlich und unruhig.

- Im **Kindesalter** verlagert sich die Verteilung der Ekzeme auf die **konkaven Körperregionen** wie Ellenbeugen und Kniekehlen. Man spricht deshalb auch von **Beugenekzem**. Es finden sich unscharf begrenzte Rötungen und Papeln. Kratzspuren mit vereinzelten Verkrustungen durchsetzen das eher subakute oder chronische Ekzem. Lichenifikation findet sich bevorzugt im Bereich der Beugen und des Nackens.

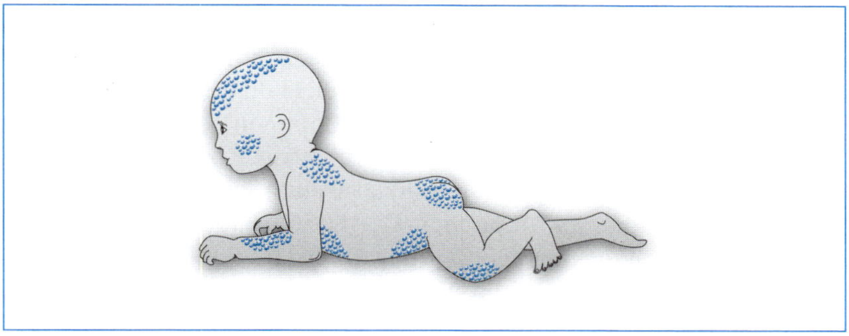

Abb. 8.3: Typische Prädilektionsstellen der atopischen Dermatitis im Säuglingsalter

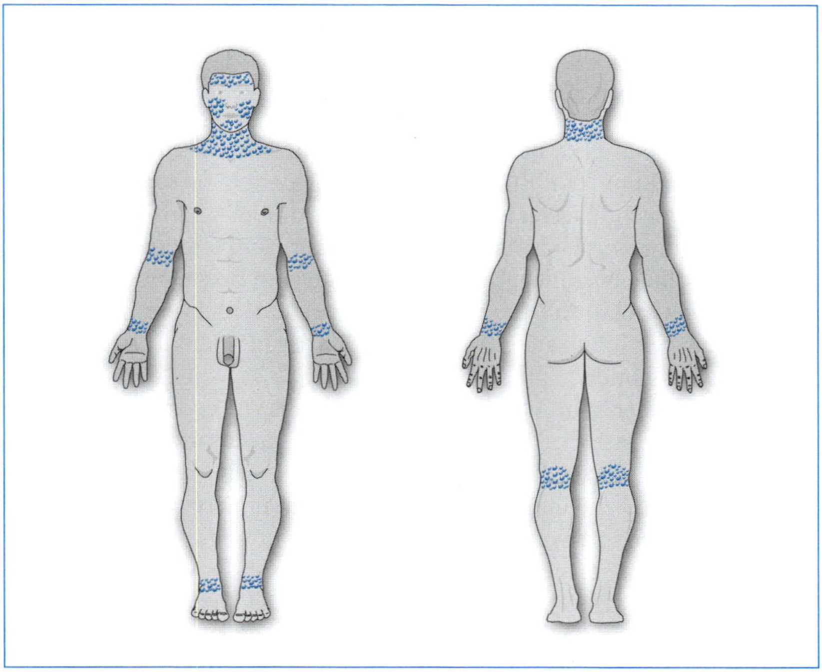

Abb. 8.4: Typische Prädilektionsstellen der atopischen Dermatitis im Kindes- und jungen Erwachsenenalter

☐ ☐ ☐ ?
☺ 😐 ☹

✚ Doxepin, ein trizyklisches Antidepressivum mit H1-Rezeptor-blockierenden Eigenschaften, kann als Alternative zu Antihistaminen eingesetzt werden. Lauwarme Bäder können mittels Rehydrierung und Kühlung ebenfalls zu einer Juckreizminderung führen.

Frage: Wie behandelt man eine atopische Dermatitis?

Antwort: In den meisten Fällen handelt es sich bei einer atopischen Dermatitis um eine chronische Erkrankung. Die Therapie zielt deshalb auf die Linderung von Symptomen bei minimaler Nebenwirkungsrate von benutzten Medikamenten ab. Die folgenden Therapiemaßnahmen sind zu empfehlen:

- **Eliminierung von krankheitsfördernden Faktoren:** Krankheitsfördernd wirken z.B. exzessives Baden, Umgebungen mit niedriger Feuchtigkeit, emotionaler Stress, trockene Haut (z.B. durch häufiges Duschen ohne Nachfetten, wässrigen Lotionen), schnelle Wechsel der Umgebungstemperatur und Kontakt mit Lösungsmitteln und Detergenzien. Eine hydrierte Haut ist eine Schlüsselkomponente bei der Therapie der atopischen Dermatitis. Patienten sollten sich regelmäßig mit dickflüssigen, wasserarmen Cremes oder Salben einschmieren (möglichst direkt nach dem Baden, wenn die Haut noch feucht ist).
- **Glukokortikoide:** Es sollten niedrig- bis mittel-potente Steroide eingesetzt werden, je nach Ausprägung der Erkrankung (ein- oder zweimal täglich). Hochpotente Steroide sollten nicht länger als 10 Tage bei Patienten mit akuten Schüben gegeben werden. Die kurzzeitige Gabe von systemischen Steroiden ist nur selten bei schweren akuten Krankheitsschüben Mittel der Wahl.
- **Topisches Tacrolimus** (früher: FK506): Effektive Alternative zu topischen Glukokortikoiden. **Sicher für die Anwendung bei Kindern älter als 2 Jahre** (keine Hautresorption mit systemischen Nebenwirkungen in Sinne einer Immunsuppression). Im Gegensatz zu Steroiden verursacht Tacrolimus keine Hautatrophie – ein Vorteil bei der Behandlung von Hals- und Gesichtshauterkrankungen (die Haut ist im Gesicht sehr dünn). Nebenwirkungen sind brennende Missempfindungen beim Auftragen, Hautrötung und Juckreiz. In Mäusen kam es bei Langzeitgebrauch zu bösartigen Hautveränderungen und Lymphomen.
- **Pimecrolimus:** Eine Variante des Tacrolimus, die speziell für den topischen Einsatz bei entzündlichen Hauterkrankungen entwickelt wurde. Vor allem soll eine Hautresorption bei Säuglingen und Kleinkindern unter 2 Jahren verhindert werden, um so systemische Nebenwirkungen zu vermeiden und die Anwendung in diesem Patientenkollektiv zu erreichen. Erste Studien haben die Wirksamkeit und Sicherheit der Substanz bei Säuglingen und Kleinkindern belegt.
- **Antihistaminika:** Hier werden bevorzugt sedierende Substanzen eingesetzt (z.B. Diphenhydramin, Hydroxyzin). Ihr therapeutischer Nutzen ist nicht überzeugend durch klinische Studien belegt.

- **Bei schwerer Erkrankung:** Zur aggressiven immunsuppressiven Therapie sind PUVA, UVA + UVB, Cyclosporin, Methotrexat und Azathioprin erfolgreich eingesetzt worden. Topisches Cyclosporin hat keine Wirkung bei der atopischen Dermatitis. Therapieansätze der Zukunft könnten die Gabe von Interferon-γ, Thymopentin, Immuntherapie mit Antigen-Antikörper-Komplexen und traditionelle chinesische Therapieansätze beinhalten.

✚ Bei bakteriellen Superinfektionen sollte eine Kultur angelegt und die Gabe von Antibiotika angeordnet werden.

8.3 Urtikaria und Angioödem

Frage: Was sind Urtikaria und wie kommen sie zustande?

? ☐ ☺ ☐ 😐 ☐ ☹

Antwort: Die **Urtikaria** (Syn.: Nesselsucht) ist ein durch Quaddeln bedingter Hautausschlag. Die ödematösen, leicht erhabenen, juckenden Herde können in sehr unterschiedlicher Zahl auftreten (↗ Foto 17). Sie bestehen nur für wenige Stunden und kommen hauptsächlich durch den Einfluss des aus Mastzellen freigesetzten Histamins zustande. Bei der Mastzellendegranulation werden außerdem freigesetzt oder neu gebildet: Prostaglandine, Leukotriene, der plättchenaktivierende Faktor (PAF), der eosinophil-chemotaktische Faktor (ECF) u. a.

Frage: Welche immunologischen Mechanismen liegen der Entstehung von IgE-Urtikaria zugrunde?

? ☐ ☺ ☐ 😐 ☐ ☹

Antwort: IgE-Urtikaria entstehen durch die **Typ-I-(Soforttyp-)Reaktion**, die vor allem durch **Nahrungsmittel** und **Medikamente** ausgelöst wird. Insbesondere werden häufig Penicilline, Analgetika und Sulfonamide für die Auslösung eines Urtikariaschubes verantwortlich gemacht.

Beim Sensibilisierten führt ein Antigenkontakt über die Bindung an IgE-Antikörper auf Mastzellen zur Freisetzung von Histamin, welches das ganze Symptomenspektrum einer allergischen Sofortreaktion auszulösen vermag. Weitere Beispiele einer Typ-I-Reaktion sind der anaphylaktische Schock, die allergische Rhinitis und das allergische Asthma bronchiale.

Frage: Welche Tests können bei der Typ-I-Reaktion durchgeführt werden?

? ☐ ☺ ☐ 😐 ☐ ☹

Antwort: Der **Pricktest**, die **Intrakutantestung** und der **RAST** (Radioallergosorbent-Test) können eine IgE-vermittelte und damit Typ-I-Reaktion erfassen.

- Beim **Pricktest** wird die Haut nach dem Auftragen des gelösten Antigens auf die Unterarmbeugeseite durch den Tropfen hindurch angeritzt. Nach 20 Minuten wird der Test im Vergleich zu einer gleichzeitig provozierten Histaminquaddel abgelesen.
- Beim **Intrakutantest** wird eine Allergenlösung intrakutan appliziert. Die Ablesung erfolgt wie beim Pricktest.
- Mit dem **RAST** kann aus dem Patientenserum spezifisches IgE gegenüber einer Vielzahl von Allergenen wie Penicillin, Gräserpollen und Hausstaubmilben nachgewiesen werden.

!

Merke: Mit dem Epikutantest werden Typ-IV-Immunreaktionen erfasst. Pricktest, Intrakutantest und RAST testen Typ-I-Immunreaktionen (nach Coombs und Gell).

☐ ☐ ☐ ?
☺ 😐 ☹

Frage: Wie unterscheidet sich ein Angioödem von einem „normalen" Ödem?

Antwort: Ein **Angioödem** kommt durch die Ausschüttung inflammatorischer, vasodilatierender Zytokine zustande. Diese sorgen für eine erhöhte Permeabilität von Kapillaren und Venulen mit Flüssigkeitsdurchtritt ins Gewebe. Das klassische Ödem hingegen resultiert normalerweise aus erhöhten intrakapillären oder reduzierten onkotischen Drücken (z.B. infolge einer Herzinsuffiziens, Nierenversagen, Hypalbuminämie).

Ein Angioödem kann klinisch leicht von einem Ödem unterschieden werden:
- **Akuter Beginn** (innerhalb von Minuten bis Stunden)
- Asymmetrische Verteilung
- Befall von Lippen, Larynx und Darm
- Assoziation mancher Formen des Angioödems mit einer Anaphylaxie

Angioödeme lassen sich bei bis zu 50% der Patienten mit akuten und chronischen Urtikaria diagnostizieren. Urtikaria resultieren aus einer Freisetzung vasoaktiver Stoffe aus Mastzellen der oberflächlichen Dermis. Angioödeme hingegen entstehen in der tiefen Dermis und Subkutis.

!

Merke: Mastzell-ausgelöste Angioödeme können als Formen tiefer Urtikaria betrachtet werden, die bis in die tiefe Dermis und Subkutis reichen.

Frage: Schildern Sie das klinische Erscheinungsbild des Quincke-Ödems. Welche Maßnahmen ergreifen Sie bei akuter Luftnot?

? ☐ ☐ ☐ ☺ 😐 ☹

Antwort: Beim **Quincke-Ödem** handelt es sich um ein hoch akutes subkutanes Angioödem, das isoliert oder mit Urtikaria auftreten kann. Es führt meist im Lidbereich und perioral zu entstellenden Gesichtsschwellungen. Das Quincke-Ödem verschwindet in der Regel nach 2–3 Stunden wieder. Werden die oberen Luftwege betroffen, kann es zu einem **lebensgefährlichen Larynxödem** kommen.

Die Pathogenese, Diagnostik und Therapie sind mit gewissen Einschränkungen wie bei der Urtikaria. Daneben kann ein C_1-Esterase-Inhibitormangel die Ursache sein.

Bei einem Glottisödem mit Luftnot sollten sofort Kortikoide i.v. (z.B. 250 mg Prednisolon) und Antihistaminika i.v. (z.B. eine Ampulle Tavegil) verabreicht werden. Notfalls muss eine Intubation durchgeführt werden.

Frage: Wie therapieren Sie ein Quincke-Ödem mit einem Defekt des C_1-Esterase-Inhibitors?

? ☐ ☐ ☐ ☺ 😐 ☹

Antwort: Beim **hereditären Quincke-Ödem** besteht ein Mangel des C_1-Inaktivators, genauer gesagt des C1-Esterase-Inhibitors. Dieser schützt den Organismus vor einer ungehemmten Komplementaktivierung. Nach Bagatelltraumen oder scheinbar spontan kommt es zum Auftreten von lebensbedrohlichen Ödemschüben. Prophylaktisch wird **Danazol** oder **Stanozolol** verabreicht, das die Produktion des C_1-Inaktivators in der Leber steigert. Im akuten Anfall können **C_1-Inaktivator-Präparate** gespritzt werden. Antihistaminika und Kortikoide sind unwirksam.

✚ Eine nicht-hereditäres Quincke-Ödem kann auf dem Boden eines erhöhten Verbrauchs (maligne Grunderkrankung) oder eines Autoantikörpers gegen C1-Esterase-Inhibitor entstehen.

8.4 Unverträglichkeitsreaktionen auf Arzneimittel

Frage: Was ist ein fixes Arzneimittelexanthem?

? ☐ ☐ ☐ ☺ 😐 ☹

Antwort: Das **fixe Arzneimittelexanthem** ist eine meist solitär vorkommende münzgroße, livid-rote Makula (↗ Foto 18). Sie entsteht 1–2 Tage nach Medikamenteneinnahme und rezidiviert nach erneuter Einnahme immer am gleichen Ort. Das Exanthem kann monatelang persistieren und wird v.a. ausgelöst durch:

- Phenolphthalein (Laxantien)
- Tetrazykline
- Barbiturate

- Sulfonamide
- NSAIDs (z.B. Paracetamol, Ibuprofen, Diclofenac, Salicylsäure-Derivate, Pyrazol-Derivate wie Metamizol).

☐ ☐ ☐ ?
☺ 😐 ☹

Frage: Was ist das Erythema nodosum und worauf ist es zurückzuführen?

Antwort: Das **Erythema nodosum** ist durch subkutane, symmetrische Knoten gekennzeichnet, die meist an der Vorderfläche der Unterschenkel lokalisiert sind. Die Knoten sind druckschmerzhaft und imponieren livid-erythematös (↗ Foto 19). Der Erkrankung liegt eine verzögerte zelluläre Immunreaktion Typ IV nach Coombs und Gell („delayed-type hypersensitivity reaction") gegen verschiedene Allergene zugrunde. Fieber und Arthralgien können die Hauterscheinungen begleiten. Frauen zwischen 15 und 40 Jahren sind am häufigsten betroffen.

Die häufigsten Ursachen sind:
- Streptokokken-Infektionen
- Sarkoidose
- Chronisch-entzündliche Darmerkrankungen
- Medikamente (Antibiotika, Sulfonamide)

In 17 bis 72% der Fälle (je nach Population) bleibt die Ursache jedoch unbekannt.

!

Merke: Das Erythema nodosum ist eine delayed-type hypersensitivity Reaktion (Typ-IV nach Coombs und Gell) auf verschiedene Reize. Streptokokken-Infektionen sind eine häufige Ursache der Erkankung.

☐ ☐ ☐ ?
☺ 😐 ☹

Frage: Wie sieht das klinische Erscheinungsbild des Erythema exsudativum multiforme aus?

Antwort: Die typische Einzeleffloreszenz des meist akut auftretenden **Erythema exsudativum multiforme** ist kokardenförmig. Zentral findet sich eine Papel, die sich zur Blase weiterentwickeln kann (↗ Foto 20). Die konzentrischen Läsionen kommen bevorzugt an den distalen Enden der Extremitäten vor. Pathogenetisch handelt es sich um eine Immunkomplexreaktion im Bereich der Gefäße des oberen Koriums.

Frage: Welche Ursachen liegen einem Erythema exsudativum multiforme zugrunde? Wie wird es therapiert?

? ☐ ☐ ☐

Antwort: Das Erythema exsudativum multiforme wird hauptsächlich durch **Herpes-Simplex-Virus-Infektionen** ausgelöst. Meist heilt es spontan nach 2–3 Wochen ab. Die Therapie ist symptomatisch. Es können z.B. lokale Kortikosteroide oder Antihistaminika eingesetzt werden. Diese haben keinen Einfluss auf die Krankheitsdauer, können aber die Symptome des Patienten lindern. Systemische Kortikosteroide sollten nicht eingesetzt werden, da sie den Krankheitsverlauf teilweise verschlimmern. Auch sollte an eine Herpesvirus-Rezidivprophylaxe mit oralem Aciclovir gedacht werden.

Merke: Dem Erythema exsudativum multiforme liegt häufig eine allergische Reaktion auf HSV zugrunde. **Der klinische Verlauf ist benigne**.

!

Frage: Was ist das Stevens-Johnson-Syndrom? Wie unterscheidet es sich von einem Erythema exsudativum multiforme?

? ☐ ☐ ☐

Antwort: Stevens und Johnson beschrieben im Jahr 1922 einen fiebrigen Patienten mit erosiver Stomatitis, schwerer Augenerkrankung und einem disseminierten Hautausschlag mit nekrotischen Arealen – der erste Bericht über einen Patienten mit **Stevens-Johnson-Syndrom** (SJS). Der Begriff Erythema exsudativum multiforme *major* wurde lange Zeit synonym für das Stevens-Johnson-Syndrom verwendet. Heutzutage nimmt man jedoch an, dass den Erkrankungen verschiedene Ursachen zugrunde liegen. Das Erythema exsudativum multiforme ist benigne im Verlauf und häufig durch eine allergische Reaktion auf HSV ausgelöst. Dem Stevens-Johnson-Syndrom liegt dagegen häufig eine **Arzneimittelunverträglichkeit** zugrunde. **Sein Verlauf ist meist schwer** und kann mit extensiven Hautnekrosen einhergehen.

Merke: Die Begriffe Erythema exsudativum multiforme major und Stevens-Johnson-Syndrom sollten nicht mehr synonym verwendet werden. Es handelt sich um verschiedene Krankheitsentitäten!

!

☐ ☐ ☐ ?
☺ 😐 ☹

Frage: Was ist das Lyell-Syndrom? Wie unterscheidet es sich von einem Stevens-Johnson-Syndrom?

Antwort: Der Begriff **Lyell-Syndrom** (eigentlich Debré-Lamy-Lyell-Syndrom) wird heute nicht mehr sehr häufig gebraucht. Man spricht stattdessen von einer **toxischen epidermalen Nekrolyse** (kurz: TEN). Dieser Begriff wurde 1956 von Lyell zur Beschreibung von Patienten mit **großflächigen Hautablösungen** („Ablösung in Fetzen") benutzt. Das Abschieben der Epidermis auf leichten Fingerdruck wird als **positives Nikolski-Phänomen** bezeichnet. Es besteht hohes Fieber bei stark reduziertem Allgemeinzustand und Schockgefahr wegen der hohen Flüssigkeitsverluste. Die TEN kann als besonders ausgeprägte Form eines Stevens-Johnson-Syndrom interpretiert werden. Beide Krankheitsbilder besitzen eine sehr ähnliche Klinik und Histopathologie und werden durch die gleichen Medikamente ausgelöst. Beträgt die Ablösung der Haut **weniger als 10%,** spricht man von einem Stevens-Johnson-Syndrom. Großflächige Epidermisablösungen mit **mehr als 30%** betroffener Haut bezeichnet man als TEN. Liegt die Prozentzahl betroffener Hautareale zwischen 10 und 30%, spricht man von einem **Überlappungs-SJS-TEN**.

☐ ☐ ☐ ?
☺ 😐 ☹

Frage: Welche therapeutischen Maßnahmen sind bei einer toxischen epidermalen Nekrolyse zu beachten?

Antwort: Die Therapie erfolgt wie nach schweren Verbrennungen durch:

- Intensivmedizinische Behandlung mit Volumen- und Eiweißsubstitution, **Infektionsprophylaxe** (Antibiotika, Aciclovir) und Pflege der Augen und Genitalschleimhaut.
- Die Gabe von **Glukokortikosteroiden** ist **umstritten, nicht Evidenzbasiert** und sollte daher **vermieden** werden**.** Retrospektive Studien konnten eine **erhöhte Mortalität** bei Patienten mit Steroidtherapie nachweisen.
- Kasuistiken in Kindern und Erwachsenen konnten einen positiven Effekt von **polyklonalen Immunglobulinen** auf die Krankheitsentwicklung bei SJS aufzeigen.

!

Merke: Die Mortalität des SJS beträgt normalerweise weniger als 5%. Demgegenüber ist die TEN mit einer Sterblichkeitsrate von bis zu 44% behaftet.

Frage: Wodurch wird das SSS-Syndrom ausgelöst und wie wird es behandelt?

Antwort: Das **SSS-Syndrom** (Syn.: Staphylococcal scaled skin syndrome, Dermatitis exfoliativa neonatorum Ritter von Rittershain) ist eine schwere und lebensbedrohliche blasige Ablösung der Haut. Sie wird durch ein Exotoxin von Staphylococcus aureus ausgelöst. Neben der Antibiotikatherapie muss eine Intensivbehandlung wie bei ausgedehnten Verbrennungen erfolgen.

Fallbeispiel: Ein 55-jähriger Patient leidet an Herzinsuffizienz und Gicht. Er wird mit Isosorbid-Dinitrat und Allopurinol behandelt. Darüber hinaus wurde ihm Amoxicillin wegen einer Streptokokkenangina verschrieben. Am 8. Therapietag erscheinen v.a. am Rumpf und später auch am Arm erythematöse, mukulo-papulöse Läsionen, die z.T. konfluieren und schlecht begrenzte Flecken bilden. Die Schleimhäute sind nicht befallen. Die klinische Untersuchung ist ohne Befund.
Welche Diagnosen halten Sie für wahrscheinlich?

Antwort: Es handelt sich wahrscheinlich um ein **makulo-papulöses Arzneimittelexanthem,** das **etwa acht Tage nach Therapiebeginn** zum Ausbruch kommt. Die Gruppe der β-Lactam-Antibiotika gehört zu den häufigsten Auslösern dieses Exanthems. Eine große Vielzahl von Medikamenten können Arzneimittelexantheme auslösen. Es entwickelt sich meist als **generalisierte Form einer Typ-IV-Reaktion.**

9 Weitere Ekzemformen

☐ ☐ ☐ ?
☺ 😐 ☹

Frage: Was unternehmen Sie bei einer akuten Dermatitis im Bereich der Windeln bei einem Baby?

Antwort: Hierbei ist anzunehmen, dass es sich um die so genannte **Windeldermatitis** handelt. Sie ist eine Sonderform der **irritativen Kontaktdermatitis**. Sie durchläuft alle Stadien einer akuten Dermatitis und wird häufig von Superinfektionen mit Candida albicans und Staphylokokken begleitet. Die Bakterien und Stoffe in Stuhl und Urin greifen die zarte Säuglingshaut an.

Durch unzureichendes Wechseln und Waschen der Windeln kommt es daher zu Mazerationen der Haut. Ein häufigeres Windelwechseln ist daher ebenso anzuraten wie eine sorgfältige Reinigung der Windeln, um Reinigungsmittelrückstände zu vermeiden. Um einem Wärme- und Feuchtigkeitsstau vorzubeugen, sollte der Mutter evtl. empfohlen werden, keine Gummihöschen zu verwenden. Jedoch sollen nach neuerer Erkenntnis Baumwollwindeln keine Vorteile gegenüber modernen Einmalwindeln haben, wenn diese häufig gewechselt werden.

Durchfälle, Diabetes, Unterernährung sowie Infekte und Antibiotika, die die Darmflora verändern, gehören ebenso zu den begünstigenden Faktoren.

Nach dem Abtrocknen der entzündeten Areale z. B. durch Farbstofflösungen in niedriger Konzentration können schützende Pasten aufgetragen werden. Antibiotika, Antimykotika und in Ausnahmefällen Steroide finden ebenfalls in der Lokaltherapie Verwendung.

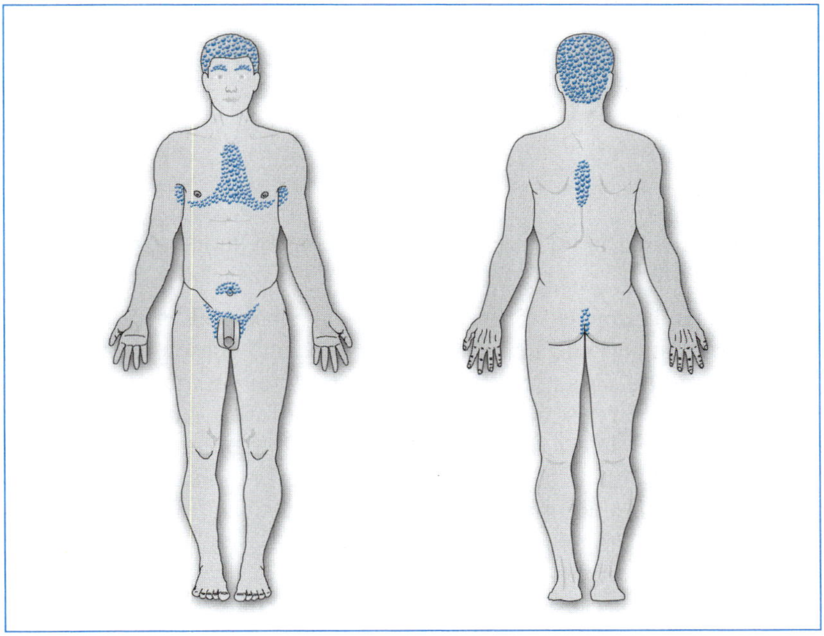

Abb. 9.1: Typische Prädilektionsstellen des seborrhoischen Ekzems

Frage: Was ist eine seborrhoische Dermatitis und wie wird sie behandelt?

Antwort: Die **seborrhoische Dermatitis** (Syn.: seborrhoisches Ekzem) ist eine häufige Erkrankung unbekannter Ätiologie. Der Begriff „seborrhoisch" soll verdeutlichen, dass vor allem Hautareale mit einer hohen „Sebum-", also Talgproduktion betroffen sind. Dazu gehören die Kopfhaut, das Gesicht, Nasolabialfalten und der Oberkörper. Es kommt zu einer klein-lamellösen, gelb-bräunlichen, fettigen **Hautschuppung**. Die Diagnose einer seborrhoischen Dermatitis erfolgt klinisch. Eine Hautbiopsie ist meistens nicht nötig.

+ Bei Säuglingen und Kleinkindern kann die gesamte Haut von einer seborrhoischen Dermatitis befallen sein. Auch das Tragen von Bärten kann die Erkrankung fördern.

Die Therapie erfolgt am behaarten Kopf mit antiseborrhoischen Haarwaschmitteln und Schwefel- und Salicylsäure-haltigen Kopftinkturen. Auch Glukokortikoide in alkoholischer Lösung sind für kurze Zeit zu empfehlen. Bei Körperherden werden nach der Entfernung mit alkoholischen Lösungen schwefelhaltige Puder und Vioformlotio aufgetragen. In schweren Fällen sind Kortikoide indiziert. Ein wichtiger Therapieansatz ist die Anwendung von lokalen **Antimykotika** (z.B. Ketokonazol). Man nimmt an, dass die Hefe **Malassezia furfur** eine Rolle bei der Entstehung und Unterhaltung des Krankheitsprozesses spielt.

Merke: Die seborrhoische Dermatitis tritt gehäuft bei HIV-Patienten auf!

10 Bullöse Dermatosen und Kollagenosen

☐ ☐ ☐ ?
☺ 😐 ☹

Frage: Welche Blasen bildenden Erkrankungen kennen Sie?

Antwort: Bei manchen Erkrankungen, wie Blasen bildenden Autoimmunerkrankungen und hereditären Formen, sind Blasen ein wichtiges pathognomisches Zeichen. Bei anderen Krankheiten, wie z. B. beim Ekzem und beim Erythema exsuditativum multiforme, kommen sie nur gelegentlich vor. Die Ätiologie vieler Blasen bildender Erkrankungen ist unbekannt, ihnen liegen unterschiedliche Pathomechanismen zugrunde. Bei **Blasenbildung** kommen hauptsächlich folgende Krankheitsgruppen in Frage:

- Pemphiguskrankheiten
- Pemphigoiderkrankungen
- Dermatitis herpetiformis
- Epidermolysis bullosa hereditaria-Erkrankungen
- Toxische Dermatitis, inklusive Verbrennungen, Wiesengräserdermatitis u. a.
- Allergische Arzneimittelexantheme, inklusive Erythema multiforme, Stevens-Johnson-Syndrom, Toxische Epidermale Nekrolyse
- Porphyrien
- Blasenbildung bei Diabetikern und Dialysepatienten
- Herpes gestationis
- Insektenstiche

10.1 Blasen bildende Genodermatosen

☐ ☐ ☐
☺ 😐 ☹

Fallbeispiel: Ein 60-jähriger Mann leidet seit mehreren Jahren unter zunehmenden Schluckbeschwerden. Seit einiger Zeit fällt ihm selbst das Schlucken von Flüssigkeiten schwer. In den letzten Wochen kam es zu einer Abnahme des Körpergewichtes um 5 kg. Seinem Hausarzt berichtet er, er sei Nichtraucher und trinke von Zeit zu Zeit etwas Alkohol. Weiterhin gibt er an, dass er schon seit seiner Geburt unter einer Blasenbildung der Haut leide. Diese trete schon bei geringsten Berührungen auf. Bei seinem Bruder bestünde eine ähnliche Symptomatik. Aufgrund von zahlreichen schmerzhaften Erosionen der Mundschleimhaut ernährt sich der Patient bevorzugt von sehr weichen Nahrungsmitteln.

Ein Dermatologe, den er vor vielen Jahren wegen seiner Erkrankung konsultierte, sagte ihm, dass eine Therapie seiner Erkrankung unmöglich sei. Daraufhin hatte er keine weiteren diagnostischen oder therapeutischen Vorhaben erwogen. Eigenanamnestisch gibt der Patient an, niemals ernsthaft erkrankt gewesen zu sein.
An welcher Erkrankung leidet der hier beschriebene Patient wahrscheinlich?

Antwort: Folgende Argumente sprechen für eine Erkrankung aus der **Epidermolysis-bullosa-hereditaria**-Gruppe:

- Der Patient leidet zeitlebens unter einer Blasenbildung der Haut, die schon bei geringsten Berührungen auftritt.
- Der Patient weist außerdem Erosionen der Mundschleimhaut auf, die äußerst schmerzhaft sind und die Nahrungsaufnahme erschweren.
- Der Patient hat wegen der Schmerzhaftigkeit der Nahrungsaufnahme an Gewicht verloren.
- Sein Bruder leidet an einer ähnlichen Symptomatik.
- Der Patient fühlt sich abgesehen von der beschriebenen Symptomatik relativ wohl.

Frage: Was ist eine Epidermolysis bullosa hereditaria?

? ☐ ☺ ☐ 😐 ☐ ☹

Antwort: Der Begriff der **Epidermolysis bullosa hereditaria** bezeichnet eine Gruppe seltener erblicher bullöser Hauterkrankungen. Bei diesen Genodermatosen kann die Struktur von Haut und Schleimhaut derart gestört sein, dass schon leichte mechanische Belastungen Blasenbildung provozieren. Man unterscheidet mehr als 20 verschiedene Formen dieser Erkrankung. Vererbungsmodi und Krankheitsverläufe sind unterschiedlich. Es gibt sehr leichte, stark entstellende und sogar lebensbedrohlich Verläufe. Histologisch unterscheidet man Erkrankungen mit Spaltbildung in der Epidermis, der Dermis und der junktionalen Übergangszone im Bereich der Basalmembran. Entsprechend bezeichnet man sie als epidermolytische Epidermolysis bullosa bzw. Epidermolysis bullosa simplex, dermolytische bzw. dystrophische Epidermolysis bullosa und junktionale Epidermolysis bullosa.

Frage: Welche Strukturproteine der Haut sind bei Patienten mit Epidermolysis bullosa hereditaria defekt?

? ☐ ☺ ☐ 😐 ☐ ☹

Antwort: Ein für die Struktur der Epidermis unverzichtbares Stütz- und Strukturprotein ist das **Keratin**. Als Intermediärfilament ist es beteiligt am Aufbau des Zytoskeletts von Epithelzellen. Es gibt über 30 Keratin-Isoformen, die teilweise in spezialisierten Epithelverbänden wie in Nägeln und Zähnen, aber auch in normaler Haut und Schleimhaut anzutreffen sind. Defekte im Keratin 5 und 14 führen beispielsweise zu einer Instabilität des Zytoskeletts von Keratinozyten. Leichte mechanische Belastungen verursachen dann eine Zytolyse und Blasenbildung. Von diesem Effekt betroffen sind vor allem Basalzellen, also diejenigen Keratinozyten, die Verbindung haben zur Basalmembran. Histologisch erkennt man eine **Spaltbildung** in der Schicht der Basalzellen. Funktionsverluste von Keratin 5 und 14 verursachen Formen von epidermolytischer Epidermolysis bullosa, die man auch als Epidermolysis bullosa simplex bezeichnet.

Eine junktionale Epidermolysis bullosa entsteht durch Defekte von Strukturproteinen der Basalmembran. Dazu gehören das **Laminin V** und bestimmte **Integrine**. Defekte im Kollagen VII können zu einer dermolytischen Epidermolysis bullosa führen, die man auch als dystrophische Epidermolysis bullosa bezeichnet.

!

Merke: Keratin 5 und 14 sind wichtige Strukturproteine der Haut. Defekte können eine epidermolytische Epidermolysis bullosa zur Folge haben!

☐ ☐ ☐ ?
☺ 😐 ☹

Frage: Wie behandelt man die Epidermolysis bullosa hereditaria?

Antwort: Wie bei fast allen genetisch determinierten Erkrankungen gibt es auch bei der Epidermolysis bullosa hereditaria keine kausale Therapie. Die begleitende Behandlung muss dem Schweregrad der Erkrankung angepasst werden. Wichtig sind die fachgerechte Versorgung von Wundflächen, ausreichende Hilfestellung bei der zum Teil äußerst schmerzhaften Nahrungsaufnahme und die wirkungsvolle Prävention und Therapie von Hautinfektionen.

☐ ☐ ☐ ?
☺ 😐 ☹

Frage: Welche andere Erkrankung rechnet man zu den Blasen bildenden Genodermatosen?

Antwort: Der **familiäre benigne Pemphigus**, auch **Hailey-Hailey's disease** genannt, wird klassischerweise zu den Blasen bildenden Hauterkrankungen gerechnet, obwohl er morphologisch meist als erythematöse, erosiv-ulzerierende und nässende Dermatose in Erscheinung tritt. Trotz seines Namens handelt es sich nicht um eine Autoimmunerkrankung und sollte nicht mit anderen Erkrankungen der Pemphigus-Gruppe verwechselt werden. Der familiäre benigne Pemphigus ist eine seltene, autosomal-dominant vererbte Genodermatose, die bevorzugt Nacken, Achselfalten, Ellbögen, submammäre Region und Skrotum befällt. Molekulargenetische Untersuchungen an einer an Hailey-Hailey leidenden Familie haben ergeben, dass eine Mutation im ATP2C1-

Gen, welches für eine Kalzium-Pumpe kodiert, die Erkrankung auslösen kann. Histologisch führt der Ausfall dieser Kalzium-Pumpe zu **Akantholyse**, also zu einer Auflösung des epithelialen Zellverbandes mit Einzelzellbildung und intraepidermaler Spalt- und Blasenbildung.

Klinisch bilden sich mikroskopisch kleine und zarte Bläschen. Im Verlauf entwickeln sich die typischen erythematösen, erosiv-ulzerierenden und nässenden Hautveränderungen. Es kann zu Krustenbildung und Schuppung kommen. Eine Superinfektion mit Candida albicans oder Bakterien, insbesondere mit Staphylococcus aureus, kann die Akantholyse beschleunigen und den Krankheitsprozess unterhalten. Die Erkrankung nimmt mit zunehmendem Alter in ihrem Schweregrad ab.

Hailey-Hailey manifestiert sich meistens in der dritten bis vierten Lebensdekade. Es besteht das Risiko einer Verwechselung mit klinisch ähnlich in Erscheinung tretenden Erkrankungen, die im Rahmen einer gewissenhaften differentialdiagnostischen Aufarbeitung ausgeschlossen werden müssen. Dazu gehören der Intertrigo, die Candidiasis und die Kontaktdermatitis.

Merke: Der familiäre benigne Pemphigus ist keine Autoimmunerkrankung und hat nichts mit dem Pemphigus vulgaris zu tun!

Frage: Wie behandelt man den familiären benignen Pemphigus?

Antwort: Eine kausale Behandlung ist bisher nicht möglich. Man behandelt symptomatisch. Ein wichtiges Therapieprinzip ist die Kontrolle exazerbierender Superinfektionen durch eine **antibiotische Therapie.** Diese kann sowohl **lokal** als auch **systemisch** erfolgen. Systemische Tetrazykline haben sich dabei bewährt. In schweren Fällen kann über den Einsatz von Dermabrasions- oder Kohlendioxid-Laserevaporationtechniken nachgedacht werden, die zu einer Heilung durch Narbenbildung führen. Narbengewebe ist nicht von Hailey-Hailey betroffen.

10.2 Blasen bildende Autoimmunerkrankungen

Frage: Wie kommen die Blasen bei den Blasen bildenden Autoimmunerkrankungen zustande?

Antwort: Die Blasen kommen durch eine **Antikörper-Antigen-Reaktion** in der Haut zustande. Die immunologische Reaktion zwischen Autoantikörper und Antigen in der Haut führt

- Zur Freisetzung und Aktivierung löslicher Mediatoren wie Komplement, Proteasen und Zytokinen
- Zur Chemotaxis von Entzündungszellen wie neutrophilen und eosinophilen Granulozyten und Mastzellen
- Zu einem entzündlichen Einstrom von Gewebsflüssigkeit
- Zu einem Adhäsionsverlust zwischen den Epidermiszellen bzw. innerhalb der Basalmembranzone und damit zur Blasenbildung.

In Abhängigkeit von der Lokalisation der Antikörper-Antigen-Reaktion unterscheidet man drei Ebenen der Blasenbildung (Abb. 10.1):

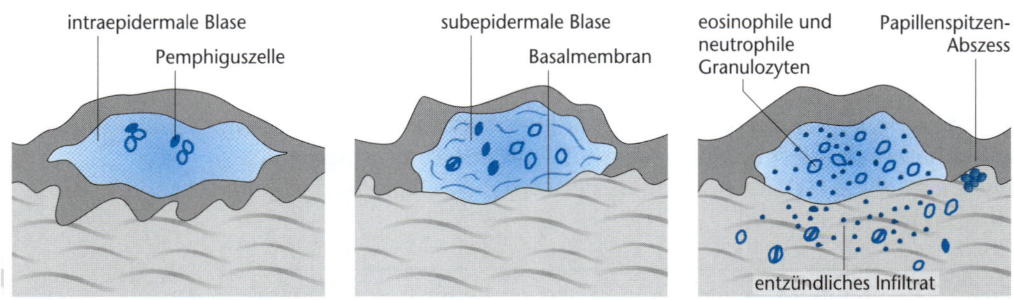

Intraepidermale Spaltbildung bei
- Pemphigus vulgaris
- Pemphigus foliaceus

Subepidermale Spaltbildung innerhalb der Basalmembranzone bei
- Bullösem Pemphigoid
- Herpes gestationis

Subepidermale Spaltbildung unterhalb der Basalmembranzone bei
- Dermatitis herpetiformis Duhring
- Linearer IgA-Dermatose

Abb. 10.1: Ebenen der Blasenbildung bei Blasen bildenden Autoimmunerkrankungen

☐ ☐ ☐ ?
☺ 😐 ☹

Frage: Welche Untersuchungen können bei bullösen Autoimmunerkrankungen durchgeführt werden?

tipp Klinische Untersuchungstechniken wie die Nikolski-Phänomene und einfache Laboruntersuchungen wie der Tzank-Test werden gerne abgefragt. Hier sollte man nicht mit größeren Wissenslücken auffallen.

Antwort:
- **Nikolski-Phänomen I:** Durch seitlichen Druck in Blasennähe auf scheinbar gesunder Haut ist ein Abschieben der oberen Epidermislage möglich.
- **Nikolski-Phänomen II:** Bei Druck auf die Blase kann der Blaseninhalt innerhalb der Epidermis verschoben werden.
- **Histologie:** Die für die Blasenbildung verantwortliche Ebene der Spaltbildung lässt sich ebenso wie die Zellen des eingeströmten entzündlichen Materials bestimmen. Eine Akantholyse lässt sich ebenfalls histologisch nachweisen.
- **Exfoliative Zytologie:** Der Tzanck-Test dient zum Nachweis akantholytischer Zellen. Er ist beim Pemphigus vulgaris positiv.
- **Direkte Immunfluoreszenz (DIF):** Zum Nachweis von Autoantikörpern oder Komplementfaktoren in der Haut.

- **Indirekte Immunfluoreszenz (IIF):** Dient dem Nachweis zirkulierender Autoantikörper im Serum.
- **Immunelektronenmikroskopie und Antigenmapping:** Dient der genauen Differenzierung von Autoimmundermatosen mit subepidermaler Spaltbildung. Mit bestimmten Antikörpern gegen bekannte Strukturkomponenten der Basalmembranzone kann die genaue Spaltebene festgestellt werden.
- **Westernblot und Radioimmunpräzipitation:** Methoden mit höherer Spezifität als DIF zur genauen Analyse der Antigenspezifität der Autoantikörper.

Fallbeispiel: Bei einem 76-jährigen Patienten in gutem Allgemein- und Ernährungszustand treten seit mehreren Wochen regelmäßig Lumbalgien auf. Er konsultiert seinen Hausarzt, und es wird eine umfangreiche Schmerzmedikamentation eingeleitet. Bald darauf entwickeln sich multiple erythematöse, teils konfluierende, rumpf- und beinbetonte Exantheme mit multiplen, taubeneigroßen, prallen Blasen. Zunächst besteht der Verdacht auf ein durch Schmerzmittel induziertes Arzneimittelexanthem. Jedoch kommt es trotz Absetzen der Medikamente zu einer Progredienz der Hautsymptomatik. Der Patient wird daraufhin stationär aufgenommen. Bei der Laboruntersuchung fallen eine erhöhte BSG n.W. auf (47/83 mm) sowie auch erhöhte CEA- und NSE-Tumormarker. Histologisch findet sich eine subepidermale Spaltbildung. Die direkte Immunfluoreszenz zeigt ein lineares Basalmembranzonen-Band mit IgG- und C3-Nachweis. IgA, IgM und Fibrinogen finden sich nicht. Mit der indirekten Immunfluoreszenz lassen sich keine zirkulierenden Antikörper nachweisen. Die weiterführende Diagnostik ergibt den Nachweis multipler Metastasen in Leber, Lunge, Mediastinum, Brustwirbelsäule, Lendenwirbelsäule und Rippen.
Um welche Erkrankung handelt es sich hier wahrscheinlich?

☐ ☺ ☐ 😐 ☐ ☹

Antwort: Folgende Argumente sprechen für ein **bullöses Pemphigoid:**
- Das relativ hohe Lebensalter des Patienten
- Die Morphologie der Hautläsionen mit intakten und prall gefüllten Blasen
- Der histologische Nachweis einer subepidermalen Spaltbildung
- Der Immunohistochemische Nachweis von IgG- und C3-Ablagerungen entlang der Basalmembran
- Die Assoziation mit einer malignen Grunderkrankung

Merke: Beim bullösen Pemphigoid ist eine Tumorsuche indiziert, da es als fakultative Paraneoplasie auftreten kann!

☐ ☐ ☐ ?
☺ 😐 ☹

Frage: Beschreiben Sie die Hautläsionen beim bullösen Pemphigoid und erläutern Sie die Diagnostik!

Antwort: Das bullöse Pemphigoid ist eine Autoimmunerkrankung der Haut, die vorwiegend im höheren Lebensalter auftritt. Sie kann **durch** bestimmte **Medikamente** wie z.B. Furosemid **ausgelöst** werden und kommt gehäuft im Zusammenhang mit malignen Tumoren vor.

Es finden sich prall gefüllte Blasen und Erosionen auf meist erythematösem Grund (↗ Foto 21). Im Gegensatz zum Pemphigus vulgaris haben die Blasen eine dickere Decke und reißen daher nicht so schnell ein. Sie können am ganzen Körper, bevorzugt aber im Inguinalraum, auftreten. In nur 20–30% sind die Schleimhäute mit befallen. Nur gelegentlich kommt es zu Juckreiz.

Histologisch zeigt sich eine subepidermale Spaltbildung. Die direkte Immunfluoreszenz erbringt den Nachweis einer linearen Ablagerung von antibasalen IgG-Autoantikörpern und Komplementbestandteilen. Bei etwa der Hälfte der Erkrankten lassen sich Pemphigoid-Antikörper im Serum nachweisen. Das Nikolski-Phänomen ist ebenso wie der Tzanck-Test negativ. Hämatologisch findet sich häufiger eine Eosinophilie.

!

Merke: Die intakten, prall gefüllten, teils taubeneigroßen Blasen sind charakteristisch für das bullöse Pemphigoid.

☐ ☐ ☐ ?
☺ 😐 ☹

Frage: Gegen welche Proteine richtet sich die Immunreaktion beim bullösen Pemphigoid? Welchen prognostischen Wert haben die Autoantikörper-Titer?

tipp Autoantikörper-Titer korrelieren häufig nicht mit dem Schweregrad einer Autoimmunerkrankung.

Antwort: Zirkulierende **Anti-Basalmembran-Antikörper** vom IgG-Typ finden sich bei circa 70% der Patienten. Die Autoantikörper richten sich gegen zwei prominente Antigene. Das BP-Ag1 ist ein 230-kDa-Glykoprotein und Bestandteil von Verankerungsstrukturen zwischen Basalzellen und Basalmembran, den so genannten Hemidesmosomen. Das BP-Ag2 ist ein 180-kDa-Kollagen vom Typ 17. Autoantikörper-Titer korrelieren nicht mit dem Schweregrad der Erkrankung (Tab. 10.1).

☐ ☐ ☐ ?
☺ 😐 ☹

Frage: Gegen welche anderen Erkrankungen muss das bullöse Pemphigoid abgegrenzt werden?

Antwort: Differentialdiagnostisch kommen eine Reihe anderer bullöser Dermatosen in Betracht, wie z.B. Blasen bildende Autoimmunerkrankungen der Pemphigus-Gruppe, die Dermatitis herpetiformis Duhring oder allergische Reaktionen im Sinne eines Erythema multiforme Syndroms. Klinisch, histopathologisch und immunologisch lassen sich die genannten Krankheitsentitäten meistens gut differenzieren. Es ist wichtig, bei der klinischen Untersuchung nicht die Inspektion der **Schleimhäute** zu vernachlässigen, da man hier wichtige differentialdiagnostische Befunde erheben kann. Der Befall von Mund-, analer oder vaginaler Schleimhaut ist beim bullösen Pemphigoid seltener, weniger ausgeprägt und weniger schmerzhaft als beim Pemphigus. Ein Schleimhautbefall findet sich bei der Dermatitis herpetiformis Duhring praktisch nie.

Frage: Wie lässt sich das bullöse Pemphigoid behandeln?

? ☐ ☐ ☐ ☺ 😐 ☹

Antwort: Die Therapie des bullösen Pemphigoids ähnelt der des Pemphigus vulgaris. Initial werden systemische **Kortikoide** (täglich 60–250 mg Prednisolon) für 2–6 Wochen in Abhängigkeit von der Schwere der Erkrankung verabreicht. Danach stellt sich in der Regel auch ohne Erhaltungstherapie eine dauerhafte Remission ein. Genügt dies nicht, kann eine Erhaltungsdosis von 5–15 mg Prednisolon pro Tag zur Aufrechterhaltung der Remission verabreicht werden. Immunsuppressiva (v. a. Azathioprin) werden in schweren Fällen zusätzlich gegeben. Tetrazykline und Nikotinamid sollen ebenfalls eine günstige Wirkung auf den Krankheitsverlauf haben. Zur äußeren Behandlung eignen sich lokal entzündungshemmende, desinfizierende und wundreinigende Maßnahmen.

✚ Insgesamt hat das bullöse Pemphigoid eine bessere Prognose als der Pemphigus vulgaris.

Frage: Es gibt eine Sonderform des Pemphigoid, das so genannte vernarbende Pemphigoid. Kennen Sie diese Erkrankung?

? ☐ ☐ ☐ ☺ 😐 ☹

Antwort: Das **vernarbende Pemphigoid** ist eine seltene Erkrankung des höheren Lebensalters. Klinisch imponieren fragile, leicht rupturierende Blasen der Schleimhäute des Oropharynx, seltener des Nasopharynx, des Ösophagus, des Rektums oder der Genitalia. 30% der Patienten weisen eine Mitbeteiligung der Haut auf.

Auch das Auge kann befallen sein. Dann spricht man auch von einem **okulär vernarbenden Pemphigoid**. Die ersten Symptome einer solchen Erkrankung können eine uni- oder bilaterale **Konjunktivitis** sein. Das Auge fühlt sich brennend oder trocken an, und es kann ein Fremdkörpergefühl bestehen. Bei länger anhaltendem Krankheitsprozess besteht die Gefahr der Narbenbildung und der Entstehung eines Symblepharon, also einer Verwachsung der Augapfel- und Lidbindehaut. Außerdem kann sich ein Entropion, also eine Einwärtsstülpung des Lidrandes, mit sukzessiver Trichiasis, also einer Einwärtswendung der Augenwimpern, bilden. Dieses hat dann Hornhautreizungen und kleinste Epithelverletzungen zur Folge, welche ihrerseits zu Neovaskularisationen, Ulzerationen und schließlich zur Erblindung führen.

Die immunsuppressive Behandlung ähnelt der des bullösen Pemphigoids. Zusätzlich kann die Narbenbildung chirurgische Interventionen und weitere supportive Therapie erforderlich machen.

!

Merke: Im Gegensatz zum bullösen Pemphigoid sind beim vernarbenden Pemphigoid vor allem die Schleimhäute betroffen.

☐ ☐ ☐ ?
☺ 😐 ☹

Frage: Welche Blasen bildende Dermatose tritt während der Schwangerschaft auf? Was wissen Sie über diese Erkrankung?

✚ Die Inzidenz der Erkrankung beträgt etwa 1:10.000 Geburten.

Antwort: Der **Herpes gestationis** ist eine **Autoimmunerkrankung**, die von seiner Pathogenese her dem bullösen Pemphigoid ähnelt. Auch hier findet man IgG-Antikörper gegen das BP-Ag1 und BP-Ag2. Entlang der Basalmembranzone finden sich Immunkomplex- und Komplementablagerungen, die wiederum eine inflammatorische Reaktion provozieren. Man nimmt an, dass bestimmte Amnion-Antigene diese fehlgeleitete Immunantwort auslösen. Hormonelle Faktoren können den Krankheitsverlauf beeinflussen.

Die Erkrankung beginnt meist im vierten bis siebten Schwangerschaftsmonat, kann aber auch schon im ersten Trimester oder postpartal auftreten. Sie betrifft die Haut, nicht die Schleimhäute, Haare, Nägel oder inneren Organe. Man findet herpetiform gruppierte Bläschen, ödematöse Papeln oder Urtikaria bevorzugt am Abdomen, aber auch an anderen Teilen des Körpers. Die Erkrankung bereitet der Schwangeren starkes Unwohlsein. Es ist umstritten, ob auch die fetale Entwicklung Schaden nehmen kann.

Die Diagnose wird klinisch gestellt und gegebenenfalls durch eine Histologie und Immunfloreszenz gesichert. Zur Behandlung können systemische **Glukokortikoide** eingesetzt werden, zum Beispiel 20-40 mg/Tag Prednisolon oral.

☐ ☐ ☐ ?
☺ 😐 ☹

Frage: Was fällt Ihnen zur Dermatitis herpetiformis Duhring ein?

tipp Der starke Juckreiz ist ein differentialdiagnostisch wichtiges klinisches Merkmal.

Antwort: Die **Dermatitis herpetiformis Duhring** ist eine chronische, periodisch über Jahre auftretende, mit starkem, teils brennendem **Juckreiz** einhergehende Hauterkrankung. Sie tritt bevorzugt auf den Streckseiten der Extremitäten, in der Glutäalregion und am Rumpf auf. Im Wesentlichen finden sich drei Primäreffloreszenzen: Papeln, Vesikel und Urtikaria. Diese formieren sich zu äußerst pruritischen Plaques. Die Erkrankung tritt häufig bei 30- bis 40-Jährigen auf, kann aber schon im Kindesalter beginnen. Männer sind doppelt so häufig betroffen wie Frauen.

> **Merke:** Die Dermatitis herpetiformis Duhring ist mit einer **glutensensitiven Enteropathie** vergesellschaftet.

!

Frage: Welche Pathogenese liegt der Dermatitis herpetiformis Duhring zugrunde?

Antwort: Die Dermatitis herpetiformis Duhring ist eine seltene Erkrankung, unklarer Ätiologie. Wahrscheinlich besteht eine genetische Disposition. Die Dermatitis herpetiformis Duhring ist in 80% der Fälle mit den Histokompatibilitätsantigenen HLA-B8 und DR3 assoziiert. Es besteht eine Überempfindlichkeit gegen Halogene, insbesondere Jod. Nahrungsmittel (z.B. Seefisch), Malignome und Infekte können die Hauterscheinungen hervorrufen.

Die Bildung von **IgA-Antikörpern gegen Retikulinfasern** im Dünndarm und in der Muskulatur kann sowohl in der oberen Dermis als auch in den Dünndarmzotten nachgewiesen werden, was eine autoimmunologische Komponente nahe legt. Es kommt zur Ablagerung von IgA in den dermalen Papillenspitzen und daraufhin zur Entstehung subepidermaler Blasen.

Frage: Wie kann die Dermatitis herpetiformis Duhring diagnostisch gesichert werden?

Antwort: Die histologische Untersuchung von frischen Hautläsionen reicht normalerweise aus, eine Verdachtsdiagnose zu stellen. Der Nachweis von IgA-Ablagerungen in der Dermis kann die Diagnose weiter sichern.

+ Spezifische Autoantikörper gegen Basalmembranbestandteile können bei der Dermatitis herpetiformis Duhring nicht nachgewiesen werden.

Frage: Wie werden die Hautveränderungen einer Dermatitis herpetiformis Duhring therapiert?

Antwort: Die Mittel der Wahl sind **Sulfone** (Diaminodiphenylsulfon = DADPS). Vor allem bei der Langzeitbehandlung sind Nebenwirkungen wie Methämoglobinbildung und hämolytische Anämie zu beachten. Dapson wurde ursprünglich zur Therapie der Lepra eingesetzt. Neben einer **glutenfreien Diät** können **lokale Glukokortikoide** möglichst unter Antibiotikaschutz appliziert werden. Gegen den Juckreiz helfen meist **Antihistaminika**.

Frage: Welche Differentialdiagnosen fallen Ihnen zur Dermatitis herpetiformis Duhring ein?

Antwort: Im Wesentlichen müssen andere Blasen bildende Hauterkrankungen für die Diagnose einer Dermatitis herpetiformis Duhring ausgeschlossen werden. Der mit dem Hautausschlag verbundene Juckreiz lässt differentialdiagnostisch insbesondere an die allergische Kontaktdermatitis, die Neurodermitis, Skabies, neurotische Exkoriationen, Urtikaria, das bullöse Pemphigoid und den Herper gestationis denken.

Frage: Welche weitere seltene bullöse Hauterkrankung kann klinisch der Dermatitis herpetiformis Duhring stark ähneln? Was fällt Ihnen zu dieser Erkrankung ein?

Antwort: Die **lineare IgA-Dermatose** ähnelt klinisch einer Dermatitis herpetiformis Duhring. Es finden sich gruppierte Blasen oder Papulovesikel, die an eine Dermatitis herpetiformis Duhring erinnern, manchmal auch prall gespannte Blasen auf geröteter Haut, die eher an ein bullöses Pemphigoid denken lassen. Die lineare IgA-Dermatose ist eine seltene bullöse Autoimmunerkrankung mit subepidermaler Blasenbildung. Kennzeichnend für diese Erkrankung ist eine homogene, **lineare Ablagerung von IgA-Antikörpern** entlang der **Basalmembran**. Im Gegensatz zur Dermatitis herpetiformis Duhring findet sich bei der linearen IgA-Dermatose eine sehr viel ausgeprägtere Blasenbildung. Der Juckreiz ist nicht ganz so ausgeprägt. Außerdem kann die Mundschleimhaut befallen sein, was schwere Erosionen und Ulzerationen nach sich ziehen kann.

Die lineare IgA-Dermatose ist wahrscheinlich identisch mit der so genannten **chronisch bullösen Erkrankung des Kindesalters**, die vor allem bei Kindern jünger als 5 Jahre auftritt. Auch bei dieser seltenen bullösen Autoimmunerkrankung findet man IgA-Ablagerungen entlang der Basalmembran.

Fallbeispiel: Ein 42-jähriger Patient leidet seit drei Monaten an Erosionen der Mundschleimhaut. Sie stören beim Essen und sprachen bisher nicht auf verschiedene Lokalbehandlungen mit Antifungiziden, Lokalkortikoiden und Desinfizientien an. Innerhalb der letzten zwei Wochen sind bullöse Hautveränderungen hinzugetreten, die den Patienten zum Arztbesuch veranlasst haben. Der Patient nimmt keine Medikamente ein. Die Familienanamnese ist negativ.

Der Patient befindet sich in gutem Allgemeinzustand und ist afebril. An der Mundschleimhaut lassen sich unregelmäßig begrenzte, schmerzhafte und erythematöse Erosionen erkennen. Die Lippen sind von einer bräunlichen Kruste bedeckt. Es finden sich krustöse Läsionen, runde Erosionen und einige schlaffe Blasen auf gesunder Haut. Die Läsionen sind nicht pruriginös und treten hauptsächlich im Bauchnabel-, Achsel- und Inguinalbereich auf.
Verschiedene Laborwerte wie Blutbild, Blutzucker, Bluteisen-, Nieren- und Leberwerte sind normal. Der bakterielle Abstrich einer Blase ist steril. Die Histologie zeigt eine suprabasale Blasenbildung. Um welche Erkrankung handelt es sich hier wahrscheinlich? Argumentieren Sie.

Antwort: Folgende Argumente sprechen für einen **Pemphigus vulgaris (PV):**
- Anfangs isolierter Schleimhautbefall
- Chronischer Verlauf ohne Tendenz zur Spontanheilung
- Allmähliche Ausweitung der Läsionen
- Relativ junges Alter des Patienten
- Existenz von schlaffen Blasen auf gesunder Haut
- Histologischer Nachweis einer suprabasalen Blasenbildung (↗ Foto 22)
- Keine Medikamenteneinnahme
- Abwesenheit von Juckreiz
- Abwesenheit einer Familienanamnese bullöser Dermatosen.

Frage: Durch welche Untersuchungen würden Sie Ihre Diagnose weiter sichern?

? ☐ ☺ ☐ 😐 ☐ ☹

Antwort:
- Die Diagnose lässt sich z. B. durch die Auslösung des **Nikolski-Phänomens** weiter sichern: Durch seitlichen Fingerdruck auf scheinbar nicht befallener Haut lassen sich die oberen Schichten wie ein Stück Papier von der Unterlage abschieben, was auf eine intraepidermale Spaltbildung hinweist.
- Zytodiagnostisch lassen sich im **Tzanck-Test** akantholytische Zellen nachweisen.
- Mit der **direkten Immunfluoreszenz (DIF)** finden sich bei über 90% der Erkrankten zirkulierende IgG-Antikörper gegen das PV-Antigen im Serum. Die Antikörpertiter stehen jedoch nicht immer mit der Krankheitsaktivität im Verhältnis. Jedoch sinkt der Titer bei klinischer Remission unter die Nachweisgrenze.
- Bei der **indirekten Immunfluoreszenz (IIF)** können IgG und Komplement (insbesondere von C3) in den Interzellulärräumen der Epidermis gefunden werden.

☐ ☐ ☐ ?
☺ 😐 ☹

Frage: Was versteht man unter einer Akantholyse?

Antwort: Als **Akantholyse** wird die Auflösung der Verbindung (durch Desmosomen) unter Keratinozyten verstanden. Dies führt zu einer intraepidermalen Spaltbildung und damit zur Blasenbildung, die sich histologisch nachweisen lässt. Die Akantholyse ist für die Diagnosestellung beim **Pemphigus vulgaris** beweisend.

☐ ☐ ☐ ?
☺ 😐 ☹

Frage: Wie wird der Tzanck-Test durchgeführt?

Antwort: Der **Tzanck-Test** ist ein wertvoller Schnelltest in der Diagnose bullöser Dermatosen. Vom Blasengrund wird nach vorsichtigem Eröffnen einer frischen Blase Gewebsmaterial entnommen. Es wird auf einen Objektträger aufgebracht und wie ein Blutbild gefärbt. Beim Pemphigus vulgaris finden sich die typischen **akantholytischen Epidermiszellen,** die **Tzanck-Zellen** genannt werden. **Ballonierend degenerierende Zellen** finden sich bei einer Virusgenese der Blasenbildung.

☐ ☐ ☐ ?
☺ 😐 ☹

Frage: Beschreiben Sie typische Hautläsionen und Prädilektionsstellen beim Pemphigus vulgaris!

Antwort: Man findet runde bis ovale Vesikel oder **Bullae** mit serösem Inhalt. Diese entstehen zunächst auf gesunder, eventuell leicht erythematöser Haut in zufällig anmutender Anordnung. Aufgrund ihres intraepidermalen Ursprungs **rupturieren** sie äußerst leicht, nässen und hinterlassen sehr schmerzhafte Erosionen, die zum Teil bluten und hämorrhagische Krusten hinterlassen. Kopfhaut, Gesicht, Thorakal- und Leistenregion, Axillae und Bauchnabel sind bevorzugt betroffen. Bei bettlägrigen Patienten ist besonders auch der Rücken von der Erkrankung betroffen. Auf Schleimhäuten sieht man Blasen und Bläschen selten. Hier findet man bevorzugt schmerzhafte Erosionen. Diese können unter anderem auftreten in Mund, Nase, Pharynx, Larynx und Vagina.

Typischerweise beginnt der Pemphigus vulgaris mit einem lokalen Befall der **Mundschleimhaut**. Dieser grenzt den Pemphigus vulgaris differentialdiagnostisch von anderen Spielarten des Pemphigus wie etwa dem Pemphigus foliaceus ab. Monate später entwickelt ein Teil der Patienten zusätzlich eine Hautbeteiligung. Ein generalisierter Befall von Haut und Schleimhaut kann sich nach 6 bis 12 Monaten einstellen. Es kann zu äußerst schmerzhaften Erosionen der Mundschleimhaut kommen, die teilweise die Nahrungsaufnahme unmöglich machen. Dadurch kann es bei prolongiertem Krankheitsverlauf zu Schwäche, starkem Krankheitsgefühl und Abmagerung kommen.

Frage: Worauf müssen Sie bei der Untersuchung von Patienten mit Verdacht auf Pemphigus vulgaris besonders achten?

? ☐ ☐ ☐ ☺ 😐 ☹

Antwort: Wichtige Differentialdiagnosen beim Pemphigus vulgaris sind das bullöse Pemphigoid und andere Blasen bildende Hauterkrankungen wie zum Beispiel die Dermatitis herpetiformis Duhring. Eine gründliche Anamnese und klinische Untersuchung sind wichtig, um die entsprechenden differentialdiagnostischen Überlegungen anstellen zu können. Bei der Anamnese sollte nicht vergessen werden, nach dem **Juckreiz** der Hautläsionen zu fragen. Starker Juckreiz, eventuell mit Kratzspuren wie bei der Dermatitis herpetiformis Duhring, spricht eher gegen die Diagnose eines Pemphigus vulgaris. Bei der körperlichen Untersuchung ist es wichtig, die Inspektion der **Mundschleimhaut** und der Konjunktiven nicht zu vergessen. Patienten mit Pemphigus vulgaris weisen meist von selbst auf vorhandene schmerzhafte Erosionen der Mundschleimhaut hin. Andererseits sind diese beim bullösen Pemphigoid nur selten anzutreffen. Auch die Durchführung von Nikolski- und Tzanck-Test können differentialdiagnostisch helfen.

Frage: Welche Pathogenese liegt dem Pemphigus vulgaris zugrunde?

? ☐ ☐ ☐ ☺ 😐 ☹

Antwort: Der Pemphigus vulgaris (PV) ist eine **Autoimmunerkrankung**. Zirkulierende Antikörper (IgG) werden im Interzellularraum an Oberflächenantigene der Epidermalzellen gebunden. Diese können sowohl immunhistologisch (DIF, ↗ Foto 22) als auch mittels indirekter Immunfluoreszenz im Serum nachgewiesen werden. Es wird diskutiert, dass sie im Interzellularraum proteolytische Fermente aktivieren und so eine Akantholyse bewirken, die zur Bildung von schlaffen Blasen führt.

Der Pemphigus vulgaris ist mit den HLA-Typen DR4 und DRw6 assoziiert und kann in Kombination mit anderen Autoimmunerkrankungen (z.B. Myasthenia gravis, Thymom) auftreten. Zu den auslösenden Faktoren zählen:

- Medikamente (z.B. Penicillamin, Tuberkulostatika, Analgetika)
- UV- und Röntgenstrahlen.

Frage: Gegen welche Proteine der Epidermis richtet sich die Immunreaktion beim Pemphigus vulgaris genau?

? ☐ ☐ ☐ ☺ 😐 ☹

Antwort: Man nimmt an, dass sich die initiale Immunreaktion beim Pemphigus im Wesentlichen gegen Strukturen der so genannten **Desmosome** richtet. Desmosome sind elektronenmikroskopisch sichtbare Zellmembranverdichtungen, die als Kontakt- und Verankerungsfläche zwischen Keratinozyten dienen. Entscheidend beteiligt an ihrer Struktur und Funktion sind Kalzium-bindende, transmembranöse Glykoproteine, die Desmogleine genannt werden und zur Familie desmosomaler **Cadherine** gehören. Beim Pemphigus vulgaris entwickeln Patienten Antikörper gegen Desmoglein 3. Diese bewirken einen Kontaktverlust von Keratinozyten der Schleimhäute und induzieren Blasenbildung (↗ Foto 22). Die Patienten stellen sich meist vor mit schmerzhaften Erosionen der Mundschleimhaut. Bei zusätzlicher Immunreaktion und Antikörperbildung gegen Desmoglein 1 kommt es außerdem zu einer Mitbeteiligung der Haut.

Manche Patienten entwickeln Antikörper lediglich gegen Desmoglein 1. Diese Patienten entwickeln eine Form des Pemphigus, die nur die Haut befällt, nicht jedoch die Schleimhäute. Diese Pemphigus-Variante nennt man **Pemphigus foliaceus**.

Der Pemphigus kann auch als paraneoplastische Erkrankung auftreten (**paraneoplastischer Pemphigus**). Bei dieser Erkrankung kann eine Vielzahl von Autoantikörpern auftreten. Darunter auch solche gegen Desmoglein 1, Desmoglein 3 und weitere desmosomale Proteine, wie die Proteine der Plakin-Familie.

Frage: Welche Varianten des Pemphigus kennen Sie? Erläutern Sie diese bitte kurz!

Antwort: Grob kann man die Pemphigus-Varianten klassifizieren als Pemphigus vulgaris- oder Pemphigus foliaceus-ähnlich. Daneben gibt es noch den paraneoplastischen Pemphigus:

- **Pemphigus vulgaris:** Die Patienten stellen sich meist initial mit schmerzhaften Erosionen der Mundschleimhaut vor. Bei Progression der Erkrankung kann auch die Haut mit betroffen sein.
- **Pemphigus vegetans:** Meist bei jüngeren Patienten auftretende Variante des Pemphigus vulgaris. Neben Blasen und Erosionen entwickeln die Patienten chronisch-vegetierende, verrukös-granulomatöse Plaques in intertriginösen Arealen.
- **Pemphigus foliaceus:** Diese Pemphigus-Variante befällt die Haut, nicht die Schleimhaut. Klinisch findet man so gut wie nie Blasen, sondern lediglich eine erythemtös veränderte Haut mit Erosionen und Krusten.
- **Pemphigus erythematosus:** Diese Form des Pemphigus nennt man auch **Senear-Usher-Syndrom.** Es handelt sich um eine lokalisierte Form des Pemphigus foliaceus, die vor allem die seborrhoeischen Körperregionen betrifft.
- **Fogo Selvagem (brasilianischer Pemphigus):** Eine Form des Pemphigus, die endemisch ist in einem Gebiet Südzentral-Brasiliens. Man spekuliert, dass das auslösende Agens von einem Arthropoden-Vektor verbreitet wird. Fogo Selvagem ähnelt klinisch, histologisch und immunhistochemisch dem Pemphigus foliaceus.

- **Arzneimittel-induzierter Pemphigus:** Arzneimittel-induzierte Hautveränderungen können klinisch einem Pemphigus vulgaris, Pemphigus foliaceus oder Pemphigus erythematosus ähneln. Krankheitsauslösende Medikamente sind zum Beispiel das **D-Penicillamin** und **Captopril**. Die Hauterscheinungen bilden sich in aller Regel nach Absetzen des Medikamentes wieder zurück.
- **Paraneoplastischer Pemphigus:** Diese Pemphigusform befällt vor allem die Schleimhäute. Die Hautläsionen ähneln klinisch und histologisch denen des Pemphigus vulgaris oder erinnern an das Erythema multiforme.

Frage: Wie lässt sich der Pemphigus von anderen bullösen Autoimmundermatosen abgrenzen?

? ☐ ☺ ☐ 😐 ☐ ☹

Antwort: Die anderen bullösen Autoimmunerkrankungen stellen die klinisch schwierigsten Differentialdiagnosen zum Pemphigus dar. Sie zeigen aber histologisch eine subepidermale Blasenbildung. Die indirekte Immunfluoreszenz und die direkte Immunfluoreszenz sind ebenfalls verschieden.

Klinisch lässt sich das **bullöse Pemphigoid** vom Pemphigus vulgaris durch das höhere Erkrankungsalter abgrenzen. Es finden sich pralle, zum Teil größere Blasen auf oft erythematöser Haut. Die Mundschleimhaut ist nur selten betroffen.

	Pemphigus vulgaris	Bullöses Pemphigoid	Dermatitis herpetiformis Duhring
Erkrankungsalter	30–60 Jahre	meist älter als 60 Jahre	20–50 Jahre
Geschlechtsverteilung	kein Unterschied	Frauen etwas häufiger	meist Männer
Hautbefall	schlaffe Blasen vorwiegend auf normaler Haut und Erosionen	pralle, meist große Blasen auf erythematöser Haut und Erosionen	gruppierte Bläschen auf erythematöser und urtikarieller Haut, Erosionen und Krusten
Prädilektionsstellen	Keine	Unterarmseiten, Achseln, Oberschenkel	Oberarme, Schultern, Glutäen, Oberschenkel
Schleimhautbefall	meistens, oft zuerst befallen (schmerzhaft)	selten	praktisch nie
Juckreiz	meist keiner	gelegentlich	stark (Kratzeffekte)
Nikolski-Phänomen I	positiv	negativ	negativ

	Pemphigus vulgaris	Bullöses Pemphigoid	Dermatitis herpetiformis Duhring
Nikolski-Phänomen II	positiv	positiv	negativ
Tzanck-Test	positiv (Tzank-Zellen)	negativ	negativ
Histologie	intraepidermale Blasen, Akantholyse	subepidermale Blasen	subepidermale Blasen

Tab. 10.1: Differentialdiagnose der wichtigsten bullösen Dermatosen

Von der **Dermatitis herpetiformis Duhring** sind im Gegensatz zum Pemphigus vulgaris meist Männer betroffen. Die Schleimhäute sind praktisch nie betroffen. Die herpetiformen kleinen Bläschen bei der **Dermatitis herpetiformis Duhring** finden sich in typischer Lokalisation an Oberarmen, Schultern, Glutäen und Oberschenkel. Die Läsionen sind von starkem Juckreiz begleitet und zeigen deshalb Kratzeffekte (Tab. 10.1).

Daneben sollte noch gedacht werden an: Toxisch bullöse Exantheme, Aphten sowie an einen erosiven Lichen ruber.

☐ ☐ ☐ ?
☺ 😐 ☹

Frage: Welches ist die Therapie der Wahl des Pemphigus vulgaris?

Antwort: Die Mortalität konnte von früher fast 100% auf heute unter 10% gesenkt werden: Begonnen wird mit einer hohen Dosis systemischer **Glukokortikoide** von 100–200 mg/Tag Prednisolon. Nach der Remission wird sie in eine niedrigere Erhaltungsdosis überführt. Bei Absetzen oder zu niedriger Dosierung kann es zu akuten Schüben kommen, die u.U. tödlich sind, da sie auch durch höchste Glukokortikoiddosen unbeeinflusst bleiben.

Um die Erhaltungsdosis der Kortikoide und damit deren Nebenwirkungen möglichst gering zu halten, werden sie mit **Immunsuppressiva** (z.B. Azathioprin 100–200 mg/die, Methotrexat, Cyclophosphamid, Cyclosporin A) kombiniert. Auf Nebenwirkungen der immunsuppressiven Therapie, wie Leukopenie, Nephrotoxizität und Infektanfälligkeit ist zu achten.

Die externe Therapie mit **antiseptischen** und **pflegenden Maßnahmen** (z.B. mit Farbstoffen) soll die Wundheilung fördern und eine sekundäre Infektion vermeiden.

Wenn es im unberechenbaren, eher chronischen Verlauf auch zu rezidivierenden Blasenschüben vor allem der Mundschleimhaut kommen kann, so besteht dennoch die Möglichkeit zur Spontanheilung bzw. Vollremission.

10.3 Kollagenosen

Frage: Welche Ursachen sind Ihnen für das Auftreten eines systemischen Lupus erythematodes bekannt?

Antwort: Der **systemische Lupus erythematodes (SLE)** ist eine klassische Autoimmunerkrankung. Unter den Kollagenosen bietet sie das variabelste klinische Bild. Sie tritt häufig im jugendlichen Erwachsenenalter auf. Frauen sind 8-mal häufiger betroffen als Männer.

- **Autoantikörper** gegen körpereigenes Gewebe und Zellen sind pathogenetisch und diagnostisch von Bedeutung.
- Die Bildung von **Immunkomplexen** ist mit verantwortlich für die Gewebeschäden in befallenen Organen.
- Für **genetische Faktoren** spricht eine familiäre Häufung (in etwa 10%) und ein gehäuftes Auftreten bei monozygoten Zwillingen. Ein systemischer Lupus erythematodes ist assoziiert mit den HLA-Antigenen B8, DR2, DR3, DQw1.
- Nach **Sonnenexposition** können sich die kutanen und systemischen Symptome des systemischen Lupus erythematodes verschlimmern.
- Die Auslösung eines systemischen Lupus erythematodes kann auch beeinflusst werden durch **Hormone, Infektionen** und **Medikamente**.

Frage: Welche Medikamente können ein Lupus erythematodes-ähnliches Bild auslösen?

Antwort: Zu den Medikamenten, die einen systemischen Lupus erythematodes induzieren können, zählen unter anderem:

- Procainamid
- Hydrazalin
- Isoniazid
- Methyldopa
- Viele andere Medikamente

✚ Charakteristisch für den durch Arzneimittel induzierten Lupus erythematodes sind Autoantikörper gegen Histone.

Frage: Welche Hautveränderungen finden sich beim systemischen Lupus erythematodes?

Antwort: Hautveränderungen treten in 75% der Fälle auf. Ein **Schmetterlingserythem** ist typisch (↗ Foto 23). Es finden sich uncharakteristische disseminierte Exantheme am Rumpf, eine Rötung mit Atrophie und Teleangiektasien mit kleinen **Hämorrhagien** im Bereich des Nagelwalls und über den Interphalangealgelenken sind charakteristisch. Die hämorrhagische Komponente dieser Hautveränderungen weist ebenso wie ein Raynaud-Syndrom, Livedo racemosa und Gangrän auf eine Immunkomplexvaskulitis hin. Auch die Schleimhäute können befallen sein. Der diffuse Haarausfall ist im Allgemeinen reversibel.

Frage: Welche Organe sind beim SLE neben der Haut betroffen?

Antwort: Oft steht die Beteiligung innerer Organe im Vordergrund. **Arthralgien** sind mit einer Häufigkeit von über 90% häufigstes Symptom des systemischen Lupus erythematodes. Sie betrifft meist die kleinen Gelenke der Hand und die Knie. Gelenkdeformitäten sind selten. Die Hälfte der Patienten klagt über Myalgien und generalisierte Lymphknotenschwellungen. Neben einer Pleuritis und Perikarditis kommt es bei 70% zu einer **Nierenbeteiligung**. Die Prognose des systemischen Lupus erythematodes hängt wesentlich von dem Verlauf und Schweregrad der **Lupusnephritis** ab. Auch Herz, Lunge, Leber und Milz können betroffen sein. Häufig tritt eine Anämie auf infolge einer verminderten Erythropoese. In 25% der Fälle kommt es zu einer ZNS-Beteiligung mit Polyneuritiden, Psychosen und Epilepsien.

Frage: Wie kann ein systemischer Lupus erythematodes gemäß der „American Rheumatism Association" diagnostiziert werden?

tipp Die ARA-Kriterien sind mancherorts beliebte mündliche Prüfungsfragen! Einige sollte man sich einprägen, z.B. Schmetterlingserythem, Arthralgien, Nierenbefall, ANA.

Antwort: Die Diagnose des systemischen Lupus erythematodes beruht auf dem Nachweis von vier der elf Kriterien der „American Rheumatism Association" (**ARA-Kriterien** von 1982):

- Schmetterlingserythem (↗ Foto 23)
- Läsionen des chronisch diskoiden Lupus erythematodes
- Photosensibilität
- Geschwüre der Mundschleimhaut
- Arthralgien oder Gelenkerguss
- Serositis (Pleuritis oder Perikarditis)
- Nierenbefall
- Beschwerden des Nervensystems, zum Beispiel Krampfanfälle oder Psychosen
- Hämolytische Anämie, Leukopenie oder Thrombopenie
- Immunologische Zeichen
- Antinukleäre Antikörper (ANA).

Frage: Welche immunologischen Befunde können beim Lupus erythematodes vorkommen?

Antwort: Bei 95% der an systemischem Lupus erythematodes Erkrankten lassen sich **Antinukleäre Antikörper** (ANA) mit der indirekten Immunfluoreszenz nachweisen. Diese Antikörper werden anhand der verschiedenen Zellkernbestandteile, gegen die sie gerichtet sind, differenziert. Insbesondere besitzen **Antikörper gegen native doppelsträngige DNS** hohe diagnostische Relevanz.

Auch Antikörper gegen Erythrozyten-, Granulozyten- und andere Blutzellmembranbestandteile können vorkommen. Sie sind z.T. verantwortlich für die hämolytische Anämie und andere Blutbildveränderungen.

Antikörper gegen Histone sind typisch für den **medikamenteninduzierten** Lupus erythematodes.

V.a. bei akuten Verlaufsformen können **zirkulierende Immunkomplexe** und eine **Verminderung der Komplementfaktoren** im Serum nachgewiesen werden. Die Ablagerung von Immunkomplexen führt zu einer **Immunkomplexvaskulitis** mit den entsprechenden Schäden an Haut, Nieren usw.

Frage: Von welchen Erkrankungen muss der systemische Lupus erythematodes sonst noch abgegrenzt werden?

? ☐ ☐ ☐ ☺ 😐 ☹

Antwort: Differentialdiagnostisch ist der **chronische diskoide Lupus erythematodes** (↗ Foto 24) vom systemischen Lupus erythematodes abzugrenzen. Dabei ist zu beachten, dass trotz Vorliegen typischer Hautbefunde erst die Kenntnis der Organbeteiligung, von Labor- und immunologischen Befunden zur Annahme einer Systemerkrankung berechtigt.

Ein systemischer Lupus erythematodes kann auch mit anderen Kollagenosen verwechselt werden, wie z.B. der **Dermatomyositis**, der **systemischen Sklerodermie** oder der **Mixed connective tissue disease**; ebenso auch Lupus-erythematodes-artige Arzneiexantheme und anuläre Erytheme.

Der systemische Lupus erythematodes muss bei isolierten Arthralgien von einer primär **chronischen Polyarthritis** abgegrenzt werden.

Frage: Welche Therapiemöglichkeiten haben Sie beim systemischen Lupus erythematodes?

? ☐ ☐ ☐ ☺ 😐 ☹

Antwort: Mit der systemischen Gabe von **Glukokortikoiden** lassen sich bei SLE meist gute Erfolge erzielen. Die hohe Initialdosis wird nach der Remissionsphase in Abhängigkeit von den Symptomen auf eine Erhaltungsdosis schrittweise erniedrigt.

Kortikoide können mit **Immunsuppressiva** wie Cyclophosphamid und Azathioprin kombiniert werden. Dauer und Dosierungen richten sich nach dem klinischen Bild und den wichtigen Laborparametern.

Zur Verminderung zirkulierender Immunkomplexe kann eine **Plasmapherese** durchgeführt werden.

☐ ☐ ☐ ?
☺ 😐 ☹

Frage: Zu welchen Hautveränderungen kommt es beim chronisch diskoiden LE?

Antwort: Beim **chronisch diskoiden Lupus erythematodes (CDLE)** finden sich im Gesicht schmetterlingsförmige, erhabene, randbetonte Erytheme. Zentral kann es zur Atrophie und Hyperkeratosen kommen (↗ Foto 24). Entfernt man die fest haftenden rauen Schuppen, ist an ihrer Unterseite ein rauer Sporn zu entdecken. Dieses so genannte **Tapeziernagelphänomen** ist typisch für den chronisch diskoiden Lupus erythematodes. Schulter, Dekolleté, Streckseiten der Arme und Hände können auch befallen sein.

Seltener sind die Schleimhäute betroffen. Die scheibenförmigen Erytheme sind bei Berührung oft schmerzhaft überempfindlich. Sie neigen an mechanisch exponierten Stellen zu Ulzerationen. Die Abheilung geht mit atrophischen Narben, Teleangiektasien und Pigmentverschiebungen einher. An der behaarten Kopfhaut kommt es zu einer narbigen Alopezie (Pseudopelade).

☐ ☐ ☐ ?
☺ 😐 ☹

Frage: Wie sieht die Histologie bzw. Immunhistologie beim chronisch diskoiden Lupus erythematodes aus?

Antwort: In der aktiven Phase des chronisch diskoiden Lupus erythematodes zeigt sich ein typisches histologisches Bild mit

- Vakuolisierender Degeneration der Basalschicht
- Hyperkeratose
- Hyperkeratotischen Pfröpfen der Haarfollikel
- Fleckigen, lymphozytären Infiltraten der Dermis, v.a. um die Haarfollikel.

Das im oberen Korium bestehende Ödem geht später in eine Sklerose über.

In der **direkten Immunfluoreszenz** zeigen sich granuläre bzw. wolkige **Ablagerungen** von **IgG und IgM**, seltener von IgA sowie von C3b und C3d. Sie finden sich **bandförmig** entlang der epithelialen Basalmembran (↗ Foto 24). Diese Erscheinung wird als **Lupusband** bezeichnet und ist in 90% der erkrankten Haut zu beobachten. Der so genannte Lupusbandtest ist in unbefallener Haut dagegen regelmäßig negativ. Dieses Lupusband findet sich gelegentlich auch bei anderen Erkrankungen der Haut, wie Rosazea, polymorphe Lichtdermatose, Lichen ruber und Porphyria cutanea tarda.

☐ ☐ ☐ ?
☺ 😐 ☹

Frage: Wie lassen sich die verschiedenen Lupus erythematodes-Formen im Vergleich miteinander einordnen?

Antwort: Neben dem systemischen Lupus erythematodes und dem chronisch diskoiden Lupus erythematodes gibt es als weitere Lupus erythematodes-Form noch den **subakuten kutanen Lupus erythematodes (SCLE)**. Er steht klinisch zwischen der systemischen und kutanen Form. Der subakute kutane Lupus erythematodes ist charakterisiert durch eine erhöhte Photosensibilität, Abheilung der Hautveränderungen ohne Narbenbildung und geringere Organbeteiligung als beim systemischen Lupus erythematodes. In der Hälfte der Fälle ist allerdings ein Übergang in den systemischen Lupus erythematodes möglich. Im Gegensatz zum systemischen Lupus erythematodes kommt der SCLE häufiger bei Männern vor. Beim subakuten kutanen Lupus erythematodes lassen sich antinukleäre Antikörper in 70–80% und Ro/SS-A-Antigene in 60% der Fälle nachweisen.

Frage: Welche Differentialdiagnosen kommen bei einem chronisch diskoiden Lupus erythematodes in Betracht?

? ☐ ☐ ☐ ☺ 😐 ☹

Antwort: Die histopathologischen Veränderungen der Haut beim chronisch diskoiden Lupus erythematodes entsprechen prinzipiell denen des systemischen Lupus erythematodes. Das immunhistologisch nachweisbare **Lupusband** (↗ Foto 24) findet sich beim chronisch diskoiden Lupus erythematodes nur in befallenen, lichtexponierten Bereichen. Beim systemischen Lupus erythematodes findet es sich jedoch in 40% der Fälle auch in gesunder Haut. Dies gilt als prognostisch ungünstiges Zeichen und deutet auf eine Nierenbeteiligung hin.

Es müssen ebenso ein Lupus vulgaris, ein seborrhoisches Ekzem, eine Sarkoidose und ein Pseudolymphom in die Differentialdiagnose mit einbezogen werden.

Frage: Wie sehen der Verlauf und die Therapie beim chronisch diskoiden Lupus erythematodes aus?

? ☐ ☐ ☐ ☺ 😐 ☹

Antwort: Ein chronisch diskoider Lupus erythematodes geht nur selten in einen systemischen Lupus erythematodes über. Er kann über Jahrzehnte bestehen und eine zunehmende Beeinträchtigung durch die Narbenbildung darstellen. Eine schwerwiegende Komplikation der Narbenbildung ist die Gefahr des **Narbenkarzinoms** nach jahrzehntelangem Verlauf. Bei kleinen Läsionen kann eine lokale oder intraläsionale Kortikoidtherapie durchgeführt werden.

Systemisch werden bei stärkerem Befall niedrig dosierte Antimalariamittel wie z.B. **Chloroquin** eingesetzt. Auf eine Retinopathie als Nebenwirkung bei Langzeitanwendung muss geachtet werden. Systemische Kortikoide und Immunsuppressiva werden nur in Ausnahmefällen gegeben.

Frage: Welche Symptome können bei einer Dermatomyositis auftreten?

Antwort: Die **Dermatomyositis (DM)** ist eine seltene Kollagenose, die in eine juvenile und adulte Form unterteilt werden kann. Die **adulte Form** wird nicht selten im Zusammenhang mit Malignomen beobachtet, weshalb sie auch den fakultativen Paraneoplasien zugeordnet wird. Vor allem bei der **juvenilen Form** kann es zu ausgedehnten Verkalkungen in Subkutis und Muskulatur kommen.

- Neben den **charakteristischen Hautveränderungen** können besonders zu Beginn der Erkrankung **Gelenkbeschwerden** auftreten.
- Meist beginnt die Dermatomyositis jedoch mit **Muskelschmerzen**, die dann in eine **zunehmende Muskelschwäche** im Bereich der Schulter- und Beckenmuskulatur übergeht. Typischerweise haben die Patienten Schwierigkeiten beim Kämmen, da die Arme nicht über den Kopf gehoben werden können. Auch das Treppensteigen oder das Aufstehen vom Stuhl kann schwer fallen.
- **Schleimhautveränderungen** äußern sich durch Ulzera an der Mundschleimhaut.

Frage: Welche Hautveränderungen finden sich bei der Dermatomyositis?

Antwort: Zu den Hautveränderungen bei einer Dermatomyositis zählen:

- Periorbitale Ödeme mit rötlich-livider Verfärbung
- Livide, unscharf begrenzte Erytheme v. a. an Stirn und Wangen
- Livid-rötliche, z.T. atrophische Plaques an Fingerrücken, Ellenbogen und Knien **(Gottronsche Papeln)**
- Atrophie und Teleangiektasien der Fingernagelfalze **(Keinigsches Zeichen)**.

Frage: Wie wird eine Dermatomyositis diagnostiziert?

Antwort:

- Bei den Laboruntersuchungen ist die **CK** bester Indikator für die Krankheitsaktivität. **LDH** und Aldolase sind ebenfalls erhöht.
- **Anti-PM1-Antikörper** sind meist nachweisbar. Antinukleäre Antikörper und Rheumafaktoren finden sich hingegen seltener.
- Die **Muskelbiopsie** ist der sicherste diagnostische Test.
- Im **Elektromyogramm** finden sich meist typische Abweichungen im Bereich der befallenen Muskeln.
- Die **Hautbiopsie** ähnelt der beim systemischen Lupus erythematodes.
- Bei Patienten über 50 Jahren ist eine **Tumorsuche** indiziert.

Frage: Welche Differentialdiagnosen kommen bei einer Dermatomyositis in Frage? Wie sieht die Therapie aus?

? ☐ ☐ ☐

Antwort: Als Differentialdiagnosen kommen in Frage:
- Verschiedene Formen der Muskeldystrophien
- Toxische oder endokrinologische Myopathien
- Toxoplasmose
- Trichinose
- Polymyositis, v.a. bei systemischem Lupus erythematodes oder Sklerodermie.

Therapiert wird mit:
- Systemischen Glukokortikoiden, evtl. in Kombination mit Immunsuppressiva (z.B. Methotrexat, Azathioprin, Chlorambucil).
- Ein evtl. zugrunde liegender Tumor sollte entfernt werden.
- Auf Bettruhe, eiweißreiche Ernährung und physikalische Therapie ist zu achten.

Frage: Was beschreibt der Begriff der Morphea?

? ☐ ☐ ☐

Antwort: Die **Morphea** wird auch als lokalisierte oder zirkumskripte Sklerodermie bezeichnet. Sie beschreibt einen sklerosierenden Hautbefall, der sich durch zunächst hellviolette, später elfenbeinfarbige, sklerotische und unscharf begrenzte Plaque bemerkbar macht. Subkutan gelegene Gewebsstrukturen wie Fettgewebe, Faszien, Muskelgewebe und Knochen können ebenfalls betroffen sein und atrophieren. Unter dem Begriff der Morphea lassen sich verschiedene klinische Manifestationsformen der Sklerodermie zusammenfassen.

Die Morphologie der Hautläsionen kann rund-oval oder bandförmig-linear sein. Dementsprechend existieren die aus dem Französischen abgeleiteten Begriffe der **Sklerodermie en plaque** und der **Sklerodermie en bandes**. Die frontoparietal-linear auftretende Sklerodermie des Kopfes, die mit oder ohne Hemiatrophie des Gesichtes in Erscheinung treten kann, wird auch als **Sklerodermie en coup de sabre** bezeichnet. Ferner gibt es generalisierte Formen der Morphea, die weite Teile der Haut betreffen können. Bei der pansklerotischen Form können Dermis, Fettgewebe, Faszien, Muskeln und Knochen von einer Atrophie befallen sein.

Frage: Mit welcher Infektionserkrankung wird die Morphea in Verbindung gebracht?

? ☐ ☐ ☐

Antwort: Die Ätiologie der Morphea ist unbekannt. Es wird vermutet, dass eine Infektion mit **Borrelia burgdorferi** die Entstehung einer Morphea verursachen kann. Dieser Vermutung entsprechend können sich Borreliose und Morphea nach konsequenter Antibiotikatherapie wieder zurückbilden. Nur bereits indurierte, sklerotische Veränderungen und gegebenenfalls vereinzelte postinflammatorische Hyperpigmentationen bleiben bestehen. Auch nach onkologischer Strahlentherapie der Mamma ist es zu einem Auftreten von Morphea-artigen Hautveränderungen gekommen.

Darüber hinaus besteht eine Assoziation zwischen **Lichen sclerosus et atrophicus**, Morphea und Borrelia-burgdorferi-Infektion.

! **Merke:** Die Morphea und der Lichen sclerosus et atrophicus können im Zusammenhang mit einer Borrelia-burgdorferi-Infektion auftreten.

□ □ □ ☺ 😐 ☹ ?

Frage: Beschreiben Sie die typischen Hautveränderungen bei der Morphea!

Antwort: Die Plaques der Morphea, die sich initial entwickeln, sind rund bis oval, hellviolett, unscharf begrenzt, sklerotisch-induriert und einige Zentimeter im Durchmesser. Sie lassen sich meist besser erfühlen als sehen. Nach einiger Zeit wird ihre Oberfläche atrophisch, hypästhetisch, glatt, glänzend, elfenbeinfarbig mit einer lilafarbigen Begrenzung. Haarfollikel und Schweißdrüsen atrophieren und verschwinden. Teleangiektasien können entstehen. Subkutan gelegene Gewebsstrukturen wie Muskeln und Knochen können atrophieren, was zu Wachstumsstörungen und Beugekontrakturen führen kann. Eine Mitbeteiligung der Kopfhaut kann eine vernarbende Alopezie zur Folge haben.

□ □ □ ☺ 😐 ☹ ?

Frage: Wie diagnostiziert und behandelt man eine Morphea?

Antwort: Zunächst sollte durch **serologische Tests** eine Borrelia-burgdorferi-Infektion ausgeschlossen werden. Weiterhin kann eine **Hautbiopsie** die Diagnose sichern.

Die Erkrankung kann langsam progredieren oder spontan in Remission gehen. Es gibt keine etablierten Therapieformen. Bei Nachweis einer Borrelien-Infektion sollte eine **Antibiotikatherapie** mit hochdosiertem Penizillin oder Ceftriaxon durchgeführt werden. Experimentelle Therapieansätze beinhalten die **Phototherapie** mit UVA-1 (340 bis 400 nm). Man stellt sich vor, dass UVA-1 die Expression von interstitiellen Metalloproteasen induziert (z.B. die Matrix Metalloproteinase 1, kurz MMP-1). Diese Enzyme besitzen die Fähigkeit, Kollagen I und III zu zerstören und die Haut vor einer Kollagen-Überproduktion zu schützen. Dieser Therapieansatz ist jedoch umstritten und hat vielerlei Nebenwirkungen.

Fallbeispiel: Eine 46-jährige Frau leidet seit 5 Jahren an einem Raynaud-Syndrom, von dem alle Finger der linken Hand betroffen sind. Sie klagt über Arthralgien der Finger- und Handgelenke. Die Patientin hat weder eine Dysphagie noch eine Verdauungsstörung. Bei der Untersuchung finden sich eine Hautsklerose der Finger, die sich bis über die Handrücken erstreckt, eine Amimie mit einer spitzen Nase und schmalen Lippen (↗ Foto 25).
Der Mund lässt sich nur begrenzt öffnen. Die Haut im Dekolletébereich ist nur schwer faltbar. Es finden sich Teleangiektasien periungual und im Gesicht. Die weiteren Befunde sind normal, die Lungenauskultation unauffällig. Es liegen keine Gelenkdeformitäten vor.
Zu welchen diagnostischen Überlegungen veranlassen Sie die Befunde?

☐ ☐ ☐
☺ 😐 ☹

Antwort: Am wahrscheinlichsten lässt sich eine **progressive systemische Sklerodermie** als Diagnose annehmen, die mit einem Raynaud-Syndrom assoziiert ist. Diese Erkrankung wird in eine ödematöse und eine entzündliche Phase eingeteilt. Der Altersgipfel liegt bei 40–60 Jahren. Im vorliegenden Fall ist anzunehmen, dass es sich um eine **Akrosklerose** handelt, die häufigste Verlaufsform der progressiven systemischen Sklerodermie. Ihr geht meist ein Raynaud-Syndrom um Jahre voraus. Die in diesem Fall beschriebenen periugualen Teleangiektasien sind ebenfalls ein typisches Frühsymptom.

Frage: Auf welche klinischen Erscheinungen ist bei der Sklerodermie zu achten?

? ☐ ☐ ☐
☺ 😐 ☹

Antwort: Die **Hautmanifestationen** beginnen an Händen und am Gesicht (↗ Foto 25): Zuerst findet sich eine teigige, ödematöse entzündliche Schwellung und Rötung der Haut. Später ist sie gespannt und spiegelnd-glänzend. Die sklerotische Schrumpfung hat eine eingeschränkte Gelenkbeweglichkeit mit Beugekontrakturen zur Folge.

Weiter ist zu achten auf:
- Verstümmelungen und Verschmälerungen der Finger (Madonnenfinger)
- Fingerkuppennekrosen (Rattenbissnekrosen)
- Verkleinerung der Mundöffnung (Mikrostomie)
- Maskenhafter Gesichtsausdruck (Amimie)
- Verkürzung und Verdickung des Zungenbändchens (Frenumlumsklerose)
- Heiserkeit durch Larynxbefall.

Die Sklerosen weiten sich fortschreitend auf die proximalen Extremitäten und den Stamm aus, sodass der Erkrankte schließlich wie eingemauert ist.

Die Diagnose wird bestätigt durch den **Nachweis von antinukleären Antikörpern**, die in über 95% positiv sind. Neben den klinischen Symptomen und der Organbeteiligung zeigt auch die Histologie ein typisches Bild.

☐ ☐ ☐ ?
☺ 😐 ☹

Frage: Welche Bedeutung hat die **Ösophagusbeteiligung** im Zusammenhang mit einer Sklerodermie?

Antwort: Eine Beteiligung des Ösophagus deutet meist auf die **diffuse Form der Sklerodermie**, bei der sich die zunächst stammbetonte Sklerose rasch zentrifugal ausdehnt. Hautsklerose und Organbeteiligung schreiten rascher fort als beim Akrosklerose-Typ.

Zu den wichtigsten Organbeteiligungen mit ihren Symptomen der progressiven systemischen Sklerose gehören (Tab. 10.4):

Organbeteiligung	Symptome
Ösophagussklerose	Dysphagie, Refluxösophagitis
Lungenfibrose	Dyspnoe, Restriktive Veränderungen
Herzbeteiligung	Rhythmusstörungen, Insuffizienz
Nierenbeteiligung	Hypertonie
Polymyositis	Muskelschmerzen, Muskelschwäche
Gelenkveränderungen	Schmerzen, Schwellungen
Sjörgen-Syndrom	Mundtrockenheit

Tab. 10.2: Organbeteiligungen bei der progressiven systemischen Sklerose

✚ Beim CREST-Syndrom kommt es häufiger zu einer pulmonalen Hypertonie verglichen mit der systemisch progressiven Verlaufsform.

Häufig ist die Ösophagusbeteiligung auch beim **CREST-Syndrom**, einer benignen Verlaufsform der Sklerodermie, anzutreffen (↗ Foto 26).

Die Buchstaben CREST stehen für:

- **C**alcinosis
- **R**aynaud-Symptomatik
- **E**sophageale Dysmotilität
- **S**klerodaktylie (Akrosklerose)
- **T**eleangiektasien.

Es finden sich gehäuft Zentromerenantikörper.

!

Merke: Das CREST-Syndrom ist eine benigne Verlaufsform der Sklerodermie.

Frage: Welche Ätiologie liegt der Sklerodermie zugrunde?

? ☐ ☐ ☐ ☺ 😐 ☹

Antwort: Die eigentliche Ursache dieser Erkrankung ist unbekannt. Jedoch werden verschiedene Hypothesen auf folgenden vier Ebenen diskutiert:

- **Störung der Kollagensynthese:** Vermehrung von Kollagenfibrillen bei erhöhter Kollagensyntheserate
- **Immunologische Störung:** Ursache der Autoantikörperproduktion unbekannt, manchmal Depression der T-Zellfunktion
- **Genetische Disposition:** Assoziation mit HLA-B8 und -DR3
- **Vaskulopathie:** Teleangiektasien, Raynaud-Syndrom, Fingerkuppenulzerationen und Gangrän weisen auf eine primäre Vaskulopathie hin.

Frage: Welche Therapiemöglichkeiten stehen Ihnen zur Verfügung?

? ☐ ☐ ☐ ☺ 😐 ☹

Antwort: Die progressive systemische Sklerodermie ist eine chronische Erkrankung, die langsam progredient fortschreitet. Die 10-Jahres-Überlebensdauer liegt bei etwa 60%. Die Therapie ist schwierig und oft wenig erfolgreich. Neben **Glukokortikoiden** in mittlerer Dosierung oft in Kombination mit **Immunsuppressiva** werden **Antiphlogistika** insbesondere bei Gelenkschmerzen eingesetzt.

Zur positiven Beeinflussung der vaskulären Komponente werden **Kalziumantagonisten, Thrombozytenaggregationshemmer** und **Vasodilatatoren** angewendet. Therapieversuche mit **Gamma-Interferon** wurden durchgeführt. Guter Kälteschutz und krankengymnastische Begleitbehandlung sind sinnvoll und notwendig.

11 Hautveränderungen bei Erkrankungen des Stoffwechsels und der inneren Organe

11.1 Stoffwechselstörungen

☐ ☐ ☐ ?
☺ 😐 ☹

Frage: Wie wird eine Porphyria cutanea tarda hervorgerufen?

tipp Die Porphyria cutanea tarda wird gerne im schriftlichen und mündlichen Staatsexamen abgefragt.

✚ Bei homozygotem UROD-Defekt ist die Fähigkeit der Leber, die Hämbiosynthese aufrechtzuerhalten, stark reduziert. Es kommt zu einer Anreicherung von Porphyrinen in Leber und Knochenmark. Diese sog. **hepatoerythropoetische Porphyrie** (HEP) ist sehr selten.

Antwort: Die **Porphyria cutanea tarda** (PCT) ist die häufigste Porphyrie und tritt bei **1%** der Bevölkerung hauptsächlich im Erwachsenenalter auf. Die Erkrankung beruht auf einem **Enzymdefekt** der **Uroporphyrinogen-Decarboxylase** (UROD) der Leber. Dieses Enzym spielt eine wichtige Rolle bei der hepatischen Synthese von Häm. Bei Patienten mit PCT ist die hepatische Aktivität des Enzyms reduziert, entweder durch das Vorliegen eines heterozygoten UROD-Gendefektes oder durch die Inaktivierung hepatischer UROD durch Lebergifte oder durch eine Kombination aus beiden Faktoren. Typische Lebergifte (so genannte **Manifestationsfaktoren**), die eine PCT auslösen können, sind:

- Alkohol
- Eisen
- Hepatitis C
- Östrogen-Präperate
- Arzneimittel und Chemikalien

Die PCT tritt häufiger bei Männern als bei Frauen auf. Eventuell ist dies die Folge eines höheren Alkoholkonsums bei Männern. Bei Frauen kann eine PCT durch die Einnahme von Östrogen-Präparaten ausgelöst werden.

☐ ☐ ☐ ?
☺ 😐 ☹

Frage: Welche Hautveränderungen finden sich bei einer Porphyria cutanea tarda? Welche Laboruntersuchungen helfen Ihnen bei der Diagnose?

Antwort: Nach **Lichtexposition** erscheinen Blasen und Bläschen auf wenig gerötetem Grund. Sie sind mit einer serös-hämorrhagischen Flüssigkeit gefüllt und reißen leicht ein (↗ Foto 27).

Dadurch entstehen Erosionen und Ulzerationen, die unter Narbenbildung abheilen. Bevorzugt betroffen sind lichtexponierte und mechanisch belastete Bereiche wie Handrücken, Unterarme und Gesicht. Es besteht eine erhöhte Verletzlichkeit der Haut.

Die klinische Präsentation eines Patienten ist sehr charakteristisch und sollte eine labormedizinische Abklärung nach sich ziehen. Die Bestimmung des **Gesamt-Plasmaporphyrins** (normal < 1 mg/dL) ist ein guter Screeningtest für kutane Porphyrien. Im Gegensatz dazu sind Stuhl- und Urinporphyrine bei vielen anderen Erkrankungen ebenfalls erhöht.

✚ Entspricht die Klinik einer PCT bei nicht-erhöhtem Gesamt-Plasmaporphyrin, spricht man von einer „**Pseudoporphyrie**". Hier kann eine nicht-porphyrinartige, photosensibilisierende Substanz (z. B. Medikamente) die Hauterscheinungen verursachen (z. B. Furosemid).

Merke: Eine Plasmaporphyrinkonzentration von > 10 mg/dL ist hochverdächtig auf das Vorliegen einer PCT.

Frage: Wie therapiert man eine Porphyria cutanea tarda?

Antwort: Die Behandlung mit Aderlass und niedrig dosiertem Chloroquin (2-mal 125 mg pro Woche) weisen fast immer gute Erfolge auf. Andere Porphyrien wie die Porphyria variegata, Pseudoporphyrie, hepatoerythropoetische und kongenitale erythropoetische Porphyrie sollten ausgeschlossen werden, da sie *nicht* auf die Behandlung ansprechen. PCT-Patienten sollten außerdem lebertoxische Substanzen meiden. Dazu zählen Alkohol, Östrogene und Eisen.

Frage: Welche Formen von Xanthomen kennen Sie, und wann kommen sie vor?

Antwort: Bei erhöhten **Blutfettwerten**, insbesondere bei Hypercholesterinämie, werden Lipide in die Unterhaut eingelagert. Es handelt sich dabei um weiche und gelbliche Knötchen, die **Xanthome** genannt werden. Sie kommen relativ häufig vor und werden zum Teil vererbt. Xanthome können auch sekundär bei Nephrosen, Myxödemen und anderen Erkrankungen unabhängig von den Blutfettwerten vorkommen.

Folgende Formen werden unterschieden:
- **Xanthelasmen** treten meist bilateral und symmetrisch auf. Es sind gelbe flache Plaques, die häufig am inneren Augenwinkel vorkommen. Meist stellen sie eine örtliche Stoffwechselstörung dar, ohne Hinweis auf eine Hyperlipidämie.
- **Plane Xanthome** imponieren als gelbliche, flache und manchmal kaum palpable Lipideinlagerungen am Rumpf. Meistens liegt ihnen aber keine Fettstoffwechselstörung zugrunde. Sie können gehäuft bei Lymphomen, Leukämie und multiplen Myelomen auftreten.

- **Sehnenxanthome** sind gelbliche feste Knoten an den Sehnen, Ligamenten und Faszien. Sie finden sich hauptsächlich an den Streckseiten der Finger, Hände, Knie und Ellenbogen.
- In Abhängigkeit von der zugrunde liegenden Fettstoffwechselstörung und der Hautveränderung gibt es auch noch **tuberöse, eruptive** und **disseminierte Xanthome**.

Fallbeispiel: Ein 70-jähriger Patient stellt sich wegen Ruheschmerzen in Knie- und Fingergelenken bei seinem Hausarzt vor. Er berichtet, er leide schon seit Jahren unter diesen Attacken. Anamnestisch gibt er an, seit Jahrzehnten Alkohol und Nikotin zu konsumieren. Die klinische Untersuchung zeigt Kniegelenksergüsse beidseits sowie subkutane, prall-elastische Raumforderungen über beiden Knie- und Fingermittelgelenken. Die Punktion des rechten Kniegelenks zeigt einen leicht trüben entzündlichen Erguss mit 8000 Leukozyten pro mm^3 und 93% Granulozytenanteil. Die Polarisationsmikroskopie weist eine große Zahl nadelförmiger, negativ-doppelbrechender Kristalle nach. Laboruntersuchungen ergeben ein erhöhtes CRP (160 mg/L), Leukozytose (16000/mL) und Hyperurikämie (635 mmol/L). Leber- und Nierenwerte sind im Normbereich.
An welcher Erkrankung leidet der Patient?

Antwort: Der Patient leidet wahrscheinlich an einer Gicht. Hinweise auf das Vorliegen einer Gicht liefern:

- Der inflammtorische – aber nicht septische – Kniegelenkserguss mit weniger als 50000 Leukozyten pro mm^3 und mehr als 50% Granulozytenanteil im Punktat. Bei einer septischen Arthritis würde man mehr als 50000 bis 100000 Leukozyten erwarten, außerdem wäre das Punktat stark trüb und lichtundurchlässig.
- Das Ergebnis der Polarisationsmikroskopie mit nadelförmigen, negativ-doppelbrechenden Kristallen. Hier kann man differentialdiagnostisch eine Pseudogicht (Calciumpyrophosphat-Kristalle) abgrenzen. Bei ihr würde man schwach positiv-doppelbrechende, rhombusförmige Kristalle erwarten.
- Die bei dem Patienten zu findenden subkutanen Raumforderungen – so genannte **Gicht-Tophi**. Hierbei handelt es sich um Ablagerungen von Harnsäurekristallen nach chronischer Erkrankung.

Frage: Welche Stoffwechselstörung liegt der Gicht zugrunde und welche Hauterscheinungen kann sie verursachen?

Antwort: Die **Gicht** ist eine Störung des Harnsäurestoffwechsels, die mit der Ablagerung von Harnsäurekristallen in verschiedenen Geweben und Organen einhergeht. Es sind vor allem Männer über 40 Jahre betroffen.

- Die **akute Gicht** geht in 90% der Fälle mit einer Arthralgie am Großzehengrundgelenk einher. Es finden sich typische Entzündungszeichen im befallenen Bereich.
- Bei der **chronischen Gicht** kommt es durch wiederholte Attacken zu dauernden Gelenkveränderungen. Sie gehen oft mit der Ablagerung von Harnsäurekristallen in der Subkutis über den Gelenken und an den Ohrmuscheln einher. Die so entstandenen schmerzlosen Knötchen werden Tophi genannt.

11.2 Paraneoplasien

Frage: Nennen Sie Hautveränderungen, die ein paraneoplastisches Syndrom darstellen und unterscheiden Sie dabei zwischen obligaten und fakultativen Paraneoplasien.

? ☐ ☺ ☐ 😐 ☐ ☹

Antwort: Als **obligate Paraneoplasien** werden die kutanen Paraneoplasien bezeichnet, die so gut wie immer mit einem Malignom assoziiert sind.

- Acanthosis nigricans maligna
- Paraneoplastische Akrokeratose
- Erythema gyratum repens
- Erythema necroticans migrans
- Hypertrichosis lanuginosa aquisita.

Fakultative Paraneoplasien hingegen sind mit unterschiedlicher Häufigkeit mit einem Malignom vergesellschaftet:

- Dermatomyositis
- Bullöses Pemphigoid
- Dermatitis herpetiformis Duhring
- Erythrodermien
- Thrombophlebitis migrans.

Frage: Was ist eine Acanthosis nigrans maligna und bei welchen Tumoren kommt sie gehäuft vor?

? ☐ ☺ ☐ 😐 ☐ ☹

Antwort: Die **Acanthosis nigricans maligna** ist ein häufiges paraneoplastisches Syndrom. Dabei kommt es zu einer symmetrischen, braunschwarz pigmentierten papulös-verrukösen Hautveränderung. Sie tritt hauptsächlich in den großen Beugen auf (↗ Foto 28). Auch Hals und Streckseiten der Extremitäten können im fortgeschrittenen Stadium befallen sein.

tipp Die Acanthosis nigricans wird gerne im schriftlichen Staatsexamen abgefragt!

Die Acanthosis nigrans ist meist mit einem **Adenokarzinom des Magen-Darm-Traktes** assoziiert. Sie kann aber auch prinzipiell bei jedem malignen Tumor oder jeder malignen Systemerkrankung vorkommen.

11.3 Endokrine Störungen

Frage: Was ist ein prätibiales Myxödem?

Antwort: Ein **prätibiales Myxödem** kann im Rahmen einer Hypothyreose an den Unterschenkelstreckseiten auftreten. Es kommt dabei zu einer livid-roten Infiltration der Haut, des subkutanen Fettgewebes und des Muskelgewebes.

Das Ödem ist derb-elastisch und ist typischerweise nicht eindellbar (so genannte **Elefantenhaut**). Histologisch finden sich Ablagerungen von Mukopolysacchariden in der Interzellularsubstanz. Oft kann es mit einem Exophthalmus oder Trommelschlegelfingern einhergehen.

Frage: Welche Hauterkrankungen kommen bei Diabetikern gehäuft vor?

Antwort: Zu den **Hautveränderungen**, die im Zusammenhang mit einem **Diabetes mellitus** häufig vorkommen, gehören:

- Pyodermien: z.B. Follikulitis, Impetigo, Erysipel
- Mykosen: z.B. Candidamykosen, Pityriasis versicolor, trophische Ulzera
- Necrobiosis lipoidica
- Diabetische bullöse Dermatose
- Diabetische Dermographie (erythematöse Maculae)
- Herpes zoster.

Frage: Wie sind die Läsionen bei einer Necrobiosis lipoidica geartet?

Antwort: Die **Necrobiosis lipoidica** ist eine relativ häufige Erkrankung, die meist im mittleren Lebensalter auftritt. Über die Hälfte der Erkrankten sind **Diabetiker**. Hauptsächlich an der Unterschenkelstreckseite finden sich scharf begrenzte rotbräunliche Plaques (↗ Foto 29). Durch die Lipoideinlagerungen kommt es während ihrer Größenzunahme zu einer gelblichen Atrophie mit Teleangiektasien. Die Läsionen sind unter das Hautniveau eingesunken und nicht selten von einem rötlichen Rand umgeben.

12 Erythematöse und erythematosquamöse Erkrankungen

12.1 Psoriasis

Fallbeispiel: Ein 39-jähriger Patient stellt sich bei seinem Hausarzt mit seit längerem bestehenden Hautveränderungen vor. Bei der körperlichen Untersuchung finden sich leicht juckende, schuppige Hautveränderungen wie auf Foto 30. Betroffen sind der Rücken über der Steißbeinregion, Rima ani, der Genitalbereich und die Streckseiten der Extremitäten. Auch die Kopfhaut scheint betroffen. Es findet sich kein Haarausfall. Einzelne Schuppen lassen sich durch vorsichtiges Kratzen lösen wie das Wachs von einer Kerze. Die darunter liegende Haut erscheint glänzend und trocken. Durch das Entfernen von Schuppen entstehen kleine punktförmige Blutungen. Finger- und Zehennägel weisen Veränderungen auf, die denen auf Foto 31 entsprechen. Pusteln oder Gelenkbeschwerden finden sich keine. Der Patient erklärt, er leide psychisch stark unter den Hautveränderungen und versuche, diese so gut es geht zu verstecken. Die Erkrankung beeinflusse sein soziales Verhalten. Er fühle sich unsicher im Umgang mit anderen Menschen.
An welcher Erkrankung leidet der hier beschriebene Patient am wahrscheinlichsten?

Antwort: Folgende Argumente sprechen für eine **Psoriasis vulgaris** (Syn.: Schuppenflechte):

- Bei dem Patienten finden sich morphologisch typische entzündliche **hyperkeratotische Plaques** mit einer weiß-silbrigen, lockeren, groblamellärer Schuppung (↗ Foto 30). Man spricht auch von **erythemato-squamösen Effloreszenzen**. Die Einzelherde können konfluieren und in Größe und Form sowie in der Stärke der Schuppung stark variieren.
- Typische Prädilektionsstellen der Psoriasis vulgaris wie **Steißbeinregion**, **Rima ani**, der **Genitalbereich**, die **Streckseiten der Extremitäten** und die **Kopfhaut** sind betroffen. Der Befall ist **bilateral** und **symmetrisch.** Ein Haarausfall findet sich nicht.
- Die klinische Untersuchung der Plaques zeigt typische Merkmale psoriasiformer Hautveränderungen, nämlich:
  - **Kerzenfleck-Phänomen** (Wachsgefühl bei Schuppenentfernung)
  - **Phänomen des letzten Häutchens** (glänzende Haut unter den Schuppen)

– **Auspitz-Phänomen** (punktförmige Blutungen aus Kapillaren)
- Es finden sich typische Nagelveränderungen (↗ Foto 31), nämlich:
  – **Tüpfelnägel** (Eindellungen der Nagelplatte)
  – **Ölflecke** (gelb-bräunliche Verfärbungen der Nagelplatte)
  – **Onycholyse** (Lösen des Nagels vom Nagelbett)
- Der Patient leidet psychisch stark unter den entstellenden Hauterscheinungen.

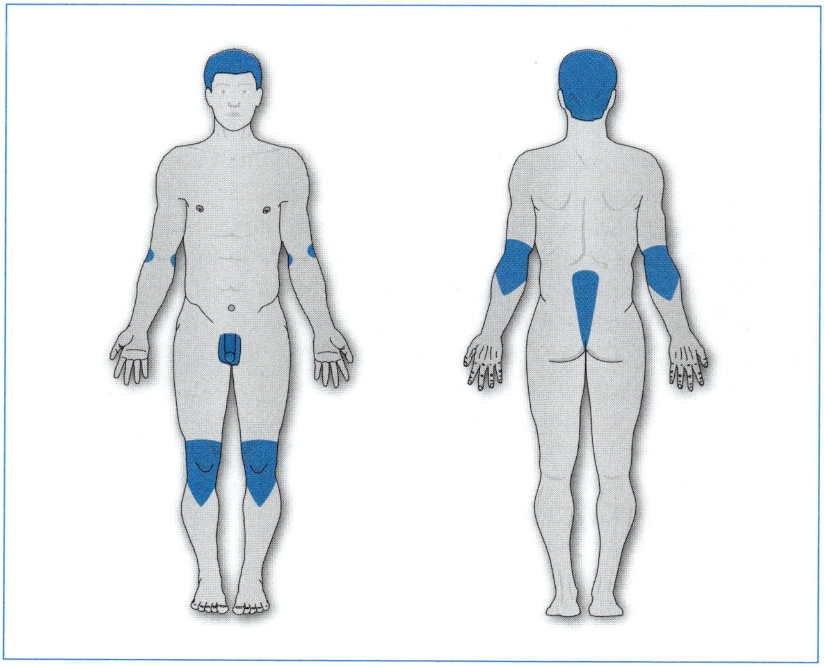

Abb. 12.1: Prädilektionsstellen der Psoriasis vulgaris

☐ ☐ ☐ ?
☺ 😐 ☹

Frage: Erläutern Sie die **Nagelveränderungen** bei Psoriasis etwas detaillierter!

Antwort: Folgende Veränderungen der Nägel kommen bei Psoriasis vor (↗ Foto 31):
- **Tüpfelnägel:** Häufig kommt es zu multiplen, kleinen Eindellungen der Nagelplatte. Diese unspezifische Erscheinung kann auch bei Ekzemerkrankungen und selten auch bei normalen Nägeln vorkommen.
- **Ölfleck:** Es finden sich gelblich-bräunliche Flecke. Sie werden durch die subunguale Lage eines Psoriasis-Herdes hervorgerufen.
- **Onycholyse:** Bei stark ausgeprägtem Befall des Nagelbettes wird der Nagel abgehoben. Bei Psoriasis-Herden am Nagelwall kann das Nagelhäutchen fehlen.

Aus kosmetischen Gründen können Nagelveränderungen den Patienten stark belasten. Nägel sprechen nur sehr langsam oder überhaupt nicht auf die meisten Therapeutika an. Kortikosteroid-Injektionen in die Nagel-Matrix können manchmal erfolgreich sein. Auch manche systemischen Immuntherapeutika wie Methotrexat oder Cyclosporin sind gelegentlich wirksam. Wegen des raschen Wachstums von Epidermis und Nagelmatrix bei Psoriasisbefall wachsen erkrankte Nägel schneller als gesunde.

Frage: Der Nachweis welcher Phänomene ist für eine Psoriasis von diagnostischem Wert?

? ☐ ☐ ☐ ☺ 😐 ☹

Antwort: Nur der sichere Nachweis des Phänomens des letzten Häutchens und des Auspitz-Phänomens erlauben die Diagnose einer Psoriasis im Zusammenhang mit den typischen Hautveränderungen.

Zu den Phänomenen, die für eine Psoriasis charakteristisch sind, gehören:

- **Kerzenfleck-Phänomen:** Bei vorsichtigem Kratzen an einer Läsion lösen sich die Schuppen ähnlich wie das Wachs an einer Kerze.
- **Phänomen des letzten Häutchens:** Nach dem Entfernen der Schuppen wird ein glänzendes und trockenes Häutchen sichtbar.
- **Auspitz-Phänomen:** Nach Entfernen der Schuppen werden durch nochmaliges Kratzen die Papillenspitzen mit den Kapillaren eröffnet. Es kommt zu schmerzlosen punktförmigen Blutungen.
- **Köbner-Phänomen:** Wird die erscheinungsfreie Haut des Psoriatikers z.B. durch Kratzen gereizt, so kann sich an dieser Stelle ein neuer Psoriasis-Herd entwickeln.

Frage: Welche **Provokationsfaktoren** der Psoriasis sind Ihnen bekannt?

? ☐ ☐ ☐ ☺ 😐 ☹

Antwort: Folgende Provokationsfaktoren können bei bestehender psoriatischer Anlage das Auftreten von psoriatischen Einzelherden oder Krankheitsschüben auslösen:

- Traumen (**Köbner-Phänomen**)
- Infekte (Grippe, Angina)
- Psychische Belastung (Stress)
- Schwangerschaft
- Alkohol
- Medikamente

+ Akute Streptokokken-Infektionen können bei prädisponierten Personen eine **Psoriasis guttata** auslösen.

Merke: Betablocker, Lithium, Antimalaria-Medikamente und weitere Arzneistoffe können eine Psoriasis auslösen oder verschlimmern!

!

☐ ☐ ☐ ?
☺ 😐 ☹

Frage: Was wissen Sie über die **Epidemiologie der Psoriasis?**

Antwort: Die Psoriasis ist eine der häufigsten Hautkrankheiten. Hellhäutige Rassen sind bevorzugt betroffen. In Europa sind **2–3%** der Bevölkerung betroffen.

Manche Autoren unterscheiden aus epidemiologischer Perspektive zwei Ausprägungsformen der Psoriasis. Diese Einteilung basiert auf einer Studie der Kieler Hautklinik:

- **Typ I:** Tritt zwischen dem 15. und 20. Lebensjahr in Erscheinung. Etwa 65% lassen sich diesem Typ zuordnen, der meist schwerer verläuft. Eine genetische Disposition wird aufgrund der hohen Assoziation zu bestimmten HLA-Antigenen wie zum Beispiel dem **HLA-Cw6** angenommen. Ein Köbner-Phänomen lässt sich meist auslösen.
- **Typ II:** Zu diesem Typ zählen die relativ leichten Verläufe, von dem etwa 35% betroffen sind. Das Erkrankungsmaximum liegt in der 5. bis 6. Lebensdekade. Ein Köbner-Phänomen ist kaum auslösbar.

☐ ☐ ☐ ?
☺ 😐 ☹

Frage: Welche klinischen **Formen der Psoriasis** gibt es, und wie lassen sie sich sinnvoll gruppieren?

tipp Bei der pustulären Psoriasis reicht es aus, sich die Ausprägungsformen von Zumbusch und Barber zu merken.

Antwort: Die verschiedenen Formen der Psoriasis lassen sich in zwei große Gruppen unterteilen:

- Nicht-pustuläre Psoriasis
  - Psoriasis vulgaris
  - Psoriatische Erythrodermie
- Pustuläre Psoriasis
  - Pustuläre Psoriasis: Typ von Zumbusch (befällt weite Teile des Körpers)
  - Pustuläre Psoriasis: Typ Barber (befällt Hände und Füße)
  - Pustuläre Psoriasis vom anullären Typ
  - Acrodermatitis continua Hallopeau (befällt die distalen Finger und Nägel)
  - Impetigo herpetiformis (Dermatose der Schwangerschaft)

Außerdem lassen sich psoriatische Hautläsionen morphologisch wie folgt unterscheiden:

- **Psoriasis guttata** (Syn.: nummuläre Psoriasis): Es finden sich viele kleine, eruptiv-inflammatorische, rund-ovale Hautläsionen. Dieser Psoriasis-Typ hat eine ausgeprägte Neigung zur spontanen Remission.
- **Psoriasis vom Plaque-Typ:** Hier finden sich die für die Psoriasis charakteristischen, beständigen Plaques mit geringer Neigung zur Spontanremission.

Frage: Welche schweren, teilweise lebensbedrohlichen Verlaufsformen der Psoriasis kennen Sie?

? ☐ ☐ ☐ ☺ 😐 ☹

Antwort: Die schwerste Verlaufsform der Psoriasis ist die **Psoriasis pustulosa generalisata** vom **Typ Zumbusch**. Es kommt zu Allgemeinbeschwerden mit zum Teil hohem Fieber und sehr vielen Pusteln auf exanthemisch veränderter Haut am ganzen Körper. Neben den Mund- und Genitalschleimhäuten können auch die oberen Atemwege betroffen sein. Die Haut brennt und ist schmerzhaft.

Außerdem gibt es noch weitere, weniger schwere Formen der pustulären Psoriasis, zum Beispiel die **palmoplantare Pustulose** vom **Typ Barber.** Dieser Typ tritt bei Erwachsenen auf und zeichnet sich durch schmerzhafte Pusteln an Handtellern und Fußsohlen aus. Die sterilen Pusteln treten schubartig auf. Sie sind **nicht infektiöser** Herkunft, sondern bedingt durch eine abnorm gesteigerte Einwanderung neutrophiler Granulozyten in die Epidermis.

Frage: Welche **Differentialdiagnosen** müssen bei einer Psoriasis berücksichtigt werden?

? ☐ ☐ ☐ ☺ 😐 ☹

Antwort: In typischen Fällen ist die Differentialdiagnose der Psoriasis leicht, in atypischen kann sie sehr schwierig sein.

Zu den Differentialdiagnosen zählen:

- Atopisches Ekzem (Syn.: Neurodermitis)
- Mykosen (z.B. Tinea)
- Parapsoriasisformen
- Pityriasis rosea
- Ichtyosen
- Psoriasiformes Syphilid bei sekundärer Syphilis mit papulosquamösen Effloreszenzen

Frage: Wie sieht die **Histologie** bei der Psoriasis und ihrer pustulösen Form aus?

? ☐ ☐ ☐ ☺ 😐 ☹

Antwort: Die Epidermis zeigt eine massive psoriasiforme **Akanthose**, womit eine Verbreiterung des Stratum spinosum bezeichnet wird. Die Epidermis ist insgesamt verbreitert und ausgezogen. Über den kapillarführenden Papillenspitzen ist sie jedoch verschmälert, was der Grund für die Auslösbarkeit des Auspitz-Phänomens ist.

Durch die **Hyperkeratose**, die eine Vermehrung der normalen, d.h. kernlosen Hornzellen beinhaltet, ist die Hornschicht stark verdickt. Die Tatsache, dass sie Kernreste enthält, wird als **Parakeratose** beschrieben. Die Hornschicht ist so locker gebaut, dass schichtweise Luft zwischen die Lamellen dringt. Es kommt zur Einwanderung neutrophiler Granulozyten in die Epidermis. Die Ansammlungen hauptsächlich dieser Zellen unterhalb des Stratum corneum werden **Munro-Mikroabszesse** genannt.

Bei **pustulösen Psoriasisformen** wandern so viele Entzündungszellen in die Epidermis ein, dass deren Interzellularbrücken nachgeben. Dadurch kommt es zu multiplen spongiformen, sterilen Pusteln in der oberen Epidermis.

☐ ☐ ☐ ?
☺ 😐 ☹

Frage: Was wissen Sie über die psoriatische Arthritis?

✚ 10% der Patienten mit psoriatischer Arthritis weisen keine Hautbeteiligung auf. Hier kann eine positive Familienanamnese den Hinweis auf das Vorliegen einer Psoriasis liefern.

Antwort: 5–8% der Psoriatiker haben Gelenkbeschwerden. Sie entwickeln eine **psoriatische Arthritis** (↗ Foto 32). Die meisten Betroffenen sind älter als 20 Jahre. Die psoriatische Arthritis ist unter anderem charakterisiert durch folgende Merkmale:

- **Seronegative Spondylarthropathie:** Der Rheumafaktor lässt sich normalerweise nicht nachweisen. Neben der psoriatischen Arthritis gibt es weitere seronegative Spondylarthropathien. Dazu gehören unter anderem:
  - M. Bechterew (Syn.: Spondylitis ankylosans)
  - M. Reiter
  - Enteropathische Arthritiden
- **Gelenkbefall:** Man unterscheidet drei Ausprägungsformen:
  - **Distaler** oder **peripherer Typ:** Diese Ausprägungsform ist die häufigste. Betroffen sind Finger- und Zehengelenke. Charakteristisch ist der Befall der **distalen Interphalangealgelenke**. Der Befall aller Gelenke eines Fingers ist typisch („Strahltyp" oder „Wurstfinger", ↗ Foto 32). Sind weniger als fünf große und/oder kleine Gelenke bei asymmetrischen Befallsmuster betroffen, spricht man auch von einer **asymmetrischen Oligoarthritis**. Allerdings kann es auch zu einer symmetrischen Arthritis kommen, die klinisch zum Teil nur schwer von einer rheumatoiden Arthritis unterschieden werden kann.
  - **Axialer Typ:** Betroffenen sind vor allem Sakroiliakalgelenke, Hüfte, Hals- und Lendenwirbelsäule. Gelenkversteifungen treten auf. Diese Form ähnelt stark dem M. Bechterew und manifestiert sich meist bei schweren Psoriasisverläufen. Patienten mit psoriatischer Erythrodermie und pustulärer Psoriasis sind bevorzugt betroffen.
  - **Mutilierender Typ:** Bei dieser Form der Arthritis entwickeln sich Knochenerosionen, Osteolysen und letztendlich Gelenkversteifungen.

Frage: Welche pathogenetischen Überlegungen bestehen zur Psoriasis?

? ☐ ☐ ☐ ☺ 😐 ☹

Antwort: Heutzutage begreift man die Psoriasis als eine **Autoimmunerkrankung** vom **T-Zell-Typ**. In psoriatischen Plaques finden sich viele T-Zellen. Sie gelangen über die Blutgefäße der papillären Dermis in die betroffenen Hautregionen und lösen einen Entzündungsprozess aus. Dabei spielt ihre Fähigkeit zur Zytokinproduktion eine große Rolle. Man hat festgestellt, dass T-Zellen in psoriatischen Plaques große Mengen pro-inflammatorischer Zytokine wie Interferon γ und Interleukin 2 (IL-2) produzieren, und man nennt sie deshalb auch T-Helferzellen vom Typ 1 (T_H1). T_H1-Zellen unterdrücken außerdem die Aktivität der T-Helferzellen vom Typ 2 (T_H2), die anti-inflammatorische Zytokine wie IL-4 und IL-10 produzieren.

Weil man annimmt, dass die Psoriasis eine T-Zell-Autoimmunerkrankung ist, behandelt man die Erkrankung immunsuppressiv. Sobald die autoreaktiven T-Zellen aus den entzündeten psoriatischen Hautläsionen verschwinden, bildet sich auch die Psoriasis zurück.

Merke: Die Psoriasis ist eine Autoimmunerkrankung vom T-Zell-Typ und wird dementsprechend immunsuppressiv behandelt.

!

Frage: Was fällt Ihnen zur **Genetik der Psoriasis** ein?

? ☐ ☐ ☐ ☺ 😐 ☹

Antwort: Die Psoriasis hat einen **polygenen Erbgang.** Das heißt, nicht der Defekt eines einzigen Gens kann die Erkrankung auslösen, sondern eine pathologische Konstellation verschiedener Genen. Wenn ein Elternteil an einer Psoriasis leidet, entwickelt auch das Kind die Erkrankung mit einer Wahrscheinlichkeit von 8%. Wenn beide Eltern betroffen sind, liegt die Wahrscheinlichkeit schon bei 41%.

Die Psoriasis ist assoziiert mit der Expression von **Major Histocompatibility Complex (MHC) Klasse-I-Antigenen.** MHC-Klasse-I- und -II-Proteine finden sich auf fast allen Körperzellen, jedoch insbesondere auf Leukozyten, wo man sie auch Humane Leukozyten Antigene (kurz: HLA) nennt. HLA-A-, HLA-B- und HLA-C-Antigene gehören zur MHC-Klasse I. HLA-DR-Antigene gehören zur MHC-Klasse II. Die psoriatische Hauterkrankung ist am häufigsten vergesellschaftet mit HLA-B13, -B17, -Bw57, und vor allem **HLA-Cw6**.

Frage: Welche besonderen genetischen Eigenschaften besitzen Patienten, die eine komplizierte Psoriasis mit psoriatischer Arthritis entwickeln?

Antwort: Die psoriatische Arthritis wird wie die psoriatische Hauterkrankung mit MHC-Klasse-I-Antigenen assoziiert. Dieses unterscheidet sie von einer rheumatoiden Arthritis, die mit der Expression von MHC-Klasse-II-Proteinen in Verbindung gebracht wird. Man nimmt an, dass die Entwicklung und der Schweregrad einer psoriatischen Arthritis unter anderem mit der Expression des MHC-Klasse-I-Moleküls **HLA-B27** korreliert. Auch andere seronegative Spondylarthropathien wie der M. Reiter und M. Bechterew werden mit HLA-B27 in Verbindung gebracht. Man sollte aber wissen, dass dieser Zusammenhang nicht bei allen Psoriatikern festzustellen ist. Auch HLA-B27-negative Menschen können eine psoriatische Arthritis entwickeln.

Merke: Die Psoriasis ist assoziiert mit MHC-Klasse-I-Antigenen. Die **psoriatische Arthritis** korreliert mit **HLA-B27**-Expression. Die **psoriatische Hauterkrankung** mit **HLA-Cw6**.

Fallbeispiel: Eine 32-jährige Frau kommt zu Ihnen wegen einer sich verschlimmernden Psoriasis. Sie befindet sich in gutem Allgemeinzustand und hat eine positive Familienanamnese. Sie nimmt keine Medikamente ein.
Die Patientin leidet seit 14 Jahren an ihrer Psoriasis mit Befall der Kopfhaut, der Ellenbogen und der Knie. Lange Zeit konnten die Läsionen mit Salicylsäure, Dithranol und Kortikoiden gut unter Kontrolle gehalten werden. Im Sommer bessern sind die Beschwerden regelmäßig. Seit elf Monaten bewirkt die Therapie keine wesentliche Besserung mehr.
Sonst unveränderte Hautstellen wurden befallen, sodass jetzt etwa 40% der Haut betroffen sind. Außerdem klagt die Patientin über starken Juckreiz. An der gesamten Kopfhaut finden sich dicht gedrängte Läsionen, die von stark entzündlichen und schuppenden Rändern umgeben sind. Am Körper sind die leicht erhabenen Plaques erythematosquamös, rundlich und gut begrenzt. Viele sind vollständig von silbrig-weißen Schuppen bedeckt. Es finden sich punktförmige Grübchen der Nagelplatten.
Nach welchen Grundsätzen richtet sich die **Therapie** bei Psoriasis? Welche Therapie würden Sie bei dieser Patientin vorschlagen?

Antwort: Die Therapie der Psoriasis ist **immunsuppressiv** und erstreckt sich meist über lange Zeiträume. Da viele Faktoren berücksichtigt werden müssen, wie die Schwere der Hautveränderungen und die Auswirkungen auf das Leben des Patienten, gibt es keine Standardtherapie. Die Behandlung kann entweder lokal, systemisch oder aus einer Kombination der beiden bestehen.

Bei der Patientin wurden bereits drei wesentliche äußere Behandlungsformen eingesetzt:

- **Salicylsäure**, meist 3–5% in Vaseline, wird zur Entfernung der Schuppen angewendet, damit die lokalen Antipsoriatika ihre Wirkung an der Epidermis entfalten können.
- **Dithranol (Cignolin)** eliminiert gezielt Immunzellen aus entzündlichen Plaques. Es erzeugt oxidativen Stress und verursacht so programmierten Zelltod. Relativ lange Remissionzeiten sind nicht ungewöhnlich.
- **Glukokortikoide** sind häufig und gern eingesetzte topische Medikamente mit hoher Wirksamkeit gegen psoriatische Hautveränderungen.

Da die Anwendung der obigen Maßnahmen nicht mehr erfolgreich ist, liegt eine schwere chronische Form der Psoriasis vor, bei der weitere Maßnahmen erforderlich sind (Tab. 12.1). Zum Beispiel könnte die Patienten von einer Therapie mit ultravioletter Strahlung profitieren.

Frage: Was versteht man unter einer PUVA-Therapie? Wie wird die PUVA-Therapie durchgeführt?

? ☐ ☺ ☐ 😐 ☐ ☹

Antwort: Das Wort PUVA setzt sich zusammen aus einem **P** für das **photosensibilisierende Psoralen** und dem Buchstabenkürzel **UVA** für **ultraviolette Strahlung** der Wellenlänge 320–400 nm (das so genannte A-Band der ultravioletten Strahlung). Weil das Wirkprinzip der PUVA-Behandlung auf der Interaktion eines photosensibilisierenden Chemotherapeutikums (Psoralen) mit ultraviolleter Strahlung (UVA) beruht, nennt man diese Art der Therapie auch **Photochemotherapie**. Bei der PUVA-Therapie wird **8-Methoxypsoralen**, ein Photosensibilisator, mehrmals pro Woche verabreicht. 8-Methoxypsoralen bewirkt eine starke Photosensibilisierung der Haut. Zwei Stunden nach der Einnahme wird der Patient mit UVA bestrahlt. Für eine maximale Wirksamkeit der Therapie sollte man die Bestrahlung so lange fortsetzen, bis der Patient eine leichte, kaum sichtbare Hautrötung entwickelt. Je nach Hauttyp variiert die hierfür benötigte Strahlendosis. Darum wird sie individuell angepasst. Die Strahlendosis, die benötigt wird, um ein solches gerade sichtbares Erythem innerhalb 24 Stunden nach Bestrahlung zu erzeugen, nennt man auch **Minimale Erythemdosis** (MED). Die MED ist die zentrale Größe bei jeder Form der Strahlentherapie mit ultraviolettem Licht. Würde man Patienten mit dem Vielfachen einer MED bestrahlen, bestünde die Gefahr, dass Verbrennung der Haut mit langfristigen Schäden auftreten.

✚ Die PUVA-Therapie kann auch als **topische** oder **Bade-PUVA-Therapie** erfolgen. Dabei wird 8-MOP lokal auf die Haut aufgetragen bzw. der Patient in 8-MOP-angereichertem Badewasser gebadet. Danach erfolgt die UVA-Bestrahlung. Von dieser Therapieform erhofft man sich eine geringere Nebenwirkungsrate.

☐ ☐ ☐ ?
☺ 😐 ☹

Frage: Wie wirkt die PUVA-Therapie?

Antwort: Die Wirksamkeit der Strahlentherapie mit ultraviolettem Licht beruht auf ihrer Fähigkeit, das Immunsystem zu unterdrücken. Je nach Höhe der applizierten Dosis ist die **Immunsuppression** nicht auf das bestrahlte Hautareal beschränkt. Zusätzlich kann es zu einer systemischen Immunsuppression kommen. Diese Wirkung ultravioletter Strahlung erklärt sich aus einer Reihe molekularer Vorgänge. So kann die Energie der Strahlung von Immunzellen absorbiert werden und zur Entstehung **freier Radikale** führen. Diese schädigen die Immunzelle. Es kommt zu **programmiertem Zelltod**. Die Eliminierung von Immunzellen aus psoriatischen Hautveränderungen führt zu einer Abheilung der Erkrankung.

Um Rückfällen vorzubeugen, wird die PUVA-Therapie als Intervalltherapie auch nach Abheilung der psoriatischen Hautläsionen fortgesetzt.

!

Merke: Die PUVA-Therapie wird auch als Photochemotherapie bezeichnet. Sie wirkt stark immunsuppressiv. Nebenwirkungen beinhalten ein erhöhtes Risiko für die Entwicklung von **Spinalzellkarzinomen** und **malignen Melanomen**. Patienten, die sich einer PUVA-Behandlung unterziehen, müssen deshalb besonders gut und langfristig dermatologisch beobachtet werden.

☐ ☐ ☐ ?
☺ 😐 ☹

Frage: Welche strahlentherapeutschen **Alternativen zur PUVA-Therapie** gibt es?

Antwort: Anstatt mit UVA kann auch mit UVB bestrahlt werden. **UVB** umfasst den Wellenlängenbereich 280 bis 320 nm. Günstig bei der Therapie mit UVB ist die Tatsache, dass man auch ohne die zusätzliche Gabe eines photosensibilisierenden Medikamentes wie Psoralen auskommt. UVB wirkt **eigenständig immunsuppressiv**.

Bei der UVB-Therapie unterscheidet man zwei Formen:

- **Engband-UVB-Bestrahlung:** Bei dieser Therapieform bestrahlt man mit UVB der Wellenlänge **311 nm**. Untersuchungen haben gezeigt, dass die antipsoriatische Wirkung der UVB-Strahlung bei 311 nm besonders hoch und die Erythem-induzierende Wirkung besonders niedrig ist. Dementsprechend kann die MED besonders hoch gewählt werden bei maximaler antipsoriatischer Wirkung der abgestrahlten Energie.
- **Breitband-UVB-Bestrahlung:** Hierbei bestrahlt man mit Wellenlängen, die das gesamte UVB-Spektrum umfassen. Für die Psoriasis weniger gut geeignet. Indikationen bestehen etwa für die Mycosis fungoides und schwere Formen der atopischen Dermatitis.

Frage: Welche weiteren Behandlungsmöglichkeiten stehen zur Verfügung?

? ☐ ☐ ☐ ☺ 😐 ☹

Antwort: Zur **lokalen Anwendung** stehen zur Verfügung:
- **Hautpflege:** Eine gut hydrierte und weiche Haut kann Juckreiz und Schmerz bei Psoriasis lindern. Besonders effektiv wirken **dickflüssige Cremes und Öle**, die direkt nach hydrierenden Bädern oder Duschen aufgetragen werden. **Keratolytika** helfen, die Haut weich zu halten.
- **Glukokortikoide:** Gut wirksame Medikamente gegen psoriatische Hautveränderungen. Topische Glukokortikoide gibt es in verschiedenen Stärken. Sie lassen sich gut an die individuelle Ausprägung von psoriatischen Hautveränderungen anpassen. Alle topischen Glukokortikoide haben unerfreuliche Nebenwirkungen. Dazu gehören Hautatrophie und Striaebildung. Bei längerem Gebrauch kann es auch zu einer Nebennierenrinden-Insuffizienz oder einem Cushing-Syndrom kommen. Die Wirksamkeit von Glukokortikoiden kann nach längerem Gebrauch stark nachlassen (Tachyphylaxie).
- **Dithranol (Cignolin) und Teer:** Diese Substanzen werden schon seit mehr als 80 Jahren in der Psoriasistherapie verwendet. Vor allem in Europa sind sie heute noch populär. Aber auch hier geht ihre Verwendung seit Einführung von Vitamin-D-Analoga kontinuierlich zurück. Die Substanzen wirken reizend auf die Haut und sind umständlich im Gebrauch. Außerdem färben sie leicht ab.
- **Topische Vitamin-D-Analoga:** Calcipotriol wurde als erstes Vitamin-D-Analogon 1990 in Europa zugelassen. Studien haben gezeigt, dass es mindestens so wirksam ist wie Anthralin, aber wegen seiner leichteren Handhabung von den Patienten stark bevorzugt wird. Calcipotriol ist weniger wirksam als superpotente topische Glukokortikoide wie Clobetasol. Dafür hat es aber keine kortikoiden Nebenwirkungen.
- **Topische Retinoide:** Tazarotene ist ein relativ neues Retinoid in Gel-Form. Ebenso wie Calcipotriol hat es keine kortikoiden Nebenwirkungen. Allerdings wirkt es reizend auf die Haut, besonders in der effektiven 0,1%-Formulierung. Man verschreibt es deshalb zusammen mit einem Glukokortikoid. Dieses verhindert eine Hautreizung. Darüber hinaus addieren sich die günstigen Effekte der beiden Therapeutika überproportional. Die Nebenwirkungsrate sinkt.

Bei schwerem Psoriasis-Befall werden **systemische Therapeutika** eingesetzt:
- **Methotrexat** hemmt als Folsäureantagonist die DNS-Synthese. Es hat bereits bei geringer Dosierung einen stark hemmenden Effekt auf die Epidermopoese. Aufgrund der Nebenwirkungen wie Knochenmarksdepression und Leberschädigung wird es eher bei schweren Psoriasisformen v. a. mit arthritischen Beschwerden eingesetzt.

✚ Fumarsäureester ist eine Substanz mit immunmodulatorischer Wirkung. Sie wird seit vielen Jahren vor allem in Deutschland zur Behandlung der Psoriasis erfolgreich eingesetzt. Die Therapie sollte jedoch nur in enger Kooperation mit entsprechenden Zentren stattfinden, bis nähere Daten über die Wirkmechanismen bekannt sind.

Nach Absetzen kommt es sehr häufig zu Rückfällen. Obwohl die Knochenmarkstoxizität die bedrohlichste Nebenwirkung einer Methotrexattherapie ist, steht doch die Leberzirrhose wegen des häufigeren Auftretens im Vordergrund. Daher muss jeder Patient regelmäßig Leberbiopsien unterzogen werden.
- **Retinoide** wie Acitretin oder Etretinate können ein extrem wirkungsvolles Monotherapeutikum bei pustulärer und erythrodermer Psoriasis sein. Andererseits ist ihre Wirkung bei der Psoriasis guttata und der Psoriasis vom Plaque-Typ eher mäßig. In Kombination mit einer PUVA- oder UVB-Phototherapie wirken Retinoide jedoch auch hier extrem potent.
- **Cyclosporin A** ist ein aus der Transplantationsmedizin bekanntes Immunsuppressivum mit guter antipsoriatischer Wirkung. Wegen der Nephrotoxizität und Hypertonie als gravierende Nebenwirkungen wird es nur bei sehr schweren Psoriasisverläufen und Erythrodermien angewendet.
- **Tacrolimus (FK 506)** ist ein neues Immunsuppressivum, das wie Cyclosporin A die T-Zell-Aktivität unterdrückt. Obwohl wirkungslos bei topischer Applikation, hat sich die systemische Tacrolimus-Therapie als äußerst effektiv für die Behandlung der Psoriasis erwiesen.
- **Mycophenolat mofetil** ist ebenfalls ein potentes Immunsuppressivum und hat sich als erfolgreiches Therapeutikum bei kutanen Autoimmunerkrankungen erwiesen, etwa beim bullösen Pemphigoid, der Psoriasis vulgaris, der atopischen Dermatitis und der Graft-versus-Host-Erkrankung. Man hofft, dass es auch in der Therapie der Psoriasis erfolgreich eingesetzt werden kann.
- **Immunmodulatorische Substanzen** werden immer häufiger in der Therapie der mittelschweren bis schweren Psoriasis eingesetzt. Erste Studien haben die Wirksamkeit der TNF-α-Inhibitoren **Infliximab** und **Etanercept** belegt. Ein weiteres viel versprechendes und wirksames Medikament ist das **Alefacept**, welches CD2-Rezeptoren auf Memory-Effektor-T-Lymphozyten blockiert. **Efalizumab**, ein Antikörper gegen das CD11a-Molekül – Bestandteil von Adhäsionsrezeptoren auf Leukozyten –, befindet sich noch in der Phase der klinischen Erprobung.

Phototherapie und systemische Behandlung werden oft kombiniert mit topisch applizierbaren Medikamenten. Durch Kombination von Therapiemodalitäten lassen sich oft überproportionale Therapieerfolge erzielen (Tab. 12.1).

Beispielhafter Behandlungsplan einer generalisierten Psoriasis vom Plaque-Typ (kein Befall von Kopfhaut und anogenitaler Region)
• **Dünne Plaques:** UVB (311 nm) + Keratolytika
• **Dicke Plaques:** – Zunächst: UVB (311 nm) + Keratolyika – **bei ausbleibendem Erfolg:** PUVA-Photochemotherapie – **bei ausbleibendem Erfolg:** Retinoide + PUVA-Photochemotherapie – **bei ausbleibendem Erfolg:** Methotrexat

Tab. 12.1: Beispielhafter Behandlungsplan einer generalisierten Psoriasis vom Plaque Typ

12.2 Parapsoriasisgruppe und Pityriasis rosea

Frage: Welche Erkrankungen werden der **Parapsoriasisgruppe** zugeordnet und was haben sie mit der Psoriasis gemeinsam?

? ☐ ☐ ☐ ☺ 😐 ☹

Antwort: Zur Parapsoriasisgruppe zählen einige Erkrankungen, deren Hauterscheinungen **Ähnlichkeiten mit der Psoriasis** aufweisen. Diese Hauterkrankungen haben weder etwas mit der Psoriasis vulgaris zu tun, noch weisen sie untereinander Beziehungen auf. Vielmehr handelt es sich um voneinander völlig unabhängige Erkrankungen. Der Begriff Parapsoriasis gilt als veraltet und wird heute kaum noch verwendet.

tipp Die Parapsoriasis ähnelt zwar morphologisch einer Psoriasis, weist aber eine eigene Pathophysiologie auf.

Zur Parapsoriasisgruppe gehören:
- Pityriasis lichenoides chronica (Parapsoriasis guttata)
- Piryriasis lichenoides et varioliformis acuta (Syn.: Mucha-Habermann-Syndrom)
- Parapsoriasis en plaque
- Parakeratosis variegata.

Frage: Welche Formen der Parapsoriasis en plaque werden unterschieden und welche Bedeutung kann eine rechtzeitige und angemessene Therapie haben?

? ☐ ☐ ☐ ☺ 😐 ☹

Antwort: Die **Parapsoriasis en plaque** ist die häufigste Erkrankung der Parapsoriasisgruppe. Sie wird aus prognostischen Gründen in eine kleinfleckige und großfleckige Form unterteilt.

✚ Die großfleckige Form der Parapsoriasis en plaque kann in ein kutanes T-Zell-Lymphom übergehen.

Es finden sich rötliche oder bräunliche Herde, die an den Hautspaltlinien ausgerichtet sind. Sie können in ihrer Größe stark variieren und mit leichter Schuppung einhergehen.

- Bei der **kleinfleckigen Form** handelt es sich um ein gutartiges, chronisch-rezidivierendes Krankheitsbild, das sich mit PUVA therapieren lässt.
- Die **großfleckige Form** kann neben größeren Herden von über 10 cm Durchmesser ein poikilodermatisches, d.h. viel gestaltiges Bild aufweisen (↗ Foto 33). Die Herde treten hauptsächlich am Stamm und an den proximalen Extremitäten auf und können Pigmentverschiebungen, Atrophie und Teleangiektasien aufweisen. Besonders bei stärkerem Juckreiz ist ein Übergang in eine Mycosis fungoides möglich. Durch rechtzeitige PUVA-Therapie lässt sich dies jedoch meist verhindern und kann zur Abheilung der Dermatose führen.

☐ ☐ ☐ ?
☺ 😐 ☹

Frage: Was ist das Besondere am Verlauf einer Pityriasis rosea?

Antwort: Die **Pityriasis rosea** (Syn.: Röschenflechte) kann den erythematosquamösen Dermatosen zugeordnet werden. Pityriasis bedeutet kleieförmige Schuppung – ein Charakteristikum dieser Erkrankung, die im jüngeren Erwachsenenalter auftritt. Da man sie nur einmal im Leben bekommt, wird eine virale Genese vermutet. Man nimmt an, dass die Erkrankung durch das **Humane Herpesvirus Typ 7** (HHV-7) verursacht wird.

Für einige Tage bis zwei Wochen findet sich am Stamm ein charakteristischer, **medaillonartiger**, **erythtrosquamöser Herd**. Es wird auch **Primärplaque, herald patch** oder **tache mére** genannt. Anschließend kommt es zu einer exanthemischen Aussaat vieler kleiner rötlicher Herde (↗ Foto 34). Sie sind in den Hautspaltlinien angeordnet und befallen vor allem die oberen Partien des Rumpfes. Gesicht, Hände und Füße sind meist erscheinungsfrei.

Die roten Papeln sind rundlich bis oval und von einer nach innen gerichteten Schuppenkrause umgeben. Diese Krause wird auch **Collerette** genannt. Es besteht nur geringer Juckreiz. Die Abheilung erfolgt nach drei Wochen bis drei Monaten. Diese Erkrankung ist harmlos und wird nicht speziell therapiert. Es können Ölbäder und blande Hautpflegemittel verordnet werden. Die Haut sollte vor Reizungen geschont werden.

!

Merke: Die Pityriasis rosea ist eine gutartige, selbstlimitierende Erkrankung unbekannter Ätiologie. Sie erfordert keine spezielle Therapie.

Frage: Welche Hautkrankheiten verursachen häufig eine **Erythrodermie?**

? ☐ ☺ ☐ 😐 ☐ ☹

Antwort: Eine Erythrodermie ist eine **generalisierte entzündliche Rötung** der Haut (↗ Foto 35). Sie geht meist mit Schuppung einher. Die Patienten sind oft schwer krank, da eine Erythrodermie für den Organismus eine erhebliche Belastung darstellt. Die Hautrötung ist bedingt durch die Weitstellung der Gefäße. Die vermehrte Blutzirkulation der Haut kann zu hohen Wärme-, Protein- und Wasserverlusten führen.

Die Ätiologie erythrodermer Hautveränderungen sieht folgendermaßen aus:
- Idiopathisch (23%)
- Psoriasis (23%)
- Atopische Dermatitis (16%)
- Arzneimittelexanthem (15%)
- Lymphom, Leukämie (11%).

13 Papulöse Hauterkrankungen

13.1 Lichen ruber planus

☐ ☺ ☐ 😐 ☐ ☹

Fallbeispiel: Ein 33-jähriger Mann klagt über einen juckenden Hautausschlag, der sich über die letzten drei Wochen allmählich entwickelt hat. Die symmetrischen polygonalen Läsionen befinden sich an den Innenflächen des Handgelenks (↗ Foto 36), am unteren Rückenbereich und an den Unterschenkeln. Es handelt sich um Papeln und Plaques rötlich-livider Färbung. Es bestehen keine Allgemeinerscheinungen. Der Patient nimmt keine Medikamente ein.
Diese juckende, papulöse Dermatose bei einem jungen Mann lässt an welche Diagnose denken?

tipp Ein gerne in Prüfungen abgefragter Zusammenhang: Der Lichen ruber planus kann auf dem Boden einer **Hepatitis C**-assoziierten Lebererkrankung entstehen!

Antwort: Die Befundbeschreibung lässt auf einen **Lichen ruber planus** (Syn.: Lichen ruber oder Lichen planus) schließen. Sie wird im Deutschen als **Knötchenflechte** bezeichnet. Sie ist eine der häufigsten Hauterkrankungen. Die Ursache ist ungeklärt. Man nimmt an, dass es sich bei der Erkrankung um eine **T-Zell-mediierte Autoimmunerkrankung** gegen basale Keratinozyten handelt.

Ein Lichen ruber planus kann auch durch **Arzneimittel induziert** werden. Eine Reihe von Medikamenten werde als Auslöser beschrieben, darunter:
- β-Blocker
- ACE-Inhibitoren
- Methyldopa
- NSAIDs
- Penicillamine
- Chinidin.

Beim Auftreten der typischen lividen Papeln ist die Diagnose nicht schwer zu stellen. Mit Hilfe der „5 x P Merkregel" (↗ Foto 36 und 37) lassen sich leicht 5 wesentliche Charakteristika merken:
- **P**urpur
- **P**apeln
- **P**olygonal
- **P**ruritus
- **P**enis.

Frage: Welches sind die **Prädilektionsstellen?**

Antwort: Die Papeln sind linsengroß, polygonal begrenzt und flach oder zentral eingedellt. Sie können zu größeren unregelmäßigen Plaques konfluieren.

Typische Prädilektionsstellen sind:
- Vorderflächen der Handgelenke
- Vorderarm-Innenseiten (↗ Foto 36)
- Nägel
- Mundschleimhaut
- Vulva und Penis (↗ Foto 37).

Warzenähnlich erscheinen die Plaques an den Handflächen, Fußsohlen und an der Nagelfalz. Nagelveränderungen können sehr diskret sein oder den Verlust der gesamten Nagelplatte zur Folge haben.

tipp Man sollte bei der körperlichen Untersuchung nicht vergessen, sich Nägel und Mundschleimhaut anzuschauen!

Frage: Wann spricht man von einem Lichen planopilaris?

Antwort: Von einem **Lichen planopilaris** spricht man dann, wenn ein Lichen planus die **Kopfhaut** befällt. Die von der Entzündung betroffenen Areale verlieren ihre Haare, und es entsteht eine Alopezie. Schreitet die Erkrankung weiter fort, kann eine vernarbende Alopezie mit irreversiblem Haarausfall entstehen.

Frage: Welche Phänomene sind von diagnostischer Relevanz?

Antwort: Auf der wachsartig glänzenden Oberfläche findet sich eine feine weißliche, netzartige Streifung, die nicht abwischbar ist (↗ Foto 36 und 37). Sie wird als **Wickham-Phänomen** bezeichnet und kommt so nur beim Lichen planus vor.

Ebenso wie z.B. bei der Psoriasis findet sich das **Köbner-Phänomen:** Nach mechanischer Reizung entstehen neue Lichen-Papeln auf vorher unveränderter Haut.

Frage: Welche Veränderungen sind neben dem Hautbefall noch typisch und häufig anzutreffen?

Antwort: Häufig geht mit den Hautveränderungen auch ein **Schleimhautbefall** einher. Er kann aber auch isoliert vorkommen. Typischerweise kommen hier nicht Papeln vor, sondern das Wickhamsche Phänomen mit der feinen weißlichen Netzstreifung (↗ Foto 38). Meistens findet es sich an Gaumen, Zunge und Wangenschleimhaut, aber auch Lippen, Präputium, Vulva und Vagina.

☐ ☐ ☐
☺ 😐 ☹

Frage: Wie ist der Verlauf und mit welchen Spätfolgen muss gerechnet werden?

Antwort: Der Lichen planus ist eine **selbstlimitierende Erkrankung**. Nach weniger als einem Jahr tritt bei den meisten Patienten eine Remission ein. Bei Schleimhautbefall und beim Lichen ruber verrucosus kann sich der Verlauf über Jahre erstrecken. Bei diesen Verlaufsformen des Lichen planus ist zu beachten, dass es **zur Entstehung eines Plattenepithelkarzinoms** kommen kann.

☐ ☐ ☐
☺ 😐 ☹

Frage: Wie sieht der histologische Befund bei Lichen ruber aus?

Antwort: Bestehen Zweifel über die Diagnose, wird eine Probebiopsie vorgenommen. Der **histologische Befund** zeigt:
- Initial eine Vermehrung von Langerhanszellen in der Epidermis
- Danach eine Infiltration der dermoepithelialen Grenze mit Lymphozyten und Histiozyten
- Ballonierte Degeneration der Basalzellschicht
- Hyperkeratose mit einem verbreiterten Stratum corneum
- Unregelmäßige Akanthose
- Hypergranulose mit einem fokal oder streifig verbreiterten Stratum granulosum, worauf das Wickhamsche Phänomen beruht.

☐ ☐ ☐
☺ 😐 ☹

Frage: Welche **Differentialdiagnosen** kommen in Frage?

Antwort: Differentialdiagnostisch sind **lichenoide Hautreaktionen** von einem echten Lichen ruber zu unterscheiden. Sie können beispielsweise durch schwermetallhaltige Arzneimittel, Antimalariamittel, Aminophenazon und Chlorothiazid hervorgerufen werden. Weiter ist ein Lichen ruber abzugrenzen von
- einer Graft-versus-host-Reaktion
- einer Pityriasis rubra pilaris
- Chronisch-lichenifizierten Ekzemplaques
- **Verrucae planae** (durch genaue Betrachtung der fein verrukösen Oberfläche)
- einem **Pemphigoid;** beim Befall der Schleimhäute ist an eine Leukoplakie zu denken.

☐ ☐ ☐
☺ 😐 ☹

Frage: Wie wird ein Lichen ruber planus therapiert?

Antwort: Zur Therapie des Lichen ruber planus gibt es nur wenige Evidenz-basierte Empfehlungen. Die folgenden Behandlungsmodalitäten werden allgemein angewandt:

- **Mundschleimhautveränderungen:** Hier spielen vor allem **Glukokortikosteroide** eine Rolle. Mittel- bis hochpotente topische Steroide (Tab. 13.1) können mehrmals täglich auf die befallenen Hautregionen aufgetragen werden. Eine klassische Nebenwirkung topischer Steroide ist die Entwicklung oropharyngealer Candida. Deshalb sollten mit der Gabe topischer Steroide gleichzeitig **Antimykotika** wie Miconazol oder Chlorhexidin verabreicht werden. Andere, seltener eingesetzte Therapeutika umfassen systemische Glukokortikosteroide, topisches Cyclosporin, orale und topische Retinoide und topisches Tacrolimus (FK-506).
- **Hautveränderungen:** Zunächst sollte eine Therapie mit mittel- bis hochpotenten **topischen Steroiden** (Tab. 13.1) über zwei bis drei Wochen versucht werden. Danach sollte bei einer Folgeuntersuchung die Wirkung der Medikamentation begutachtet und der Patient über die Nebenwirkungen einer lang dauernden Steroidtherapie informiert werden. Vor allem sollte auf die Entwicklung einer Hautatrophie geachtet werden. Orale Steroide kommen bei Patienten mit großflächigem Hautbefall in Frage. Alternativ können orale **Retinoide** wie Acitretin verabreicht werden. Vor Einleitung einer aggressiven, systemischen Therapie sollte bedacht werden, dass ihre Wirksamkeit im Sinne einer verkürzten Krankheitsdauer nicht zweifelsfrei belegt ist.

Merke: Der Lichten ruber planus ist eine meist selbstlimitierte Erkrankung.

!

Klasse I: Schwach wirksam	Klasse II: Mittelstark wirksam	Klasse III: Stark wirksam	Klasse IV: Superpotent
• Hydrocortison • Dexamethason • Triamcinolonacetonid	• Flumetasonpivalat • Betamethasonbenzoat • Fluocinolonacetonid	• Mometsonfuroat • Fluticasonproprionat • Diflorasondiacetat	• Diflucortolonvalerat • Clobetasolproprionat

Tab. 13.1: Klassifikation topischer Glukokortikoide

13.2 Rosazea und periorale Dermatitis

☐ ☐ ☐ ?
☺ 😐 ☹

Frage: Wodurch ist eine Rosazea charakterisiert? Auf welche Komplikationen muss geachtet werden?

Antwort: Eine **Rosazea** (Syn.: Acne rosacea) ist eine häufige und harmlose entzündliche **Gesichtsdermatose**. Sie ist auf die Haut beschränkt und geht mit Erythemen, Teleangiektasien, Papeln und Pusteln einher (↗ Foto 39). Die Läsionen finden sich besonders an Nase, Wangen, Stirn und Kinn mit Aussparung der perioralen und periorbitalen Bereiche. Seltener findet sich auch ein Rhinophym.

Die Rosazea tritt bevorzugt im Alter zwischen 30 und 60 Jahren auf. Frauen sind häufiger betroffen als Männer. Besonders prädisponiert sind Menschen vom „keltischen Typ" (rothaarig, hellhäutig, sommersprossig, leichtes Erröten), weshalb die Erkrankung im Anglo-Amerikanischen auch als **„curse of the celts"** bezeichnet wird. Auch ein Alkoholabusus, das Verspeisen gewürzter Gerichte, gastrointestinale Störungen und emotionaler Stress scheinen die Entwicklung der Erkrankung zu begünstigen.

Komplikationen bereitet eine Augenbeteiligung. Es kann zu einer Konjunktivitis, Blepharitis und Korneatrübung kommen, bis hin zur Erblindung.

☐ ☐ ☐ ?
☺ 😐 ☹

Frage: Was weiß man über die Ätiologie der Erkrankung?

Antwort: Die Ursache der Erkrankung ist nicht bekannt. Die Haarfollikel-Milben **Demodex folliculorum** und **Demodex brevis** wurden in der Vergangenheit für die Pathogenese der Rosazea mitverantwortlich gemacht. Diese Hypothese wird gestützt durch die Tatsache, dass bei Rosazea-Patienten der Hautbefall mit Milben erhöht ist. Andererseits haben Studien gezeigt, dass eine Tetrazyklin-Behandung die klinischen Symptome einer Rosazea deutlich reduzieren kann, die Milbenzahl jedoch nicht nennenswert beeinflusst wird. Wieder andere Studien haben einen zweifelhaften Zusammenhang zwischen **Helicobacter pylori-Infektion** und Rosazea hergestellt.

Frage: Wie wird die Rosazea behandelt?

Antwort: Patienten sollten angehalten werden, milde Reinigungsseifen zu benutzen, hautreizende Substanzen zu vermeiden und ausreichend **Breitspektrum-Sonnenschutzmittel** aufzutragen. Ab einer Rosazea im Stadium II sollten folgende topische Medikamente großzügig auf betroffene Hautareale aufgetragen werden:

- Topische Antibiotika:
  - Metronidazol oder
  - Azelainsäure oder
  - Clindamycin oder
  - Erythromycin
- Weitere Therapeutika:
  - Benzoylperoxid 2,5% bis 10%: kann zusätzlich zu einem topischen Antibiotikum gegeben werden bei nicht allzu trockener Haut.
  - Permethrin 5%: soll Demodex-Milben abtöten. Dieser Wirkstoff ist evtl. wirksam, kann z. Z. aber nicht generell empfohlen werden.
- Bei persistierenden Symptomen:
  - Isotretinoin Gel
  - Orale Antibiotika (Tetrazyklin, Doxycyclin, Minocyclin, Erythromycin)

+ Dem Dermatologen stehen eine Reihe von Interventionsmöglichkeiten bei schwerer Rosazea zur Verfügung. Dazu gehören die Elektrochirurgie, surgical steel resculpturing, Dermabrasion, CO_2- oder gepulste Farbstoff-Laserbehandlung. Auch eine orale Isotretinoin-Kur kann angezeigt sein.

Merke: Bei persistierenden Symptomen trotz adäquater Therapie ist die Überweisung an einen Dermatologen angezeigt (insbesondere bei der Entwicklung eines Rhinophyms).

Frage: Welche Differentialdiagnosen sind bei einer Rosazea zu berücksichtigen?

Antwort: Laborbefunde und Histologie können zwar Hinweise geben, jedoch erbringen sie keine sicheren diagnostischen Beweise für eine Rosazea. Daher kann die Differentialdiagnose schwierig sein. Am wichtigsten ist die Unterscheidung von der **Acne vulgaris**. Bei der Rosazea ist der Altersgipfel höher, es kommen keine Komedonen vor und es besteht ein düsterrotes Erythem.

Frage: Was ist ein Rhinophym?

Antwort: Ein **Rhinophym** (Syn.: Knollennase) ist eine Vergrößerung der Nase bei Rosazea durch die knollige **Hypertrophie der Talgdrüsen** und des Bindegewebes. Auch Wangen, Kinn und Ohrläppchen können betroffen sein. Ein Rhinophym kommt fast nur beim Mann vor. In sehr seltenen Fällen kann sich auf dem Rhinophym ein Basaliom entwickeln. Ein Rhinophym kann aus kosmetischen Gründen operativ abgetragen werden.

☐ ☐ ☐ ?
☺ 😐 ☹

Frage: Welche Faktoren spielen bei der Entstehung einer perioralen Dermatitis eine Rolle?

Antwort: Die **periorale Dermatitis** wird auch **rosazeaartige Dermatitis** genannt. Es handelt sich um eine auf die Gesichtshaut beschränkte, entzündliche Dermatose. Vorwiegend sind Frauen im jüngeren und mittleren Alter betroffen. Heute weiß man, dass der übermäßige Gebrauch von Feuchtigkeitscremes und Gesichtsreinigern sowie von Kortikoidcremes wesentliche pathogenetische Bedeutung hat. Auch fluorierte Zahnpasten, Seifen, Brom etc. werden als Manifestationsfaktoren diskutiert.

☐ ☐ ☐ ?
☺ 😐 ☹

Frage: Durch welche Charakteristika ist die periorale Dermatitis gekennzeichnet?

Antwort: Multiple, kleine, teils konfluierende, hell- bis dunkelrote Papeln kennzeichnen das klinische Bild. Sie kommen vor allem in der Perioralgegend und an den Augenlidern vor. Charakteristischerweise bleibt ein schmaler Saum um die Lippen frei. Das ganze Gesicht kann befallen werden.

!

Merke: Wie die Rosazea spricht auch die periorale Dermatitis gut auf systemische Tetrazykline an. Kortikosteroide sind kontraindiziert und können den Krankheitsverlauf verschlimmern.

14 Granulomatöse und atrophisierende Hautkrankheiten

14.1 Sarkoidose

Frage: Welche Organe sind bei einer Sarkoidose betroffen?

Antwort: Die **Sarkoidose** (Syn.: Morbus Boeck) ist eine akut oder chronisch verlaufende granulomatöse Systemerkrankung unklarer Ätiologie. Betroffen sind insbesondere mediastinale und periphere Lymphknoten, Lunge, Leber und Milz, Augen, Parotis und Phalangen. Die Stadieneinteilung I–IV erfolgt nach dem Lungenröntgenbefund anhand Lymphknotenvergrößerung des Mediastinums und des Lungenbefalls.

Frage: Welche **Hautveränderungen** finden sich bei eine Sarkoidose?

Antwort: Man schätzt, dass etwa 20% der Patienten mit Sarkoidose eine Hautbeteiligung entwickeln:

- Bei der **kleinknotigen Form** finden sich stecknadelkopf- bis erbsgroße Knötchen, die oft exanthemartig ausgebreitet sind (↗ Foto 40).
- Die **großknotige Form** ist durch einzelne derbe, bis pflaumengroße Knoten charakterisiert.
- Der **Lupus pernio** erinnert an Frostbeulen. Es kommt zu lividen Infiltraten der Nase und der Ohren.
- Die **Narbensarkoidose** manifestiert sich in vorher unauffälligen Narben, meist als rot-bräunliche Infiltration.

Die Sarkoidose kann mit einem **Erythema nodosum** vergesellschaftet sein. Das Auftreten eines Erythema nodosum ist mit einer **guten Prognose** und Spontanremissionen assoziiert.

Merke: Der Symptomenkomplex aus Erythema nodosum, hilärer Lymphadenopathie, wandernden Polyarthritiden und Fieber nennt sich **Löfgren-Syndrom** und tritt vor allem bei Frauen auf.

☐ ☐ ☐
☺ 😐 ☹ ?

Frage: Wie wird die **Diagnose** bei Sarkoidose gestellt?

Antwort: Die Diagnose lässt sich meist aufgrund des **klinischen** und **histologischen** Befundes stellen. Histologisch finden sich **nicht verkäsende Epitheloidzellgranulome** (Bild 40) im Gegensatz zum Lupus vulgaris, bei dem eine zentrale Verkäsung der Granulome vorliegt. Langhans-Riesenzellen sind ebenfalls vorhanden und besitzen teilweise Einschlusskörperchen, die dann Asteroid bodies oder Schaumann-Körper genannt werden.

☐ ☐ ☐
☺ 😐 ☹ ?

Frage: Wie fällt der Tuberkulin-Test bei Sarkoidose aus und welchen weiteren Test gibt es sonst noch?

Antwort: Die pathogenetisch bedeutsame verminderte Reaktionsfähigkeit der T-Lymphozyten wird durch den **Tuberkulintest**, der bei Sarkoidose **negativ** ausfällt, bestätigt. Früher wurde der **Kveim-Test** zur Diagnosesicherung benutzt. Dabei wird intrakutan inaktiviertes Sarkoidosematerial injiziert. Bei **positivem** Ausfall entstehen kutane Epitheloidzellgranulome.

☐ ☐ ☐
☺ 😐 ☹ ?

Frage: Was muss bei der Therapie der Sarkoidose berücksichtigt werden?

Antwort:

- Die **akute Sarkoidose** kann durch Behandlung mit **nichtsteroidalen Antiphlogistika** und **Kortikoiden** zum Teil erheblich gebessert werden.
- Bei der **chronischen Sarkoidose** richtet sich die Therapie nach dem Ausmaß des Organbefalls und erfordert interdisziplinäre Zusammenarbeit.

Es muss berücksichtigt werden, dass bei der chronischen Form nur ein morbostatischer Effekt erzielt werden kann, und dass eine hohe Tendenz zur Spotanheilung besteht. Bewährt haben sich die Applikation von **Kortikoiden** evtl. mit Okklusionsverbänden und die intraläsionale Injektion von Triamcinolon.

Systemisch werden **Kortikosteroide** und **Chloroquin**, in schweren Fällen auch **Azathioprin, Methotrexat** sowie eine große Zahl weiterer Immunsuppressiva eingesetzt.

14.2 Lichen sclerosus et atrophicus

Frage: Mit welchen Hautveränderungen geht ein Lichen sclerosus et atrophicus einher?

? ☐ ☐ ☐ ☺ 😐 ☹

Antwort: Von einem **Lichen sclerosus et atrophicus** werden vorwiegend Frauen zwischen 45 und 60 Jahren betroffen. Das Krankheitsbild ist nicht selten und beginnt mit kleinen roten Papeln, die rasch porzellanweiß werden. Es kommt zu atrophischen Herden mit gering geröteter Haut. Die Läsionen können zu unregelmäßigen Flächen konfluieren. Führen diese Veränderungen zum Schwund an den Schamlippen oder am Präputium und Frenulum, wird auch von einer **Craurosis vulvae** oder einer **Craurosis penis** gesprochen.

Die Herde im Genitalbereich können mit starkem Juckreiz einhergehen. Die Körperherde jucken hingegen selten. Sie kommen bevorzugt am oberen Rücken, klavikulär, am Hals, inter- und submammär vor.

Zur Therapie wird Kortikoidcreme appliziert. Bei Läsionen im Anogenitalbereich können neben östrogenhaltigen Cremes auch intraläsionale Triamcinoloninjektionen verabreicht werden.

Merke: Patienten mit Craurosis vulvae haben ein erhöhtes Risiko für die Entwicklung eines vulvären Plattenepithelkarzinoms. Jährliche Kontrolluntersuchungen sind nötig.

!

15 Tumoren der Haut

15.1 Neoplasien der Epidermis und epitheliale Zysten

☐ ☐ ☐ ?
☺ 😐 ☹

Frage: Worum handelt es sich bei **seborrhoischen Keratosen?**

Antwort: Seborrhoische Keratosen, auch seborrhoische Warzen oder Verrucae seborrhoicae genannt, kommen sehr häufig vor. Sie sind harmlos und treten meist erst nach dem 30. Lebensjahr auf. Es handelt sich um gelb-bräunliche bis **schwarze, breitbasig aufsitzende Papillome**. Die Oberfläche wirkt rau und stumpf (↗ Foto 41). Seborrhoische Areale wie die vordere und hintere Schweißrinne und das Gesicht sind bevorzugt betroffen. Die Schleimhäute werden nicht befallen. Je nach genetischer Prädisposition können sich im Laufe der Jahre einige wenige oder tausende dieser Hautveränderungen ausbilden.

Als Differentialdiagnose muss eine Verruca vulgaris, ein Nävuszellnävus, ein malignes Melanom, ein pigmentiertes Basaliom und ein weiches Fibrom ausgeschlossen werden. Auch an eine Lentigo maligna und Lentigo senilis sollte gedacht werden.

!

Merke: Eine Verruca seborrhoica kann mit flüssigem Stickstoff vereist werden. Auch eine Laserbehandlung oder Kürettage kann durchgeführt werden. In Zweifelsfällen sollte die chirurgische Exzision erwogen und eine Histologie veranlasst werden.

☐ ☐ ☐ ?
☺ 😐 ☹

Frage: Wodurch entwickelt sich eine aktinische Keratose?

Antwort: Die **aktinische Keratose** ist ein **Carcinoma in situ** und damit eine Präkanzerose. Sie wird **durch langjährige UV-Exposition** hervorgerufen und kommt sehr häufig vor. Die Strahlung verursacht direkte Schäden an der DNA, die bei Überschreitung der Reparaturkapazität der Enzyme zu einem epithelialen Tumor führen. Häufig sind über 50-jährige und hellhäutige Menschen betroffen, die viel an der freien Luft arbeiten wie Gärtner, Dachdecker und Bauarbeiter. Auch Besucher von Solarien und Sonnentouristen sind gefährdet.

Es handelt sich um trockene, raue, meist kleine (< 1cm), oval-runde Läsionen mit einer mäßigen bis starken Hyperkeratose, die sich anfühlen wie Schmirgelpapier, und die man oft besser erfühlen als sehen kann (↗ Foto 42). Meistens finden sich mehrere aktinische Keratosen auf sonnengeschädigter, atrophischer Haut wie zum Beispiel der Gesichtshaut.

Frage: Warum sollte sie behandelt werden?

? ☐ ☐ ☐ ☺ 😐 ☹

Antwort: Aktinische Keratosen können sich spontan zurückbilden. In den meisten Fällen jedoch bleiben sie für Jahre bestehen. Man weiß nicht genau, wie viele dieser Präkanzerosen letztendlich in ein Spinaliom übergehen. Man schätzt, dass etwa jede tausendste aktinische Keratose in ein Spinaliom entartet. Eine Behandlung ist deshalb indiziert. Angewandt werden in Abhängigkeit von der Lokalisation und Ausbreitung:

- Vereisung mit flüssigem Stickstoff (Kryotherapie)
- Lokale Anwendung von 5-Fluoruracil (bei ausgedehntem Befall)
- Lokale Anwendung von Imiquimod (ein Immuntherapeutikum)
- Laserbehandlung (Erbium oder Kohlendioxidlaser).

Frage: Wo kommt ein Morbus Bowen, wo eine Erythroplasie Queyrat vor?

? ☐ ☐ ☐ ☺ 😐 ☹

Antwort: Der **Morbus Bowen** (Syn.: bowenoide Präkanzerose) tritt wesentlich seltener als die aktinische Keratose auf, hauptsächlich bei Menschen über 40 Jahre. Es handelt sich um ein **Carcinoma in situ**, dessen Hautveränderungen einer Psoriasis oder einem nummulären Ekzem ähneln. Es finden sich scharf begrenzte, braunrote, schuppende Plaques. Sie sind hauptsächlich am Stamm, Unterschenkel, Hand- oder Fingerrücken lokalisiert. Die Therapie ist die totale chirurgische Exzision. Auch neuere Therapeutika wie das Immunstimulanz Imiquimod können probatorisch eingesetzt werden.

Die **bowenoide Papulose** ist eine – wie der Name schon verrät – durch rötlich-braune Papeln mit warziger Oberfläche in Erscheinung tretende Hauterkrankung, die histologisch dem M. Bowen ähnelt. Sie tritt vor allem im Anogentialbereich auf.

Die Läsionen der **Erythroplasie Queyrat** ähneln denen des Morbus Bowen und entsprechen ihm auch histologisch. Sie ist die **Schleimhautvariante** des M. Bowen und tritt an Glans penis, den Labia minora und am After auf. Auch Lippen und Mund können betroffen sein. Die Behandlung ist wie beim Morbus Bowen.

! **Merke:** Der M. Bowen, die bowenoide Papulose und die Erythroplasie Queyrat sind **Plattenepithelkarzinome in situ**. Humane Papilloma-Viren (HPV) spielen bei ihrer Entstehung eine wichtige Rolle.

Fallbeispiel: Bei einem 23-jährigen Patienten bestehen seit einiger Zeit Papeln am Penis. Der Patient fühlt sich gesund. Er ist nicht immunsupprimiert. Geschlechtskrankheiten wie Condylomata acuminata hat er nicht. Seine Freundin ist ebenfalls gesund und leidet unter keinerlei Geschlechtskrankheiten. Bei der Untersuchung beim Dermatologen finden sich einige solitäre, wenige Millimeter große, rötliche Papeln mit glänzender Oberfläche. Zur differentialdiagnostischen Abklärung entnimmt der Arzt eine kleine Biopsie. Bei der Untersuchung des histologischen Präparats finden sich koilozytische Zellen. Mit Hilfe immunfluoreszierender Tests werden außerdem Humane-Papilloma-Viren, Typ 16 und 18, nachgewiesen. Daraufhin wird die Diagnose einer bowenoiden Papulose gestellt. Der Arzt beginnt eine Therapie mit 5% Imiquimodcreme. Nach wenigen Wochen zeigen die Papeln eine deutliche Regression. Nach zwei Monaten sind sie vollständig abgeheilt. Auch nach mehr als einem Jahr kommt es zu keinem Rezidiv.
Welche Präkanzerosen sind Ihnen noch bekannt?

Antwort: Obligate Präkanzerosen sind Hautveränderungen, die mit hoher Wahrscheinlichkeit in ein Plattenepithelkarzinom der Haut übergehen können. Bei fakultativen Präkanzerosen ist dies nur manchmal der Fall.

Zu den **obligaten Präkanzerosen** werden gerechnet:
- Aktinische Keratose
- Morbus Bowen
- Erythroplasie Queyrat
- Cornu cutaneum
- Leukoplakie (↗ Foto 43)
- Lentigo maligna.

Die Lentigo maligna geht jedoch nicht in ein Spinaliom, sondern in ein Melanom über.

Zu den **fakultativen Präkanzerosen**, die überzufällig häufig mit der Entwicklung eines Spinalioms in Verbindung gebracht werden, gehören:
- Straffe Narben, insbesondere nach Verbrennungen
- Straffe Atrophien, besonders nach Lupus vulgaris
- Craurosis vulvae oder penis
- Röntgenoderm
- Ulcus cruris venosum
- Lichen ruber erosivus mucosae.

Frage: Es gibt eine Pseudokanzerose, die morphologisch und histologisch einem spinozellulärem Karzinom ähnelt. Wissen Sie, welche ich meine?

? ☐ ☐ ☐ ☺ 😐 ☹

Antwort: Das **Keratoakanthom** (↗ Foto 44) ist ein schnell wachsender, **benigner epithelialer Tumor**. Es ähnelt einem spinozellulären Karzinom. Allerdings entwickelt sich ein Keratoakanthom innerhalb weniger Wochen. Es ragt über das Hautniveau, besitzt einen zentralen Hornkegel und kann etwa 2 cm groß werden. Der Tumor, der zentral ulzerieren kann, bildet sich oft spontan über mehrere Monate zurück. Meist sind männliche Patienten jenseits des 60. Lebensjahres betroffen. Keratoakanthome entwickeln sich bevorzugt im Gesicht, an Nacken, Händen und Unterarmen.

Die Pathogenese der Erkrankung ist letztlich nicht genau bekannt. Eventuell spielen humane Papilloma-**Viren** (HPV) eine Rolle. HPV-9, -16, -19 und -25 und -37 konnten in Keratoakanthomgewebe nachgewiesen werden. Aber auch andere Faktoren könnten die Entstehung verursachen oder begünstigen. Dazu gehören die ultraviolette Strahlung und chemische Kanzerogene wie Pech und Teer.

Die Diagnose wird klinisch und anhand einer Histologie gestellt. Die Läsion sollte chirurgisch entfernt werden.

Frage: Was ist ein **spinozelluläres Karzinom** und wodurch kann es entstehen?

? ☐ ☐ ☐ ☺ 😐 ☹

Antwort: Ein spinozelluläres Karzinom wird auch als **Spinaliom** oder **Plattenepithelkarzinom** bezeichnet. Es tritt hauptsächlich bei älteren Menschen auf und betrifft häufiger Männer. Spinozelluläre Karzinome sind die **häufigsten bösartigen Tumoren im Bereich der Schleimhäute und Übergangsschleimhäute**. Sie weisen eine stark variierende destruierende Wachstums- und Metastasierungstendenz auf.

Ein Spinaliom entsteht häufig auf dem Boden einer
- Chronischen UV-Bestrahlung
- Präkanzerose (v.a. aktinischen Keratose)
- Dauerhaften systemischen Immunsuppression (z.B. nach Organtransplantation oder HIV)
- Narben und einer Arsenanamnese.

Chronisch-entzündliche und -degenerative Hautveränderungen wie Lupus vulgaris, Lichen sclerosus et atrophicus und ein Radioderm kommen ebenso als prädisponierende Faktoren in Frage.

✚ Die Mehrzahl der durch UV-Bestrahlung verursachten Hauttumore zeigen eine geringe Tendenz zu aggressivem Wachstum und Metastasierung. Spinozelluläre Karzinome mit aggressiverem Wachstum treten vor allem bei immunsupprimierten Patienten auf.

☐ ☐ ☐ ?
☺ 😐 ☹

Frage: In welchen Körperbereichen kommt das spinozelluläre Karzinom vor und wo tritt es am häufigsten auf?

Antwort: Am häufigsten treten spinozelluläre Karzinome im Bereich **sonnenexponierter Haut** und im Bereich der **Schleimhäute und Übergangsschleimhäute** auf.

- **Lippenkarzinome**, vor allem Unterlippenkarzinome, sind die im Gesichtsbereich am häufigsten vorkommenden Spinaliome. Dies lässt sich durch den ungünstigen Sonneneinfallswinkel, durch Zigaretten- und Pfeifenrauchen und andere auf die Lippe einwirkende Noxen erklären (↗ Foto 45).
- **Zungenkarzinome** treten am häufigsten am Rand oder der Spitze der Zunge auf. Sie entstehen auf dem Boden von chronischen Entzündungen und narbigen Veränderungen wie Leukoplakien (↗ Foto 43) und kanzerogene Noxen. Auch hier spielt das Rauchen eine Rolle.
- Zu den prädisponierenden Zuständen bei **Karzinomen der Anal- und Perianalregion** zählen spitze Kondylome und ein Lichen sclerosus et atrophicus.
- Dies trifft auch für das **Vulvakarzinom** zu, bei dem sich vorher auch eine Leukoplakie oder ein Morbus Bowen findet.
- Beim **Peniskarzinom** sind neben den für das Vulvakarzinom relevanten Faktoren auch die Reizung durch Smegma von Bedeutung.

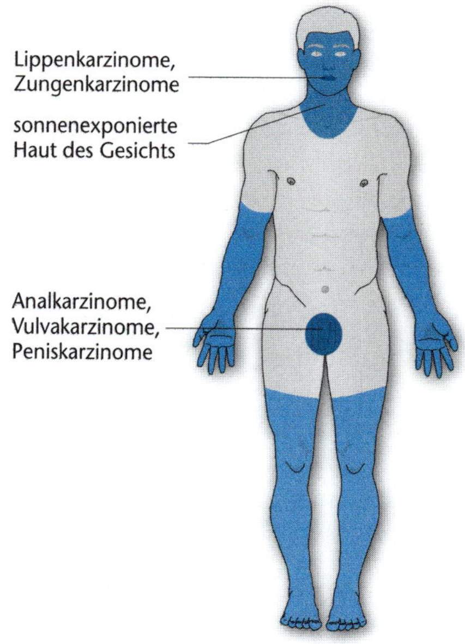

Abb. 15.1: Typische Prädilektionsstellen des Spinalioms

Frage: Wie wird ein spinozelluläres Karzinom therapiert?

? ☐ ☺ ☐ 😐 ☐ ☹

Antwort: Wenn das spinozelluläre Karzinom frühzeitig erkannt wird, sind die Heilungschancen wegen der relativ späten Metastasierung meist günstig.

- Die Größe der **Exzision** richtet sich nach Sitz, Größe und Bestandsdauer.
- Eine **Röntgenweichbestrahlung** empfiehlt sich hauptsächlich bei älteren, inoperablen Patienten und ungünstiger Lokalisation.
- Eine **Chemotherapie** kann bei ausgedehnten Spinaliomen oder bei Metastasierung angewendet werden.

Frage: Was können Sie zur Ätiologie und Klinik des Basalioms sagen?

? ☐ ☺ ☐ 😐 ☐ ☹

Antwort: **Basaliome** sind die **häufigsten Tumore der Haut** und treten 10-mal häufiger als Spinaliome auf, v. a. im 6.–8. Lebensjahrzehnt. Die Inzidenz steigt mit zunehmendem Alter und erhöhter Sonnenbestrahlung. Der hauptsächlich **durch chronische Sonnenbestrahlung** hervorgerufene maligne Tumor geht von den Basalzellen der Epidermis aus.

✚ Weltweit werden jährlich schätzungsweise 2 bis 3 Millionen Basaliome und Spinaliome diagnostiziert. Keine andere Krebsart tritt häufiger auf. Allerdings ist die Mortalität gering.

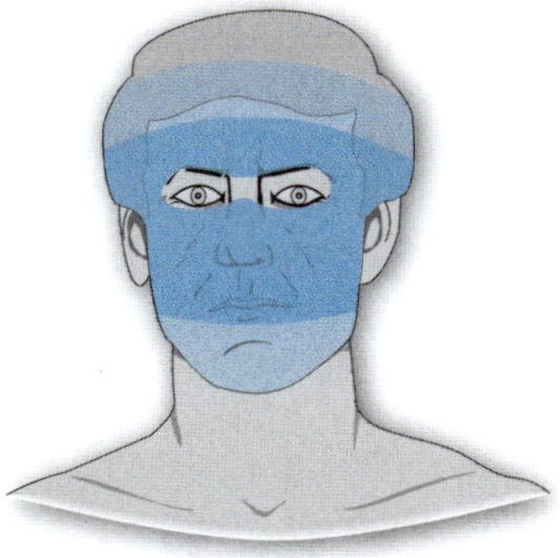

Abb. 15.2: Prädilektionsstellen und Häufigkeit des Basalioms

Basaliome wachsen langsam lokal invasiv und destruierend, setzen aber nur selten Metastasen. Die Basaliome sind fast alle im **sonnenexponierten zentrofazialen Bereich** des Gesichts lokalisiert. Basaliome treten nur dort auf, wo es auch Haare gibt. Es werden verschiedene Formen unterschieden, von denen die knotige mit Abstand am häufigsten anzutreffen ist (↗ Foto 46).

Das Basaliom entsteht aus einer maligne entarteten pluripotenen epithelialen Stammzelle der Basalzellschicht von Haarfollikeln und Epidermis. Die entartete Zelle differenziert sich nicht wie gewöhnlich. Ihr fehlt die Fähigkeit zur Verhornung und zum programmierten Zelltod.

✚ Das metastasierende Basaliom ist eine sehr seltene Erkrankung. Risikofaktoren, die auf ein metastasierendes Basaliom hindeuten, sind Entstehungsort (zentrales Gesicht, retroaurikulär), Tumorgröße, frühere therapeutische Bestrahlung und Rezidive nach chirurgischer Exzision.

Darum hört sie nicht auf, sich zu teilen und zu reproduzieren. In den letzten Jahren hat man einige Erkenntnisse gewonnen über den molekularen Hintergrund der Erkrankung. So nimmt man an, dass die Deregulierung eines für die Embryogenese wichtigen Signaltransduktionsweges, des so genannten Hedgehog-Signaltransduktionsweges, eine wichtige Rolle bei der Entstehung der Erkrankung spielt. Menschen mit Defekten im so genannten PTCH-Gen – ein Membranrezeptor für das Hedgehog-Molekül – entwickeln schon in frühen Lebensjahren eine hohe Zahl an Basaliomen. Die Erkrankung wird autosomal-dominant vererbt und heißt **Basalzellnävussyndrom** (Syn.: Gorlin-Goltz-Syndrom).

!

Merke: Das Basaliom ist ein invasiv und destruierend wachsender Tumor, der aber nur selten metastasiert. Man bezeichnet es deshalb auch als **semimaligne**.

☐ ☐ ☐
☺ 😐 ☹

Fallbeispiel: Eine 52-jährige Frau mit Fitzpatrick Hauttyp II (minimale Bräunungstendenz) stellt sich bei ihrem Hausarzt wegen eines rötlichen, leicht schuppenden, hauchdünnen Plaques am rechten Hinterarm vor. Laut Auskunft der Patientin besteht die Hautveränderung schon seit mehreren Jahren. Aktuell misst sie 5 cm x 6 cm. Vergrößerte Lymphknoten finden sich nicht. Der Hausarzt stellt die Verdachtsdiagnose Spinaliom und überweist die Patientin an einen Dermatologen. Dieser entnimmt zur Sicherung der Diagnose eine Biopsie. Die histologische Aufarbeitung zeigt eine atrophische Epidermis und Nester basaler neoplastischer Keratinozyten. Es finden sich weiterhin hyperchromatische Zellkerne und typische palisadenartige Zellverbände. Wegen der für ein Basaliom typischen Histologie und des klinischen Erscheinungsbildes stellt der Hausarzt die Diagnose Rumpfhautbasaliom. Therapeutisch werden Schnellschnitt-kontrollierte Exzision, Kürettage (scharfer Löffel) mit Elektrokauterisierung, lokales 5-Fluorouracil und lokales Imiquimod in Erwägung gezogen. Die Patientin wünscht eine nicht-chirurgische Therapie. Die Behandlung erfolgt mit 5% Imiquimodcreme dreimal pro Woche für insgesamt 12 Wochen. Dieses führte zu einer Regression der Hautläsion. Auch nach 12 Monaten ist die Patienten ohne Rezidiv.
Können Sie einige **Differentialdiagnosen des Basalioms** nennen? Wie sieht die Therapie aus?

Antwort: Zu den Differentialdiagnosen zählen:
- Spinaliom
- Keratoakanthom
- Talgdrüsenhyperplasie (z.B. **Naevus sebaceus**, ↗ Foto 49)
- Angiofibrome.

Die Therapie ist die **chirurgische Exzision**. In schwieriger Lokalisation, wie an den Augenlidern, erfolgt ein plastisch-chirurgischer Eingriff. Falls nicht operiert werden kann, lässt sich eine Kryotherapie oder Kürettage (scharfer Löffel) mit Elektrokauterisierung durchführen. Auch lokale Chemotherapeutika wie 5-Fluorouracil oder Imiquimod können probiert werden. Eine photodynamische Therapie ist nur in wenigen spezialisierten Kliniken möglich.

Frage: Welche Formen des Basalioms sind Ihnen noch bekannt?

Antwort:
- Das **Rumpfhautbasaliom** zeigt flache, rot-bräunliche, oft leicht schuppende Herde mit einem perlschnurartigen Rand und einzelnen Teleangiektasien. Es tritt häufig multipel auf und ist meist am Rumpf lokalisiert (↗ Foto 47).
- Das **Ulcus rodens** ist ein bereits fortgeschrittenes Basaliom, das zentral ulzeriert ist und deswegen auch Basalioma exulcerans genannt wird. Es kann sich zu einem Ulcus terebrans weiterentwickeln.
- Das **Ulcus terebrans** wächst in tiefer liegendes Gewebe der Muskeln und Knochen ein. Durch das destruierende Wachstum und die fortgeschrittene Ausbreitung kann der Tumor inoperabel sein. Die Prognose ist dann infaust.
- Beim **sklerodermiformen Basaliom** handelt es sich um hautfarbene, leicht eingesunkene, an Narbenplatten erinnernde Herde. Da der perlschnurartige Randsaum und Teleangiektasien in der Regel fehlen, ist die Diagnose schwierig zu stellen.

Merke: Nicht alle Basaliome treten als typische noduläre Hautveränderung in Erscheinung! Es gibt eine Reihe alternativer Manifestationsformen.

Fallbeispiel: Bei einem 24-jährigen Patient werden bei einer Routine-Röntgenuntersuchung des Kiefers mehrere Kieferzysten diagnostiziert. Diese verursachen ihm keinerlei Schmerzen. Auch sonst fühlt sich der Patient gesund. Die Familienanamnese ist unauffällig. Bei der Untersuchung durch den Hausarzt finden sich mehrere rötliche, knotige, etwa 1 cm große Hautveränderungen am Rücken. An den Handinnenflächen finden sich multiple, kleine, wie ausgestanzt wirkende Grübchen. Bei der daraufhin eingeleiteten genetischen Untersuchung findet sich eine nonsense-Mutation im PTCH-Gen.
An welcher Erkrankung leidet der Patient?

✚ Detaillierte Informationen zum Thema PTCH und Hedgehog-Signaltransduktion finden sich auf der Homepage der National Institutes of Health (Online Mendelian Inheritance in Man – Projekt): http://www.ncbi.nlm.nih.gov/entrez/query.fcgi?db=OMIM.

Antwort: Der Patient leidet an einem **Basalzellnävussyndrom (Syn.: Gorlin-Goltz-Syndrom)**. Dieses ist ein autosomal-dominant vererbtes Zustandsbild, das sich meist um das 20. Lebensjahr manifestiert. Es ist durch das Auftreten einer hohen Anzahl von klinisch typischen **Basaliomen** im Gesicht und Stammbereich charakterisiert. Es geht gehäuft mit zahlreichen Entwicklungsdefekten wie Kieferzysten, Knochendefekten und Zahnanomalien einher. Wichtig ist, dass die Basaliome, die aufgrund ihrer hohen Anzahl ein großes therapeutisches Problem darstellen, frühzeitig erkannt und exzidiert werden. Diese Erkrankung wird verursacht durch eine Mutation im PTCH-Gen (Chromosom 9q22.3). PTCH ist ein Membranrezeptor und spielt eine wichtige Rolle im so genannten Hedgehog-Signaltransduktionsweg. Hedgehog ist ein Ligand für PTCH.

!

Merke: Mutationen im PTCH-Gen führen zum Basalzellnävussyndrom. Bei dieser Erkrankung entwickeln die Betroffenen schon in frühen Lebensjahren eine hohe Anzahl von Basaliomen.

15.2 Melanozytäre Tumoren

☐ ☐ ☐ ?
☺ 😐 ☹

Frage: Was ist ein **Nävuszellnävus?**

Antwort: Ein Nävuszellnävus kommt durch **benigne Proliferation von Nävuszellen** zustande. Das Aussehen eines Nävuszellnävus, der auch als Muttermal bezeichnet wird, ist sehr variabel (z. B. **Naevus spilus**, ↗ Foto 48). Meist handelt es sich um hellbraune bis schwarzbraune Flecke. Sie können auch papillomatös erhaben und flächenhaft ausgebreitet sein. Die Oberfläche ist in der Regel glatt, kann aber auch warzenartig **(Naevus verrucosus)**, behaart **(Naevus pilosus)** oder tierfellartig **(Naevus pellineus)** sein.

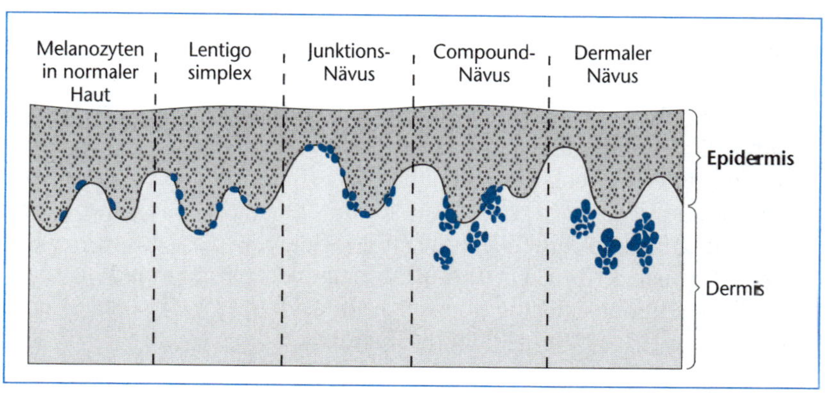

Abb. 15.3: Sitz der Nävuszellnester verschiedener Nävuszellnävi

Nävuszellnävi gehören zu den häufigsten Hautveränderungen und kommen fast bei allen Menschen vor mit starken individuellen Häufigkeitsschwankungen. Nävuszellnävi können **kongenital** und **erworben** sein. Unter den erworbenen unterscheidet man „gewöhnliche" und „atypische". Sie werden histologisch nach dem Sitz der Nävuszellnester eingeteilt in Junctions-, Compound- und dermale Nävuszellnävi.

Frage: Was versteht man unter einem dysplastischen bzw. klinisch atypischen Nävus?

? ☐ ☐ ☐ ☺ 😐 ☹

Antwort: Die **Dysplasie** ist ein histologischer Begriff. Klinisch können Nävi nur atypisch aussehen. Eine strenge Korrelation zwischen klinisch atypischen Nävi und histologisch dysplastischen Nävi besteht nicht. Klinisch **atypische Nävi**, die relativ häufig vorkommen, sind histologisch oft „normale" Nävi. Die Begriffe „atypisch" und „dysplastisch" werden jedoch in vielen Lehrbüchern oft gleichgesetzt.

Die heute übliche – aber nicht einheitliche – Definition für klinisch atypische Nävi besteht aus fünf Kriterien, von denen mindestens drei erfüllt sein müssen:

- Größe über 6 mm
- Unscharfer Rand
- Unregelmäßige Begrenzung
- Inhomogene Färbung (d.h. Färbung variiert innerhalb der Läsion)
- Papulöse und makulöse Anteile.

Frage: Wie sollte man beim Vorliegen von Nävi angesichts der Möglichkeit einer Melanom-Entstehung aus einem Nävus vorgehen?

? ☐ ☐ ☐ ☺ 😐 ☹

Antwort: In Nävi können Melanome entstehen. Weitaus häufiger entstehen sie jedoch wahrscheinlich de novo auf gesunder Haut, worüber jedoch keine einheitliche Meinung besteht. Eine generelle Empfehlung, alle atypischen Nävi zu exzidieren, ist weder realistisch noch praktisch.

Es kann jedoch empfohlen werden, atypische Nävi dann zu entfernen, wenn ein Melanom klinisch nicht sicher ausgeschlossen werden kann oder wenn nur wenige, d.h. bis zu fünf, atypische Nävi vorliegen. Wichtig ist die regelmäßige Kontrolle atypischer Nävi.
Dabei sollten die verdächtigen Hautveränderungen zusätzlich auch dermatoskopisch untersucht werden (Dermatoskopie, s. Seite 151). Mit diesem Verfahren können schnell und ohne chirurgischen Eingriff pigmentierte und nicht pigmentierte Hauttumoren im Vergleich zur Klinik mit deutlich höherer Sensitivität und Spezifität diagnostiziert werden.

Merke: Die regelmäßige Kontrolle atypisch erscheinender Nävi ist eine wirksame Methode zur Melanom-Früherkennung.

!

☐ ☐ ☐ ?
☺ 😐 ☹

Frage: Was versteht man unter einem Sutton-Nävus?

Antwort: Ein **Sutton-Nävus** (Syn.: Halonävus) lässt sich meist bei Jugendlichen am Stamm beobachten. Er ist von einem Vitilogo-artigen weißen Randsaum umgeben. Zu Beginn ist der Nävus in der Mitte der Läsion noch gut erkennbar. Im Laufe von Monaten bis Jahren wird er langsam immer heller und kann sich schließlich völlig zurückbilden. Diesem Prozess liegt eine immunologische Reaktion gegen Pigmentzellen zugrunde.

☐ ☐ ☐ ?
☺ 😐 ☹

Frage: Was ist ein blauer Nävus?

Antwort: Ein **blauer Nävus** (Syn.: Nävus coeruleus) ist ein meist halbkugelig prominenter, glatter Knoten. Es ist von derber Konsistenz und stahl- bis blaugrau gefärbt. Blaue Nävi entstehen meist in der Kindheit und wachsen sehr langsam. Sie kommen bevorzugt im Gesicht, am Nacken und an den distalen Extremitäten vor.

Sehr selten kommt es zur Entwicklung eines malignen Melanoms. Daher sollte ein blauer Nävus entweder regelmäßig beobachtet oder exzidiert werden.

☐ ☐ ☐
☺ 😐 ☹

Fallbeispiel: Eine 42-jährige Frau konsultiert den Arzt, da sie über die allmähliche Größenzunahme eines pigmentierten Flecks am rechten Unterschenkel beunruhigt ist. Vor einem Jahr ist er ihr zum ersten Mal aufgefallen. Es handelt sich um eine wenig erhabene, bräunlich-schwarz pigmentierte Läsion. Sie ist unregelmäßig, aber scharf begrenzt und hat einen Durchmesser von etwa 2,5 cm (↗ Foto 50).
Welche Diagnose würden Sie aufgrund des Befundes am ehesten vermuten?

✚ Jedes Jahr werden weltweit mehr als 100000 maligne Melanome diagnostiziert. In Deutschland geht man von 10000 Neuerkrankungen im Jahr aus. Die Inzidenz der Erkrankung steigt seit Jahrzehnten kontinuierlich an.

Antwort: Es handelt sich wahrscheinlich um ein **oberflächlich-spreitendes-Melanom** (Syn.: superficial spreading melanoma). Mit 70% hat es den höchsten Anteil unter den verschiedenen Melanomtypen. Das **oberflächlich spreitende Melanon** hat im Vergleich zu anderen Formen des Melanoms einen günstigeren Verlauf.

Ein oberflächlich spreitendes Melanom weist zunächst ein relativ langsames horizontales Wachstum auf. Erst wenn erhabene Anteile auf der Läsion entstehen, liegt vertikales Wachstum vor. Ein oberflächlich spreitendes Melanom ist unregelmäßig pigmentiert und begrenzt. Es kann zu depigmentierten, grauweißlichen Regressionszentren kommen. Bei Frauen ist das oberflächlich spreitende Melanom typischerweise am Unterschenkel lokalisiert, bei Männern bevorzugt am Rücken, im Brustbereich, am Kopf und am Hals.

Frage: Welche weiteren Typen des Melanoms kennen Sie?

? ☐ ☺ ☐ 😐 ☐ ☹

Antwort: Folgende Melanomtypen lassen sich neben dem oberflächlich spreitenden Melanom unterscheiden (Tab. 15.1):

- Das **Lentigo-maligna-Melanom** (↗ Foto 51) findet sich bei 5% der Patienten, zu denen vorwiegend ältere Menschen zählen. Das Lentigo-maligna-Melanom entwickelt sich auf einer Lentigo maligna, die bereits jahre- bis jahrzehntelang bestehen kann. Erste auffällige Zeichen sind schwärzliche, leicht infiltrierte Oberflächenveränderungen oder kleine schwärzliche Knötchen. Die anschließende Bildung erhabener Elemente deutet auf ein vertikales Tumorwachstum hin.
- Das **noduläre Melanom** hat durch sein schnelles Wachstum die schlechteste Prognose von allen Melanomen. Es handelt sich um einen braunen bis tiefschwarzen, glatten, halbkugeligen Tumor. Prädilektionsstellen sind Rücken, Brust und Extremitäten. Der Häufigkeitsgipfel liegt zwischen 20 und 40 Jahren. Bei pigmentlosem Vorkommen spricht man von einem amelanotischen nodulären Melanom.
- Das **akrolentiginöse Melanom** (↗ Foto 52) macht nur einen kleinen Prozentsatz aller Melanome aus, hat allerdings eine schlechte Prognose.

Die Melanome bieten kein einheitliches, sondern ein scheckiges, buntes Bild. Als nicht obligate, sekundäre Veränderungen können vorkommen: Erosionen und Ulzerationen, Blutungen und Verkrustungen oder regressive Veränderungen mit Depigmentierungen.

Oberflächlich spreitendes Melanom	70%
Noduläres Melanom	16%
Lentigo-maligna-Melanom	5%
Nicht klassifiziert (beinhaltet akrolentiginösen Melanomtyp)	9%

Tab. 15.1: Häufigkeit der verschiedenen Melanomtypen

Frage: Warum ist das akrolentiginöse Melanom so gefährlich?

? ☐ ☺ ☐ 😐 ☐ ☹

Antwort: Ein **akrolentiginöses Melanom** kommt meist bei dunkelhäutigen und orientalischen Völkern vor. Vorwiegend sind die Phalangen (v. a. unter dem Fingernagel), Handinnenflächen und Fußsohlen betroffen (↗ Foto 52).

Nicht nur die versteckten Lokalisationen machen das akrolentiginöse Melanom so gefährlich, sondern auch das umgebende Gewebe, in dem sie entstehen. Es ist meist reichlich durchblutet mit wenig Fettgewebe, was einer Metastasierung Vorschub leistet. Ein Auftreten unter dem Nagel ist ebenfalls nicht ungefährlich, da es dort mit einem subungualen Hämatom verwechselt werden kann.

Frage: Wie entsteht ein malignes Melanom?

Antwort: Die zunehmende **UV-Bestrahlung** wird als wesentlicher pathogenetischer Faktor für die zunehmende Inzidenz des malignen Melanoms verantwortlich gemacht. Dafür spricht die hohe Morbidität lichtempfindlicher Menschen, die einer hohen Sonnenbelastung ausgesetzt sind.

Insbesondere kurz dauernde, starke UV-Exposition, wie sie bei Sonnenurlauben und Solarienbesuchen auftritt, spielt dabei eine Rolle; vor allem **schwere Sonnenbrände in der Kindheit und Jugend**. Dauerhafte, tagtägliche Sonnenexposition – etwa der Gesichtshaut –, die nicht zu einer Hautrötung oder einem Sonnenbrand führt, prädisponiert wahrscheinlich nicht für die Entstehung eines malignen Melanoms. Diese führt aber zu einem erhöhten Risiko für die Entwicklung eines Basalioms oder Spinalioms. **Eine Ausnahme** bildet das **Lentigo-maligna-Melanom** (↗ Foto 51), welches ebenso wie das Basaliom (↗ Foto 46) bevorzugt im Gesicht auftritt. Dieser Melanom-Typ – von seinem Entdecker William Debreuilh als Melanosis circumscripta praeblastomatosa bezeichnet – wurde zuerst bei Frauen beschrieben, die tagtäglich in den Weinbergen Südfrankreichs ihre Arbeit verrichteten. Im Französischen bezeichnet man deshalb das Lentigo-maligna-Melanom auch als Mélanome de Dubreuilh.

Weitere Risikofaktoren für das maligne Melanom sind eine genetische Prädisposition, die sich als dysplastisches Nävus-Syndrom bemerkbar machen kann, eine positive Familienanamnese und eine helle Haut (Fitzpatrick-Hauttyp I–II, Tab. 15.2).

Hauttyp	Hautfarbe	Bräunungstendenz
I	blass-weiß	Haut bräunt nie, verbrennt äußerst leicht
II	weiß	Haut bräunt minimal, verbrennt sehr leicht
III	weiß	Haut bräunt erst nach einem Sonnenbrand
IV	hellbraun	Haut bräunt leicht
V	braun	Haut bräunt leicht
VI	schwarz	Haut wird noch dunkler

Anamnestische Frage zum Hauttyp bei hellhäutigen Personen: „Bräunen Sie leicht in der Sonne?"	
Drei mögliche Antworten:	Hauttyp:
„Nein, ich verbrenne schnell."	I und II
„Erst bekomme ich einen Sonnenbrand, dann bräune ich."	III
„Ja, ich bräune leicht."	IV

Tab. 15.2: Hauttypen nach Fitzpatrick

Merke: Die 4 wichtigsten Risikofaktoren für das maligne Melanom: dysplastische Nävi, schwere Sonnenbrände in Kindheit und Jugend, positive Familienanamnese und helle Haut.

!

Frage: Was würden Sie einem Patienten raten, der durch UV-Licht gefährdet ist? Wie kann er sich schützen?

? ☐ ☐ ☐ ☺ 😐 ☹

Antwort: Die folgenden Maßnahmen zum Schutz gegen UV-Belastung sollten unbedingt eingehalten werden:

- Vermeidung von Aufenthalten im Freien zwischen 10 bis 14 Uhr
- Schattige Plätze aufsuchen
- Sonnenschützende Kleidung, Schatten spendende Kopfbedeckung und Sonnenbrille tragen
- An durch Kleidung schwer zu schützenden Stellen Sonnenschutzcreme mit Lichtschutzfaktor 15 und höher mehrmals täglich auftragen (besser 30 und höher)
- Solarienaufenthalte vermeiden
- Vor allem Babys, Kinder und Jugendliche vor Sonnenbränden schützen!

✚ Weitere Informationen zum Thema **UV-Index und Sonnenschutz** sind auf der Internetseite der Weltgesundheitsorganisation **www.who.int/uv** abrufbar.

Hinweis: Die Weltgesundheitsorganisation (WHO) hat einen UV-Index entwickelt, der wie ein Wetterbericht für UV-Licht während der Sommermonate im Internet publiziert wird (www.uv-index.de). Je höher der Index-Wert, desto sorgfältiger sollte der Sonnenschutz sein.

Falsch	Richtig
Etwas „Farbe“ zu bekommen, ist gesund!	Mit einer Hautbräunung versucht der Körper, weiteren Schaden durch UV-Licht abzuwenden.
Eine Hautbräunung schützt vor der Sonne.	Eine tiefe Bräunung weißer Haut bewirkt nur einen relativ geringen Sonnenschutz – etwa wie Lichtschutzfaktor 4.
Wenn es bewölkt ist, bekommt man keinen Sonnenbrand.	Bis zu 80% der UV-Strahlen können eine leichte Wolkendecke penetrieren. Nebel kann manchmal sogar die UV-Belastung am Boden erhöhen.
Sonnencremes schützen mich, deshalb kann ich länger sonnenbaden.	Sonnencremes sollten niemals dazu benutzt werden, länger in der Sonne zu bleiben. Sie sollten nur dann benutzt werden, wenn kein anderer Sonnenschutz zur Verfügung steht. Sonnencremes haben nur bei einer solchen korrekten Anwendung eine schützende Wirkung!
Wenn ich nur mehrere Pausen während des Sonnenbadens mache, bekomme ich keinen Sonnenbrand.	UV-Schäden akkumulieren kontinuierlich. Entstandene Schäden können nur teilweise repariert werden.

Tab. 15.3: UV-Strahlen: Fakten und Fiktion

!

Merke: Sonnencremes sollten niemals zum Sonnenbaden missbraucht werden!

☐ ☐ ☐
☺ 😐 ☹ ?

Frage: Kann sich ein malignes Melanom aus einem pigmentierten Nävus entwickeln?

Antwort: Ein malignes Melanom kann sich aus einem seit Jahren bestehenden Nävuszellnävus oder auf gesunder Haut entwickeln. Folgende Häufigkeiten beruhen auf Schätzungen:

- 50% (30 bis 70%) der Melanome entstehen aus seit Jahren bestehenden **Nävuszellnävi**.
- 50% (30 bis 70%) der Melanome entstehen auf klinisch gesunder Haut.
- 10 bis 20% der Melanome entwickeln sich nach Jahren aus einer melanotischen Präkanzerose (Lentigo maligna, ↗ Foto 51).
- 10% der Melanome treten familiär gehäuft auf (z.B. im Rahmen eines dysplastischen Nävus-Syndrom).

Frage: Wie kann eine Verdachtsdiagnose klinisch weiter gesichert werden?

? ☐ ☐ ☐ ☺ 😐 ☹

Antwort: Zunächst kann mit der so genannten Dermatoskopie (**Auflichtmikroskopie** mittels Dermatoskop – einer Art Lupe zur besseren Darstellung der Hautoberfläche) eine verdächtige Hautläsion begutachtet werden. Man hat Kriterien definiert, die auf die Bösartigkeit einer Hautveränderung hinweisen. Allerdings hat dieser Test nur in der Hand eines erfahrenen Untersuchers eine hinreichende Sensitivität und Spezifität. Verdächtig sind:

- **Netzwerk:** ein scharf gezeichnetes, irreguläres und in der Peripherie abrupt abreißendes Pigmentnetzwerk
- **Farbe:** eine irreguläre, inhomogene Pigmentierung mit Depigmentierungen
- **Globuli:** braune und schwarze Globuli und Punkte verschiedener Größe und Verteilung
- **Pseudopodien** und grau-weißliche **Schleier** über dem Tumor.

Der **histologische Befund** ist für die Diagnose entscheidend. Bei Verdacht auf ein Melanom darf wegen der Gefahr einer vorzeitigen Metastasierung **nie eine Probeexzision** durchgeführt werden.

Frage: Was verbirgt sich hinter dem Begriff der ABCD-Regel? Kennen Sie weitere Zeichen, die eine pigmentierte Hautläsion verdächtig erscheinen lassen?

? ☐ ☐ ☐ ☺ 😐 ☹

Antwort: Die **ABCD-Regel** kann dem Untersucher helfen, ein Melanom von einer benignen Hautveränderung klinisch zu unterscheiden. Die Buchstaben ABCD stehen für die Anfangsbuchstaben der Unterscheidungskriterien (↗ Foto 50):

- **A**symmetrie
- **B**egrenzung
- **C**olorit (Färbung)
- **D**urchmesser.

Merke: Außerdem sollte man noch das **Hässliche-Entchen-Zeichen** (*engl.:* ugly duckling sign) kennen: Jeder Patient entwickelt die für ihn typischen pigmentierten Hautveränderungen mit einer individuellen Morphologie. Pigmentierte Hautveränderungen, die nicht dem typischen Muster entsprechen („hässliche Entchen"), sind vermehrt verdächtig.

!

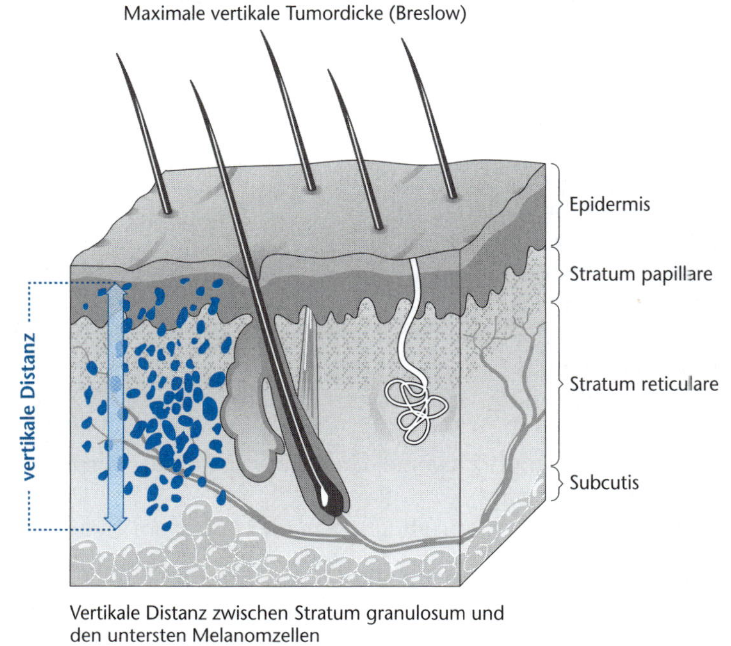

Abb. 15.4: Messung der vertikalen Tumordicke

Frage: Welches sind die prognostischen Kriterien beim malignen Melanom?

Antwort:

- Für die **Prognose beim malignen Melanom** ist neben Geschlecht und Lokalisation die Stadieneinteilung von Bedeutung (hier: grobe Stadieneinteilung zum besseren Merken):

Stadium	Klinische Charakterisierung	10-JÜR
Stadium I	Tumor < 1,5 mm (Breslow), N0, M0	> 90%
Stadium II	Tumor jeder Dicke, N0, M0	> 43%
Stadium III	Tumor jeder Dicke, Lymphknotenbefall, M0	> 19%
Stadium IV	Fernmetastasen (M1)	3%

Tab. 15.4: Stadieneinteilung des malignen Melanoms

Merke: Die Tumordicke nach Breslow ist von entscheidender prognostischer Bedeutung!

- Im Stadium I liegt die 5-Jahres-Überlebensrate bei über 90%. Das Stadium IV ist mit wenigen Ausnahmen letal.
- Die Messung der **maximalen Tumordicke nach Breslow** erlaubt prognostische Aussagen. Bei einer maximalen Tumordicke von 0,75 mm im Stadium I ist die statistische 5-Jahres-Überlebensrate 97%. Bei einer Tumordicke von 1,5 mm ist sie etwa 90%, bei mehr als 4 mm ist sie unter 50%. Die Genauigkeit der Prognose wird nicht unwesentlich von verschiedenen Variablen mitbestimmt. So ist z.B. die Zahl der Serienschnitte von größter Bedeutung, um tatsächlich die dickste Stelle des Melanoms zu finden.
- Bei der Beurteilung der Prognose nach dem **Clark-Schema** wird die Eindringtiefe nicht in absoluten Zahlen, sondern nach Hautschichten angegeben und ist daher als einzelner Faktor zur Prognosebestimmung weniger exakt.

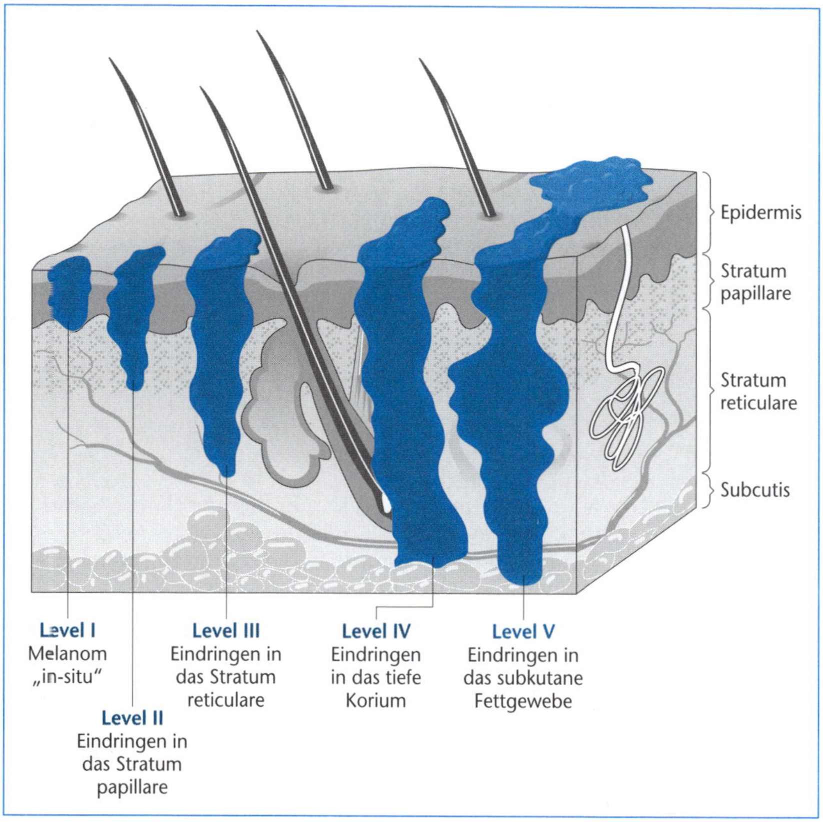

Abb. 15.5: Eindringtiefe des malignen Melanoms nach dem Clarkschen Schema

✚ Zusätzliche prognostische Bedeutung hat die Lokalisation des Primärtumors. Melanome im Bereich der Extremitäten haben ein bessere Prognose als Melanome an Rumpf und Kopf.

✚ Es kann schwierig sein, invasive von nicht-invasiven in-situ-Melanomen zu unterscheiden. Hier muss man gelegentlich auf immunhistochemische Methoden zurückgreifen. Eine Markierung invasiver Melanomzellen mittels melan-A/MART-1 Antikörper kann helfen, diese nicht zu übersehen und eine korrekte Diagnose zu stellen!

☐ ☐ ☐ ?
☺ 😐 ☹

Frage: Was muss bei der Therapie beachtet werden und inwieweit ist sie problematisch?

Antwort: Die Therapie ist im Wesentlichen **chirurgisch**. Dabei ist zu beachten, dass der Tumor **vollständig** und **mit ausreichendem Sicherheitsabstand** nach allen Seiten entfernt wird.

Tumordicke nach Breslow	Sicherheitsabstand
≤ 1 mm	1 cm
> 1 mm bis < 4 mm	2 cm
≥ 4 mm	3 cm

Tab. 15.5: Sicherheitsabstand bei Melanomexzision

Tumorstadium	Behandlung
Stadium I	• Chirurgische Entfernung des Primärtumors • Ausschluss von Fernmetastasen • Regelmäßige Nachuntersuchungen über einen Zeitraum von mindestens 10 Jahren. Untersuchungen zunächst jede 3, später jede 6 Monate.
Stadium II	• wie Stadium I, zusätzlich: • **Wächterlymphknoten-Biopsie** (*engl.:* sentinel lymph node biopsy)
Stadium III	• wie Stadium II, zusätzlich: • Lymphadenektomie • Adjuvante Chemo- und Immuntherapie: Eine Chemotherapie kann mit DTIC (Dacarbazin) durchgeführt werden. Bei der Immuntherapie kommt üblicherweise Interferon α zum Einsatz.
Stadium IV	• wie Stadium III, zusätzlich: • Palliative Therapie bei symptomatischer Metastasierung (Metastasenchirurgie, Strahlentherapie etc.)

Tab. 15.6: Behandlung nach Therapiestadium

☐ ☐ ☐ ?
☺ 😐 ☹

Frage: Wie wird eine **Wächterlymphknoten-Biopsie** durchgeführt?

Antwort: Der Wächterlymphknoten ist die erste Lymphknotenstation im Abflussgebiet einer maligne entarteten Hautregion. Dieser wird wie folgt ausfindig gemacht: Man spritzt einen Blaufarbstoff oder eine radioaktive Lösung in unmittelbarer Nachbarschaft zum Primärtumor unter die Haut. Die Markierung wird über genau die Lymphe abtransportiert, über die auch mögliche Metastasen des Tumors abtransportiert werden. Die Markierung erreicht die erste Lymphknotenstation und sammelt sich dort an. Der markierte Wächterlymphknoten wird entfernt und histologisch untersucht. Bei Metastasenbefall wird eine **Lymphadenektomie** durchgeführt.

Merke: Das maligne Melanom ist nur dann erfolgreich therapierbar, wenn es in einem frühen Tumorstadium entdeckt wird.

!

15.3 Gutartige mesodermale Tumoren

Frage: Wie sollten kavernöse Hämangiome aufgrund ihres Verlaufs am besten therapeutisch angegangen werden?

? ☐ ☐ ☐ ☺ 😐 ☹

Antwort: Meist entstehen **Kavernöse Hämangiome (Syn.: Blutschwamm)** in den ersten Lebensmonaten, können aber seltener auch angeboren sein. Es handelt sich dabei um eine dunkelrote Geschwulst von weicher Konsistenz. Es ist unregelmäßig begrenzt und überragt meist das Hautniveau. Selten können Ulzerationen und Blutungen vorkommen.

Ein kavernöses Hämangiom kann schnell größer werden. Die Wachstumsphase ist jedoch meist nach einem Jahr beendet. **In 90% bildet sich das Hämangiom spontan** in den ersten fünf Lebensjahren, meist aber bis zur Pubertät, **zurück**. Daher sollte außer regelmäßigen Kontrollen abgewartet werden. Die Laserbehandlung hat sich zur Behandlung bewährt. Falls wichtige Organe beeinträchtigt werden, können systemische Kortikoide gegeben werden. In diesem Fall kann auch eine chirurgische, radiologische oder kryochirurgische Therapie indiziert sein.

Frage: Wodurch entstehen Keloide? Menschen welcher Hautfarbe sind häufiger betroffen?

? ☐ ☐ ☐ ☺ 😐 ☹

Antwort: Als **Keloide** bezeichnet man überschießende, posttraumatische Bindegewebsproliferationen. Sie treten am häufigsten an den Ohren, im Kieferbereich, über dem Sternum, an den Schultern und oberen Rückenpartien auf. Keloide wachsen im Gegensatz zu Narben immer über den Bereich des Traumas hinaus. Man sieht eine wulstartig erhabene, derbe, prall gespannt wirkende Läsion (↗ Foto 53). Anfangs ist sie hellrot, durch Schrumpfung verändert sie sich dann aber weißlich. Bei entsprechender Veranlagung zeigen sich meist bereits nach Impfungen im Kleinkindalter keloidale Narben. Die Dermis enthält wirbelige Kollagenmassen und ist fibroblastenreich. Farbige Menschen sind weitaus häufiger betroffen als Weiße.

+ Als **Acne keloidalis nuchae** bezeichnet man entzündliche Pusteln und Papeln im Nacken, die häufig unter Keloidbildung heilen.

!

Merke: Eine alleinige chirurgische Behandlung ist kontraindiziert, da es bei der Abheilung wiederum zu Keloiden kommt. Allerdings können chirurgische Maßnahmen kombiniert werden mit einer sofortigen post-chirurgischen **Strahlentherapie**. Besonders wichtig ist die Prophylaxe. Bei Verdacht auf Entstehung von Keloiden sollte man rechtzeitig **intraläsional Kortikoide** geben und, evtl. in Kombination mit Röntgenbestrahlung, Druckverbände und Silikongele anlegen.

☐ ☐ ☐ ?
☺ 😐 ☹

Frage: Was ist ein Dermatofibrom, was ein weiches Fibrom?

Antwort: Das **Dermatofibrom** (Syn.: hartes Fibrom, Histiozytom) ist ein gutartiger Tumor des Bindegewebes mit Fibroblasten- und Kollagenvermehrung. Es handelt sich um einen derben, leicht erhabenen, kugelförmigen Knoten. Da er Lipide und Pigmente speichern kann, ergibt sich meist ein gelb-bräunlicher Farbton.

Ein **weiches Fibrom** ist eine meist gestielte, weiche Papel und kommt nicht selten an Augenlidern, am Hals und axillär vor. Es kann von einer runzeligen Hülle umgeben sein oder gestielt herabhängen.

15.4 Kutane Mastozytosen

☐ ☐ ☐ ?
☺ 😐 ☹

Frage: Welche Erkrankungen sind Folge einer gestörten Verteilung und Proliferation von Mastzellen?

✚ Aktivierende Mutationen im c-kit-Protoonkogen (eine Rezeptor-Tyrosinkinase) sowie eine erhöhte Produktion von Stammzellfaktor (SCF) – Ligand für c-kit – spielen bei der Erkrankung pathogenetisch evtl. eine wichtige Rolle.

Antwort: Erkrankungen, die auf einer Hyperplasie von Mastzellen beruhen, nennt man **Mastozytosen**. Man unterscheidet Formen, die auf die Haut beschränkt sind – **kutane Mastozytosen –**, von solchen, die auch andere Organe wie Knochenmark, Leber, Milz, Lymphknoten, Gastrointestinaltrakt und Knochen befallen – **systemische Mastozytosen**. Kutane Mastozytosen können sich klinisch wie folgt manifestieren:

- **Urticaria pigmentosa**: Dies ist die häufigste Manifestationsform in Kindern und Erwachsenen. Man findet gelb-bräunliche Makula oder leicht erhabene Papeln, meistens an den Extremitäten, aber auch am Thorax und Abdomen. Handinnenflächen, Fußsohlen, Gesicht und Kopfhaut bleiben erscheinungsfrei. Charakteristisch ist die Auslösbarkeit des **Darier-Zeichens**: Das Bestreichen, Reiben oder Kratzen der Hautveränderungen führt zur Freisetzung von Histamin aus Mastzellen mit juckender Quaddelbildung und Hautrötung. Die Diagnose der Erkrankung wird durch eine Biopsie gesichert.

- **Mastozytom**: Die Hautveränderungen bei Mastozytomen ähneln der Urticaria pigmentosa, sind allerdings dicker und knotig. Vor allem Kinder sind betroffen.
- **Diffuse kutane Mastozytose**: Im Gegensatz zur Urticaria pigmentosa sind nicht umschriebene Hautbereiche befallen, sondern größere, flächige Hautabschnitte. Das gesamte Integument kann betroffen sein. Diese Erkrankung präsentiert sich vor dem 3. Lebensjahr. Die betroffene Haut kann dabei eine normale Farbe haben oder gelb-bräunlich und verdickt wirken. Die Diagnose wird per Biopsie gesichert.
- **Teleangiectasia macularis eruptiva persistens**: Sehr seltene Manifestationsform der Mastozytose. Tritt vor allem bei Erwachsenen auf. Man findet gelb-bräunliche Hautläsionen mit Teleangiektasien. Histologisch finden sich Mastzellen vor allem um Kapillaren und Venulen der oberflächlichen Hautgefäße.

tipp Schaut Euch Bilder zur Mastozytose an, z.B. im Internet unter www.dermis.net/doia!

Frage: Wie würden Sie kutane Mastozytosen behandeln?

? ☐ ☐ ☐ ☺ 😐 ☹

Antwort: Kinder mit kutaner Mastozytose benötigen keine Behandlung. Die Spontanheilungsrate ist extrem hoch. Symptomatisch können **Antihistaminika** den Juckreiz lindern. Erwachsene profitieren eventuell von **topischen Glukokortikoiden** oder einer **PUVA-Therapie**. Systemische Glukokortikoide haben keine Wirkung bei kutaner Mastozytose und sollten deshalb nicht verordnet werden. Mastozytome können chirurgisch entfernt werden. Allerdings bilden sich diese häufig ohne Zutun von allein zurück.

15.5 Sarkome der Haut

Frage: Wie können die Läsionen des Kaposi-Sarkoms beschrieben werden?

? ☐ ☐ ☐ ☺ 😐 ☹

Antwort: Das **Kaposi-Sarkom** wird auch als **Hämangiosarcoma haemorrhagicum multiplex** oder als **malignes Hämangioendotheliom** bezeichnet. Das Kaposi-Sarkom war früher eine Rarität und hat heute an Häufigkeit und Bedeutung durch das Auftreten bei AIDS zugenommen. Es tritt bei etwa 30% der AIDS-Patienten auf und ist manchmal die erste klinische Manifestation einer HIV-Infektion.

Zunächst finden sich lividrote bis bräunliche Flecke, die später in flache Tumoren übergehen. Die häufig multipel auftretenden Läsionen sind stecknadelkopf- bis handtellergroß. Zahlreiche Plaques können am Stamm, im Gesicht, an den Schleimhäuten des Mundes, der Konjunktiven und des Gastrointestinaltraktes vorkommen. Im weiteren Verlauf werden häufig auch Lymphknoten und innere Organe befallen.

Histologisch zeigen sich Wucherungen der endothelialen Zellen mit Ausbildung von gefäßartigen Spalträumen und eine Fibroblastenproliferation.

! **Merke:** Das Kaposi-Sarkom wird ätiologisch in Verbindung gebracht mit dem Humanen Herpes-Virus Typ 8 (HHV-8).

□ □ □ ☺ 😐 ☹ ?

Frage: Wie wird das Kaposi-Sarkom bei AIDS therapiert und wie sieht die Prognose aus?

Antwort: HIV-infizierte Patienten mit einer hohen Zahl $CD4^+$-T-Helferzellen können über mehrere Jahre einen stabilen oder nur leicht progredienten Krankheitsverlauf erleben. Fällt die Zahl $CD4^+$-T-Helferzellen, behandelt man über einen längeren Zeitraum mit systemischen Kortikoiden oder treten andere HIV-assoziierte Erkrankungen wie Pneumocystis-carinii-Infektionen auf, kann sich der Krankheitsverlauf rasch beschleunigen. Kaposi-Sarkome von Darm und Lunge führen bei 10 bis 20% der Patienten innerhalb weniger Monate zum Tod.

Die Behandlung erfolgt **nicht in kurativer Absicht**. Sie ist symptomatisch. Es gibt eine Reihe von Therapieansätzen, die sich in der Vergangenheit als nützlich erwiesen haben. Dazu gehören die Strahlentherapie, Kryochirurgie, Laserchirurgie, Exzisionen, lokale Chemotherapie mit Vinblastin, Vincristin oder Bleomycin oder aggressive systemische Chemotherapieprotokolle.

15.6 Reaktive, benigne und maligne Lymphozytenproliferationen

□ □ □ ☺ 😐 ☹ ?

Frage: Wie verläuft eine Mycosis fungoides?

Antwort: Die **Mycosis fungoides** ist ein **kutanes T-Zell-Lymphom** niedriger Malignität. Die Erkrankung macht mehr als ein Drittel aller kutanen Lymphome aus. Sie weist einen chronischen Verlauf über 10–15 Jahre auf.

An der Haut durchläuft es drei typische Stadien:

- Das **prämykoside Stadium** tritt zu Beginn auf und zeigt ekzematöse Hautveränderungen, die dem Bild der **großfleckigen Parapsoriasis en plaque** entsprechen. Sie kommen hauptsächlich am Stamm vor und sind histologisch unspezifisch.

- Beim **infiltrativen Stadium** kommt es zur Verdickung dieser Herde und zur Ausbildung von meist juckenden Plaques. Histologisch finden sich in der Epidermis Ansammlungen atypischer T-Lymphozyten, auch **Sézary-Zellen** genannt. Dieser Befund wird als **Pautrier-Mikroabszess** bezeichnet.
- Beim **mykosiden Stadium** können sich zahlreiche bräunliche bis tomatengroße Tumoren ausbilden, die jauchig zerfallen.

Im weiteren Verlauf kommt es zum Befall von Lymphknoten und inneren Organen mit letalem Ausgang.

Frage: Wie wird eine Mycosis fungoides am besten therapiert?

Antwort: Im Stadium I und II hat sich die **PUVA-Therapie** bewährt. Dadurch kann bei einem nicht unerheblichen Anteil der Patienten eine echte Heilung erzielt werden. **Kortikoide** können im Stadium I lokal oder systemisch angewendet werden.

Der Einsatz von **Retinoiden** und **Interferonen** ist in allen Stadien möglich. Eine **Polychemotherapie** wird als Ultima ratio angesehen und beim Befall von Lymphknoten und inneren Organen empfohlen.

Merke: Die PUVA-Therapie ist ein wesentliches Standbein der Therapie einer Mycosis fungoides!

Frage: Was ist das Sézary-Syndrom?

Antwort: Das **Sézary-Syndrom** ist die **leukämoide** Verlaufsform einer Mycosis fungoides. Sie kommt wesentlich seltener vor als die Mycosis fungoides und tritt meist nach dem 50. Lebensjahr auf. Der Beginn ist meist wie bei der klassischen Mycosis fungoides. Dann geht das Sézary-Syndrom jedoch in eine stark schuppende Erythrodermie über.

Die Histologie und Therapie entspricht der Mycosis fungoides. Zusätzlich kann eine Leukophorese und Polychemotherapie durchgeführt werden.

Frage: Kommen Haut- und Schleimhautveränderungen bei einer Leukämie häufig vor und wie sind sie charakterisiert?

Antwort: Bei **Leukämien** treten nicht selten spezifische Veränderungen auf, die oft mit einer Proliferation der malignen Zellen in der Haut einhergehen. Bei 50% der Patienten finden sich unspezifische Begleiterscheinungen wie

- Pruritus
- Prurigo
- Erythrodermien.

Die **Erythrodermie** kann die erste klinische Manifestation einer Leukämie sein. Die histologische Untersuchung von Hautbiopsien erlaubt nur bei spezifischen Infiltraten einen Rückschluss auf die zugrunde liegende Erkrankung. Bei unspezifischen Reaktionen wie Pruritus und Erythrodermie gibt sie keinen Hinweis.

Die Blutungsneigung bei Leukämien ist meist durch eine **Thrombozytopenie** verursacht und kann sich klinisch durch Purpura bemerkbar machen. Auf dem Boden einer Immunschwäche kann es zu bakteriellen und viralen Infektionen kommen.
Kutane Infiltrate werden häufig verursacht durch eine:
- Akute myeloische Leukämie
- Akute Monozyten-Leukämie
- Chronische myelomonozytäre Leukämie
- Chronisch-lymphatische Leukämie.

15.7 Kutane Metastasen

☐ ☐ ☐ ?
☺ 😐 ☹

Frage: Welche Neoplasmen erzeugen Hautmetastasen?

Antwort: Kutane Metastasen entstehen per continuitatem, lymphogen oder hämatogen. Die klinischen Erscheinungen sind sehr verschieden. Häufig finden sich jedoch multiple, hautfarbene bis rötliche, derbe Knoten. Zum Teil liegen sie subkutan und sind nur tastbar. Die Häufigkeit von Hautmetastasen korreliert grob mit der Häufigkeit der Primärtumoren.

Zu den wichtigsten Primärtumoren, die Hautmetastasen setzen, gehören mit absteigender Häufigkeit Tumoren folgender Organe: Mamma, Magen, Uterus, Lungen, Darm und Nieren.

Die Therapie richtet sich nach dem Primärtumor und der lokalen Ausbreitung. Eine chirurgische Exzision in Verbindung mit anschließender Röntgen- und Chemotherapie wird meistens durchgeführt.

Fallbeispiel: Ein 40-jähriger Patient stellt sich in deutlich reduziertem kachektischen Allgemeinzustand in der Notaufnahmeambulanz des örtlichen Krankenhauses vor. Bei der Anamnese gibt er an, vor drei Monaten im Bereich des linken Thorax große fleckförmige Hautrötungen bemerkt zu haben. Im Verlauf der Zeit breiteten sich diese über den gesamten linken Thorax aus. Die Hautveränderungen seien weder juckend noch schmerzhaft. Seit etwa vier Wochen fühlt sich der Patient so schwach, dass er seiner Arbeit nicht mehr nachgehen kann. Außerdem klagt er über Kurzatmigkeit. Bei der klinischen Untersuchung findet sich ein flächenhaftes Erythem mit unregelmäßig gruppierten, teilweise hämorrhagisch verkrusteten Papeln. Außerdem finden sich multiple, derbe Lymphknotenpakete zervikal, axillär und inguinal. Auskultatorisch fehlt auf der linken Thoraxseite ein Atemgeräusch. Der Klopfschall ist über allen linken Lungenfeldern gedämpft. Der Leberrand ist grob verdichtet und 4 Querfinger unterhalb des rechten Rippenbogens tastbar. Die linke Brustwarze erscheint unauffällig. Die eingeleitete histologische Untersuchung der makulopapulösen Hautveränderung erlaubt die Diagnose einer **Lymphangiosis carcinomatosa** bei **disseminiert metastasiertem Mammakarzinom**. Trotz Chemotherapie verstirbt der Patient wenige Wochen später an den Komplikationen seines Tumorleidens.

☐ ☐ ☐

Merke: Insbesondere Mamma-, Magen-, Uterus-, Lungen-, Darm- und Nierentumore setzen Hautmetastasen!

16 Erkrankungen des Pigmentsystems der Haut

16.1 Hypomelanosen

☐ ☐ ☐ ?
☺ 😐 ☹

Frage: Was ist die Ursache des klinischen Erscheinungsbildes der Vitiligo?

Antwort: Die **Vitiligo** (Syn.: Weißfleckenerkrankung) ist eine erworbene Hypo- bis Depigmentierung der Haut. Genetische Faktoren scheinen bei der Entwicklung der Erkrankung eine Rolle zu spielen. Etwa 20 bis 30% der Betroffenen haben eine positive Familienanamnese. Wahrscheinlich liegen der Erkrankung autoimmunologische Mechanismen zugrunde, bei denen es zur Bildung von Antikörpern bzw. zytotoxischen Zellen kommt, die gegen die Melanozyten gerichtet sind und diese zerstören. Ein neu entdecktes Autoantigen ist der Melanin-konzentrierende Hormonrezeptor 1 (MCHR1).

☐ ☐ ☐ ?
☺ 😐 ☹

Frage: Wie tritt ein Vitiligo klinisch in Erscheinung? Was ist eine Poliosis?

✚ Die Vitiligo ist besonders bei farbigen Menschen kosmetisch unschön. Betroffene können psychisch schwer unter der Erkrankung leiden. Psychologische Unterstützung sollte angeboten werden.

Antwort: Die Vitiligo beginnt meist in der Adoleszenz oder im frühen Erwachsenenalter. Sie zeichnet sich durch multiple klein- bis mittelfleckige depigmentierte Areale aus, vor allem im Bereich der Akren (z.B. Mund, Augen, Nase, Anus, ↗ Foto 38). Das **Köbner-Phänomen** kann positiv sein. Betroffen sind vor allem durch Reibungen beanspruchte Körperstellen (z.B. durch Schulter-, Hüftriemen oder Hemdkragen). Der Verlauf ist chronisch-progredient und schubweise. 10 bis 20% der Patienten erleben eine Spontanremission ihrer Erkrankung. Kommt es zu einer weißen Strähne durch Pigmentverlust der Haare, spricht man von einer **Poliosis**.

Frage: Mit welchen Krankheiten ist die Vitiligo oft assoziiert?

? ☐ ☐ ☐ ☺ 😐 ☹

Antwort: Die Vitiligo tritt gehäuft mit anderen autoimmunologischen und endokrinologischen Erkrankungen auf, wie z. B.:

- Morbus Basedow
- Hashimoto-Thyreoiditis
- Alopezia areata
- Perniziöse Anämie

✚ Als Bestandteil eines **polyglandulären Autoimmunsyndrom Typ II** kann die Vitiligo mit autoimmunen Schilddrüsenerkrankungen, Diabetes mellitus Typ I, primärer Nebennierenrindeninsuffizienz, Hypophysenunterfunktion u. a. assoziiert sein.

Frage: Welche Therapieversuche können bei Vitiligo unternommen werden?

? ☐ ☐ ☐ ☺ 😐 ☹

Antwort: Eine Therapie sollte so früh wie möglich begonnen werden. Zusätzlich zu Therapieansätzen, die darauf abzielen, eine Repigmentierung herbeizuführen, sollte auch ein wirksamer Sonnenschutz durchgeführt werden. Dieser verhindert die Bräunung der Haut und damit eine Kontrastverstärkung zwischen erkrankter und gesunder Haut. Make-up und Färbemittel wie Dihydroxyaceton können helfen, depigmentierte Hautareale zu verdecken.

Medikamente, die eine Repigmentierung der Haut hervorrufen können, beinhalten:

- Glukokortikosteroide
- Chirurgische Techniken (autologe Minigrafttechniken)
- PUVA oder UVB Therapie

Sind bei erfolglosen Repigmentierungsversuchen mehr als 50% der Haut von einer Vitiligo betroffen, kann es sinnvoll sein, die restliche, noch pigmentierte Haut mit Medikamenten zu depigmentieren. So entsteht ebenfalls eine homogene Hautfarbe. Die medikamentöse Depigmentierung ist dauerhaft und wird mit 20%igem Hydrochinon durchgeführt.

✚ Studien haben gezeigt, dass PUVA und UVB bei der Behandlung der Vitiligo gleich gut wirksam sind. PUVA hat jedoch mehr Nebenwirkungen. Deshalb ist die UVB-Behandlung zu bevorzugen.

16.2 Hypermelanosen

☐ ☐ ☐ ?
☺ 😐 ☹

Frage: Was sind Sommersprossen?

Antwort: **Sommersprossen** werden autosomal-dominant vererbt. Sie sind harmlos und treten vor allem bei rötlich-blonden Hauttypen auf. Unter Sonneneinfluss treten sie im Frühling hervor, um im Herbst wieder abzublassen. Sommersprossen sind bizarr begrenzte, gelbliche bis bräunliche Pigmentflecken. Histologisch findet sich eine Vermehrung von Melaningranula in den Basalzellen der Epidermis.

☐ ☐ ☐ ?
☺ 😐 ☹

Frage: Wodurch entsteht ein Chloasma?

Antwort: Bei einem **Chloasma** (Syn.: Melasma) kommt es zu Hyperpigmentierungen im Gesicht, meist im Stirn-, Wangen- und Oberlippenbereich. Es handelt sich dabei um scharf begrenzte, unregelmäßige, bräunliche Flecken, deren Pigmentierung sich durch Sonneneinstrahlung verstärkt. Meist sind Frauen und Mädchen betroffen.

Ein Chloasma kann insbesondere ausgelöst werden durch:
- Bergamott-Öle (in 80%), die in Parfüms (z.B. 4711) und Kosmetika enthalten sind
- Schwangerschaft, wobei man auch von einem **Chloasma uterinum** spricht
- Östrogenhaltige Medikamente (v.a. orale Kontrazeptiva)

Das Chloasma bildet sich in den meisten Fällen wieder zurück. Es kann aber auch über Monate und Jahre hinweg persistieren.

☐ ☐ ☐ ?
☺ 😐 ☹

Frage: Was ist ein Mongolenfleck?

Antwort: Der **Mongolenfleck** ist ein angeborener, unscharf begrenzter, graublauer Fleck. Er kommt hauptsächlich über dem Gesäß, Kreuzbein und Rücken vor. Vorwiegend sind Neugeborene der mongolischen Rasse betroffen. Bis zur Pubertät bildet sich dieser Fleck allmählich wieder zurück.

17 Erkrankungen der Haare und der Haarfollikel

17.1 Nicht-vernarbende Alopezien

Frage: Erläutern Sie mir den Zyklus des Terminalhaarwuchses!

Antwort: Das endgültig ausgereifte Körperhaar, das sich beim Menschen von der Pubertät bis ins 5. Lebensjahrzehnt entwickelt und einem Haarwechsel unterliegt, nennt man Terminalhaar. Bei Geburt sind bereits alle Terminalhaarfollikel angelegt. Das Wachstum der Haare unserer Kopfhaut verläuft zyklisch in verschiedenen Phasen:

- **Wachstumsphase (Anagen):** Sie umfasst eine Zeitspanne von 2 bis 3 Jahren.
- **Rückbildungsphase (Catagen):** Sie dauert 2 bis 3 Wochen.
- **Ruhephase (Telogen):** Sie dauert 3 bis 4 Monate. Am Ende der Telogenphase verliert das Haar Kontakt mit dem Follikel und fällt aus. Danach beginnt der nächste Zyklus. Telogenhaare haben einen dünnen Haarschaft und ein verdicktes Ende. Sie werden deshalb auch als „Keulenhaare" bezeichnet (*engl.:* club hairs).

Die normale Kopfhaut weist etwa 80 bis 90% wachsende Haare auf, 5 bis 10% befinden sich in der Ruhephase und 1 bis 3% in der Rückbildungsphase. Jeden Tag fallen etwa 75 Telogenhaare aus, und eine ähnliche Zahl an Haarfollikeln tritt in die Anagenphase ein.

Frage: Wann spricht man von **Effluvium**, wann von **Alopezie?**

Antwort: Als Effluvium wird der Vorgang des **Haarausfalls** der Kopfhaare bezeichnet. Im Gegensatz dazu wird der Zustand der **Haarlosigkeit** Alopezie genannt. Eine Alopezie kann durch eine Entwicklungsanomalie oder als Resultat eines Effluviums entstehen. Vereinfacht können umschriebene und generalisierte, narbige und nicht vernarbende sowie erworbene und kongenitale Alopezien unterschieden werden.

Von Effluvium spricht man erst, wenn **mehr als 100 Haare pro Tag** ausfallen. Beim physiologischen Effluvium besteht ein Gleichgewicht zwischen ausfallenden und nachwachsenden Haaren. In bestimmten Lebensphasen kann es zu einem weniger oder stärker ausgeprägten physiologischen Effluvium kommen: beim Neugeborenen, bei der Frau postpartal und während der Pubertät. Auch das Androgeneffluvium, die häufigste Form des Haarausfalls bei erwachsenen Männern, kann dazu gerechnet werden.

☐ ☐ ☐ ☺ 😐 ☹ ?

Frage: Wodurch kann der Verlust von Haaren bedingt sein?

Antwort: Ein **Haarverlust** kann vielfältige Gründe haben:
- Traumatisch: Massage, Reiben, Trichotillomatie, Trichotemnomanie
- Störung der Schilddrüsen-, Leber- und Hypophysenfunktion
- Bei oder nach Infektionen (z.B. Syphilis, HIV), Mykosen, Dermatosen
- Alopezien: Alopezia areata, Pseudopelade Broq etc.
- Therapeutisch: Medikamente, Hormone, Zytostatika, ionisierende Strahlen
- Toxisch: Thallium, Arsen, Quecksilber, Pflanzengifte
- Androgenetisch
- Stress.

!

Merke: Jede Form des Haarverlustes kann psychisch belastend sein. Patienten sollte deshalb psychologische Unterstützung angeboten werden.

☐ ☐ ☐ ☺ 😐 ☹ ?

Frage: Wie verläuft eine androgenetische Alopezie und wodurch ist sie bedingt?

Antwort: Die **androgenetische Alopezie** ist die häufigste Ursache von Haarausfall und betrifft ungefähr 30 bis 40% der erwachsenen Männer und Frauen. Die Inzidenz ist bei Männern und Frauen die gleiche, Frauen können die Erkrankung jedoch zum Teil besser kaschieren. Frauen unter 40 Jahren sind bevorzugt betroffen, ein weiterer Häufigkeitsgipfel findet sich während der Menopause.

Die androgene Alopezie folgt einem polygenen Erbgang mit variabler Penetranz. Junge von der Erkrankung betroffene Männer und Frauen besitzen eine erhöhte Aktivität des Enzyms 5α-Reduktase, welches Androgene in Dihydrotestosteron umwandelt, und eine erhöhte Zahl an Androgen-Rezeptoren. Die Aktivität von Cytochrom P-450 Aromatasen, die Androgene in Estradiol und Estrone umwandeln, ist vermindert. Man nimmt an, dass die ungleiche Verteilung von Androgen-Rezeptoren und Steroid-konvertierenden Enzymen für die ungleiche klinische Präsentation der androgenen Alopezie bei Männern und Frauen verantwortlich ist.

Bei der Erkrankung kommt es durch eine **Verkürzung der Anagenphase** zur Bildung kurzer, dünner Haare. Dieser Prozess wird auch **follikuläre Miniaturisierung** genannt. Es kommt zu einer fortschreitenden Umwandlung der Terminal- in Vellusfollikel. Diese können schließlich atrophieren und völlig verschwinden. Bei Männern kommt es initial zu einem M-förmigen Haarverlust der vorderen Haarpartie mit Bildung von Geheimratsecken. Bei Frauen gestaltet sich der Haarausfall diffus bei normalerweise intakter vorderer Haarlinie.

Frage: Wie würden Sie einen androgenen Haarausfall behandeln?

? ☐ ☐ ☐
☺ 😐 ☹

Antwort: Heutzutage stehen eine Reihe wirksamer Therapiemöglichkeiten zur Verfügung. Diese können gegebenenfalls kombiniert werden. Dazu gehören:

- **Topisches Minoxidil (Regaine®):** Verschiedene Studien haben die Wirksamkeit bei Männern und Frauen belegt. Allerdings spricht nur ein Teil der Patienten auf die Behandlung an. Die besten Resultate werden erzielt, wenn der Haarverlust weniger als 5 Jahre zurückliegt, im Bereich des Scheitels auftritt und weniger als 10 cm Durchmesser aufweist.
- **Orales Finasterid (Propecia®):** Finasterid ist ein 5α-Reduktase-II-Inhibitor, der die Umwandlung von Androgenen in Dihydrotestosteron unterbindet. 1 mg des Wirkstoffes wird täglich oral eingenommen (5 mg täglich werden zur Therapie der benignen Prostatahyperplasie eingesetzt). Studien haben gezeigt, dass etwa 2/3 der Patienten nach 2 Jahren Therapie eine signifikant verbesserte Haarbedeckung aufweisen. Bei einem weiteren Drittel kann immerhin kein weiterer Haarverlust festgestellt werden, und bei nur 1% schreitet der Haarausfall fort. Die durch die Therapie nachgewachsenen Haare werden im Therapieverlauf dicker, pigmentierter und länger. Finasterid scheint in seiner Wirksamkeit dem Minoxidil überlegen (u. a. bessere Patienten-Compliance).
- **Dutasterid (Avodart®):** Ein neuartiger Inhibitor der 5α-Reduktase vom Typ I und II. Dieser Wirkstoff ist seit kurzem zur Therapie der benignen Prostatahyperplasie in Deutschland zugelassen. Eine Wirksamkeit bei androgener Alopezie wird angenommen, ist aber noch nicht untersucht.
- **Chirurgische Techniken:** Eine Reihe kosmetisch eindrucksvoller Techniken stehen zur Verfügung. Die Überweisung an einen plastischen oder dermatologischen Chirurgen ist angezeigt.

✚ Der Einsatz von Finasterid ist bei Frauen im gebärfähigen Alter kontraindiziert (abnormale Entwicklung männlicher Genitalia unter Therapie). Postmenopausale Frauen mit androgener Alopezie scheinen von Finasterid nicht zu profitieren.

☐ ☐ ☐ ☺ 😐 ☹ ?

Frage: Woran lässt sich eine Alopezia areata erkennen?

Antwort: Die **Alopezia areata** ist ein rasch einsetzender, herdförmiger und reversibler Haarausfall. Es zeigen sich keine klinischen Entzündungszeichen oder Vernarbungen der Kopfhaut (↗ Foto 55). Es handelt sich wahrscheinlich um eine Autoimmunerkrankung. Sie tritt familiär gehäuft auf. Meist finden sich mehrere runde, haarlose Herde, die scharf begrenzt sind. Am Herdrand sind häufig kurze, abgebrochene Härchen anzutreffen, die auch als **Ausrufungszeichenhaare** bezeichnet werden.

Die Follikelöffnungen sind vorhanden. Pigmentierte Haarreste, so genannte **Kadaverhaare**, können den Follikelkanal jedoch ausfüllen. Auch Augenbrauen, Wimpern und Barthaare können vom Haarausfall betroffen sein. Unpigmentierte Haare fallen meist nicht aus. Die Lymphknoten können geschwollen sein. Nicht selten finden sich an den Nägeln Grübchen.

Die Alpopezia areata ist häufig eine selbstlimitierende Erkrankung. Patienten mit Atopie, vorpubertärem Erkrankungsbeginn, **Alopezia totalis** (ganze Kopfhaut betroffen), **Alopezia universalis** (ganzer Körper betroffen), ausgedehntem Krankheitsverlauf (länger als 2 Jahre) und **Ophiasis** (totaler flächenhafter Ausfall des Haares mit Ausnahme des Scheitelbereiches – Skalplocke) haben eine schlechte Prognose bezüglich einer Krankheitsremission.

☐ ☐ ☐ ☺ 😐 ☹ ?

Frage: In Verbindung mit welchen Erkrankungen kommt eine Alopezia areata häufiger vor?

Antwort: Eine Alopezia areata triff häufiger auf bei:
- Atopikern
- Autoimmunerkrankungen, z. B.:
  - M. Basedow
  - Hashimoto Thyreoiditis
  - Vitiligo
  - atrophischer Gastritis.

☐ ☐ ☐ ☺ 😐 ☹ ?

Frage: Wie wird eine Alopezia areata therapiert?

Antwort: Eine kausale Therapie ist nicht bekannt. **Glukokortikosteroide** sollten **intraläsional** gegeben werden. Die topische Applikation von Kortikoiden ist nicht sinnvoll, da der immunologische Prozess, der die Erkrankung unterhält, zu tief in der Dermis sitzt. Orale Kortikoide können zwar einen erneuten kurzzeitigen Haarwuchs erzwingen, diese Haare fallen jedoch umgehend nach Therapieende wieder aus. Wegen der bekannten systemischen Nebenwirkungen und der Chronizität der Erkrankung macht ihr Einsatz meist keinen Sinn.

Auch **Dithranol** und die **lokale PUVA-Therapie** finden ebenso wie die **orale Zinktherapie** Anwendung. V.a. bei schweren Formen zeigt die **topische Immuntherapie** mit obligaten Kontaktallergenen wie Diphencyprone oder Quadratsäuredibutylester gute Erfolge. Dabei wird einmal pro Woche mit diesen Substanzen eine milde allergische Kontaktdermatitis auf der Kopfhaut ausgelöst.

Merke: Die Therapie der Alopezia areata ist schwierig. Intraläsionale Glukokortikosteroide sind häufig Therapie der Wahl. In vielen Fällen heilt die Erkrankung spontan ab. !

17.2 Vernarbende Alopezien

Frage: Wann spricht man von einem Pseudopeladezustand? Welche Ursachen narbiger Alopezien kennen Sie? ? ☐ ☺ ☐ 😐 ☐ ☹

Antwort: Zu den **Pseudopeladezuständen** werden alle narbigen Alopezien gerechnet, bei denen ein zugrunde liegendes Krankheitsbild diagnostiziert werden kann.

Bei den narbigen Alopezien gehen die Haarfollikel oft infolge entzündlicher Veränderungen zugrunde. Sie sind daher oft mit **irreversiblem Haarverlust** verbunden.

Zu den Ursachen narbiger Alopezien zählen u.a.:
- Traumen, Verbrennungen, Verätzungen
- Chronisch diskoider Lupus erythematodes
- Lichen ruber planopilaris
- Infektionen wie die Folliculitis decalvans
- Tumore (Basaliome, Spinaliome)

Frage: Wie sieht eine Pseudopelade Brocq aus? ? ☐ ☺ ☐ 😐 ☐ ☹

Antwort: Die **Pseudopelade Brocq** ist eine **umschriebene**, **narbige Alopezie** unklarer Genese. Sie stellt den Endzustand einer nicht mehr nachweisbaren Erkrankung dar, die zu diesem Zustand geführt hat. Vorwiegend sind Frauen mittleren Alters betroffen. Die relativ kleinen, ovalären, narbigen Herde sind leicht eingesunken und relativ scharf begrenzt.

Die kahlen Bezirke erscheinen wie „Fußstapfen im Schnee“ zwischen den normal behaarten Bereichen. Durch Konfluenz können größere, haarlose Narbenflächen entstehen. Der Krankheitsverlauf ist langsam **progredient**. Die Pseudopelade Broq ähnelt der Alopezia areata, kann aber durch das Fehlen der Haarfollikel unterschieden werden.

17.3 Hypertrichose

☐ ☐ ☐ ?
☺ 😐 ☹

Frage: Welche Formen einer Hypertrichose kennen Sie?

Antwort: Mit **Hypertrichose** wird eine verstärkte Behaarung bezeichnet. Sie ist meist durch eine Umwandlung von kurzen Vellushaaren in Terminalhaare bedingt. Individuelle, familiäre, Alters-, Geschlechts- und rassische Unterschiede sind zu berücksichtigen.

Neben einer **genetischen**, **paraneoplastischen** und **angeborenen nävoiden Hypertrichose** kommen vor:
- Eine **rassische Hypertrichose** zeigt sich vorwiegend an Armen, Beinen und an den Wangen. In der Regel ist die Behaarungsintensität stärker bei dunkelhaarigen Frauen aus dem Mittelmeerraum als bei hellen Nordeuropäerinnen.
- Eine **symptomatische Hypertrichose** kommt insbesondere an Stirn und Schläfen zur Ausprägung. Dies ist der Fall bei Porphyrien, Hypothyreosen, Anorexien, Akromegalie, Dermatomyositis und Stresssituationen.
- Eine **medikamentöse Hypertrichose** kann durch systemische Therapie mit Minoxidil, Diphenylhydantoin, Psoralen, Streptomycin, Steroiden und Penicillamin ausgelöst werden.

18 Acne vulgaris

Fallbeispiel: Eine 18-Jährige leidet seit drei Jahren an Akne. Sie hat sich bis jetzt keinem Arzt vorgestellt, sondern frei käufliche Salben und Lotionen benutzt. Die Patientin gibt an, dass sich die Akne im Sommer allein unter Sonnenbestrahlung bessert. Weder ihre Geschwister noch ihre Eltern haben Akne gehabt.
Nur im Gesicht findet sich ein papulöser und pustulöser Aknebefall hauptsächlich auf der Stirn, an den Schläfen und den Wangen. Dazwischen finden sich Komedonen und kleine entzündliche Zysten. Außer einem hormonellen Kontrazeptivum nimmt die Patientin keine Medikamente ein.
Müssen zusätzliche Untersuchungen durchgeführt werden, um die Diagnose zu bestätigen?

☐ ☺ ☐ 😐 ☐ ☹

Antwort: Die Anamnese und klinische Untersuchung ist bei dieser **juvenilen, milden Acne vulgaris** zur Diagnosestellung ausreichend. Zu den vier typischen Effloreszenzen der Akne gehören:

- Komedonen
- Papeln
- Pusteln
- Knoten.

Das Vorhandensein von Komedonen hilft bei der differentialdiagnostischen Abgrenzung anderer pustulöser Dermatosen des Gesichts wie Rosazea, medikamentöse oder infektiöse Pustulosen.

Frage: Wie lässt sich die **Prognose** beurteilen?

☐ ☺ ☐ 😐 ☐ ☹

Antwort: Die fehlende Familienanamnese ist ein Hinweis auf eine gute Prognose. Eine im jungen Alter einsetzende Akne muss insgesamt länger behandelt werden und ist daher schwerwiegender. Auch die Lokalisation des Hautbefalls lässt Aussagen über den Verlauf zu: Ein Befall des submaxillären Bereichs ist ebenso wie der des Dekolletés und des Rückens Zeichen für eine schwierige Verlaufsform. Solche Fälle sprechen häufig schlechter auf Lokaltherapeutika an.

☐ ☐ ☐ ?
☺ 😐 ☹

Frage: Kommt eine Akne häufig vor? Wer ist hauptsächlich betroffen?

Antwort: **80–100% der Jugendlichen** sind von mehr oder weniger schweren Ausprägungen der Akne betroffen. Jedoch werden nur **10–15% vom Arzt behandelt**. Von schweren Akneformen ist vorwiegend das männliche Geschlecht betroffen. Bei über 60% der Patienten liegt eine positive Familienanamnese vor. Akne kommt **seltener bei orientalischen Völkern** vor. Die Erkrankung klingt im Laufe des 30. Lebensjahres ab.

☐ ☐ ☐ ?
☺ 😐 ☹

Frage: Was sind die wichtigsten **pathogenetischen Faktoren** der Acne vulgaris?

Antwort: Die Acne vulgaris ist eine **multifaktorielle Erkrankung**. Die wichtigsten Ursachen sind eine:
- Entzündungsreaktion des Follikels
- Seborrhö
- Follikuläre Hyperkeratose
- Propionibacterium acnes im Follikel.

Die Entzündung des Follikels wird nicht, wie früher angenommen, durch einen Talgstau ausgelöst. Vielmehr wird durch die Einwanderung von Lymphozyten und neutrophilen Granulozyten die Follikelwand geschwächt. Dadurch bzw. auch spontan kommt es zu einem Durchbruch des Follikels ins dermale Bindegewebe mit entsprechender Entzündungsreaktion.

Androgene fördern die Talgproduktion. Dies erklärt das Einsetzen der Akne zu Beginn der Pubertät und ihr Fehlen bei Kastraten. In den Aknefollikeln finden sich drei Typen von Bakterien. **Propionibacterium acnes** spielt dabei die wichtigste Rolle. Sie spalten durch Lipasen Triglyceride des Talgs in freie Fettsäuren, die potente Entzündungsmediatoren sind. Manche Komedonen sind durch einen Hornpfropf im Follikel geschlossen, andere haben durch Einlagerung von Melanin einen dunklen Mittelpunkt.

☐ ☐ ☐ ?
☺ 😐 ☹

Frage: Welche Behandlung halten Sie bei der Patientin für angemessen?

Antwort: Bei dieser Patientin handelt es sich um eine milde, juvenile Akne. Daher ist zunächst eine Behandlung mit **Benzoylperoxid** und Retinoiden **(Tretinoin, Isotretinoin, Adapalene)** indiziert. Diese Substanzen haben komedolytische Eigenschaften und wirken innerhalb von 4–12 Wochen. Benzolperoxid reduziert durch seine Antioxidanswirkung die bakterielle Flora. Da sie Irritationen auslösen können, ist auf die richtige Anwendungsfrequenz und Konzentration zu achten.

Weiterhin werden Erythromycin-haltige Lösungen oder Cremes bei milden Formen der Akne angewandt. Da bei der Patientin eine Pustelbildung beschrieben ist, sollte zusätzlich auch **Erythromycin** lokal verwendet werden. Das Waschen mit austrocknenden Syndets (Tensiden) kann ebenso wie Sonnen- oder künstliche Bestrahlung empfohlen werden.

Frage: Was ist die Acne conglobata?

? ☐ ☐ ☐ ☺ 😐 ☹

Antwort: Die **Acne conglobata** ist eine schwere Form der Akne. Es handelt sich um ein seltenes, aber sehr charakteristisches Krankheitsbild. Männer sind weitaus häufiger betroffen als Frauen. Es besteht eine stark ausgeprägte Seborrhö.

Neben Komedonen, Papeln und Pusteln bestimmen entzündliche Knoten das klinische Erscheinungsbild (↗ Foto 56). Sie können in Zysten, Abszesse und Fisteln übergehen. Diese Veränderungen finden sich v.a. im Rücken- und Nackenbereich und können auf Stammpartien und Arme übergreifen. Die Effloreszenzen heilen oft mit hypertrophischen Narben ab. Sie können auch Keloide hinterlassen.

✚ Eine weitere schwere Form der Akne ist die so genannte **Acne fulminans**. Es kommt zu Fieber und Gelenkschmerzen bei schwerer inflammatorischer Akne mit Leukozytose, erhöhter BSG, Proteinurie und Osteolysen.

Frage: Wie werden schwere Akneformen behandelt?

? ☐ ☐ ☐ ☺ 😐 ☹

Antwort: Akne mit schwerer Ausprägungsform, wie es z.B. bei der Acne conglobata der Fall ist (↗ Foto 56), bedürfen einer systemischen Therapie. Dabei kommen in Abhängigkeit von der Schwere **Antibiotika**, orale **Kontrazeptiva** und **Retinoide** zur Anwendung. Einschmelzende Knoten und Abszesse können ebenso wie eine Narbenkorrektur nach Abklingen der Akne eine chirurgische Intervention nötig machen.

Unter den Antibiotika hat sich das Tetrazyklin **Minocyclin** (50 mg 1–2 x täglich) bewährt. Es hemmt die Fett spaltenden Lipasen der Propionibakterien. Die antibiotische Wirkung ist hingegen nur nebensächlich.

Orale Kontrazeptiva blockieren die körpereigene Androgenwirkung auf die Talgdrüsen. Dies führt zu einer positiven Beeinflussung der Akne. Es werden Cyproteronacetat-haltige (z.B. **Diane 35**) oder Chlormadinonacetat-haltige (z.B.: **Eunomin**) Kontrazeptiva verwendet.

☐ ☐ ☐
☺ 😐 ☹

?

Frage: Wie wirken Retinoide und was muss bei der Behandlung beachtet werden?

Antwort: **Retinoide** sind synthetische Derivate der Vitamin-A-Säure, zu denen z.B. 13-cis-Retinsäure (Roaccutan®) gehört. Es wird hauptsächlich bei schweren Akneformen mit gutem Erfolg angewandt. (0,2–1 mg/kg/Tag per os). Nach einer 3–6-monatigen Anwendung ist mit einer lang anhaltenden Remission zu rechnen. Es beseitigt die follikuläre Hyperkeratose, vermindert die Seborrhö und wirkt entzündungshemmend.

Aufgrund der **Teratogenität** der Substanz muss bei Patientinnen während und nach der Gabe von Roaccutan ein sicherer Empfängnisschutz gewährleistet sein. Eine eingehende Aufklärung über die Risiken sollte möglichst in Gegenwart eines Zeugen durchgeführt werden. Außerdem kommt es gehäuft zum Auftreten von **Depressionen mit Suizidgefahr**. Weitere Dosis-abhängige Nebenwirkungen sind trockene Haut und Schleimhäute, Alopezie, selten Muskel- und Gelenkbeschwerden und bei höherer Dosis Cholesterin- und Triglyceridanstieg im Blut.

!

Merke: Isotretinoin (Roaccutan®) weist eine Reihe schwerer Nebenwirkungen auf und bedarf daher einer strengen Indikationsstellung.

19 Hautveränderungen bei Gefäßerkrankungen

19.1 Varizen

Frage: Wie kommt es zur Entstehung von Varizen?

? ☐ ☐ ☐ ☺ 😐 ☹

Antwort: Als **Varizen** werden erweiterte und geschlängelte Venen bezeichnet, die meist an den Beinen vorkommen. Sie können sich im Venenkaliber beträchtlich unterscheiden. Das Vorkommen ausgedehnter und zahlreicher Varizen wird als **Varikose** bezeichnet. Gemäß ihrer Ursache werden primäre und sekundäre Varikosen unterschieden.

- Die Ursache einer **primären Varikose** ist eine angeborene, allgemeine **Bindegewebsschwäche**. Sie kommt familiär gehäuft vor und äußert sich auch in der Neigung zu Leistenhernien, Senk-, Spreiz- oder Plattfüßen und Hämorrhoiden. Es findet sich häufig eine zunehmende Insuffizienz der Stammvenen und der Vv. communicantes. Zu den Risikofaktoren zählen **Schwangerschaft**, **orale Kontrazeptiva** und eine **stehende Tätigkeit**.
- Eine **sekundäre Varikose** entsteht als Folge einer **Thrombose** oder **Thrombophlebitis**. Durch die Schädigung der Venenklappen kommt es zu einer Insuffizienz des tiefen Venensystems. Durch die zunehmende Belastung der Vv. perforantes und oberflächlichen Venen kann es schließlich zu einer chronisch venösen Insuffizienz kommen. Frauen sind wesentlich häufiger betroffen als Männer. Eine Kombination von primärer und sekundärer Varikose ist nicht selten.

Frage: Wie werden Varizen am besten behandelt?

? ☐ ☐ ☐ ☺ 😐 ☹

Antwort: Varizen sind v.a. anfangs meist symptomlos. Sie können aber auch krampfartige Schmerzen und verschiedene subjektive Beschwerden verursachen. Sie sind auch kosmetisch störend. Neben der konservativen Therapie sind **Operation** und **Verödungsbehandlung** die wesentlichen Behandlungsformen von Varizen. Sie werden in Abhängigkeit vom Befall und Venenkaliber eingesetzt. Sie können auch kombiniert werden.

Im Frühstadium und bei leichten Fällen ist eine Kompressionsbehandlung mit **elastischen Binden oder Strümpfen** indiziert. Großkalibrige Varizen werden am besten operativ entfernt, was auch als **Stripping** bezeichnet wird. Damit ist das Herausziehen der Vena saphena magna in toto mittels Sonde gemeint. Insuffiziente Vv. perforantes werden subfaszial ligiert.

Kleinere Varizen werden z.B. mit Aethoxysklerol oder Varigloban verödet. Diese Substanzen führen zu einer Verklebung der Venenintima. Zu den wichtigsten Komplikationen der Sklerosierung gehören anaphylaktische Reaktionen und Nekrosebildung. Sie können durch versehentliche paravenöse und intraarterielle Injektion entstehen. Auch wurden Thrombosen nach Sklerosierungsbehandlungen beschrieben. Bei lokalen Entzündungsprozessen und Ödemen ist diese Behandlungsform kontraindiziert.

19.2 Chronische venöse Insuffizienz

☐ ☐ ☐ ?
☺ 😐 ☹

Frage: Welche diagnostischen Maßnahmen werden bei einer Varikose angewendet? Inwieweit kann die apparative Diagnostik hilfreich sein?

Antwort: Neben der klinischen Untersuchung und dem Klopf-, Perthes- und Trendelenburg-Test werden in der Praxis v.a. der Doppler-Ultraschall und die Photopletysmographie eingesetzt, die als Funktionstests dienen.

- Die **Doppler-Ultraschalluntersuchung** wird bei Varizen vor jedem therapeutischen Eingriff eingesetzt. Es lässt sich damit eine Strömungsumkehr bei Venenklappeninsuffizienz durch Änderung des Schallreflexionsmusters nachweisen. Auch proximale venöse Okklusionen und insuffiziente Vv. perforantes können diagnostiziert werden.
- Die **Photopletysmographie** dient zur Funktionsprüfung der venösen Beinpumpe bzw. der Lokalisation insuffizienter Venenabschnitte. Mittels photopletysmographischer Abnehmer auf der Haut können der periphere Venendruck und Blutvolumenänderungen distal am Bein registriert werden.
- Mit Hilfe der **Phlebographie** lassen sich die Venen röntgenologisch darstellen. Sie ist die sicherste Nachweismethode einer Thrombose. Sie wird auch präoperativ eingesetzt und dient häufig nur der anatomischen Lokalisierung.

Frage: Wie wird der Trendelenburg-Test durchgeführt?

Antwort: Beim **Trendelenburg-Test** wird das hoch gehaltene Bein des liegenden Patienten ausgestrichen. In der Höhe der Mündungsstelle der V. saphena magna wird ein Stauschlauch um den Oberschenkel angelegt.

Bei stehenden Patienten wird nun die Füllung des oberflächlichen Systems beobachtet:

- Die Vv. perforantes sind intakt, wenn sich das Venensystem sehr langsam von distal füllt.
- Die Vv. perforantes sind insuffizient, wenn es zu einer schnellen Füllung kommt. In diesem Fall liegt ein positiver Trendelenburg-Test I vor.
- Von einem positiven Trendelenburg-Test II spricht man, wenn sich nach Öffnen des Stauschlauchs die Venen von proximal füllen. Dabei besteht eine Klappeninsuffizienz des oberflächlichen Venensystems.
- Sind die Klappen intakt, bleibt eine Füllung von proximal aus.

Frage: Beschreiben Sie den Perthes- und Klopf-Test.

Antwort: Beim **Perthes-Test** wird dem stehenden Patienten ein Stauschlauch unterhalb des Knies angelegt.

Nachdem der Patient umhergegangen ist, wird das Ergebnis beurteilt:

- Das tiefe Venensystem ist durchgängig, wenn sich die oberflächlichen Venen entleeren.
- Bei Abflussbehinderungen oder Verschluss des tiefen Venensystems füllen sich die Varizen prall und es kommt meist zu Schmerzen. Es liegen sekundäre Varizen vor.

Beim **Klopf-Test** werden die Varizen am stehenden Patienten mit den Fingerspitzen beklopft. Mit den Fingerspitzen der anderen Hand wird die jeweilige Vene weiter distal palpiert. Liegt dazwischen eine **Klappeninsuffizienz** vor, pflanzt sich die Druckwelle ungehindert fort und kann getastet werden.

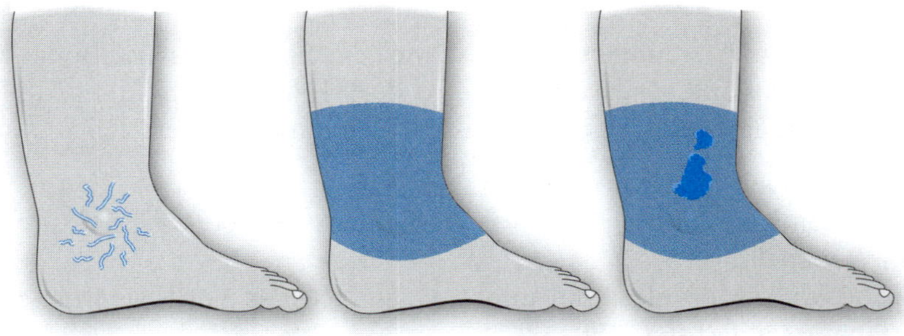

Abb. 19.1: Stadien der chronisch venösen Insuffizienz

Frage: Wie sieht die Klinik einer chronisch venösen Insuffizienz aus?

Antwort: Eine **chronische venöse Insuffizienz (CVI)** tritt häufig als Folge einer Varikose und nach einer Thrombose auf. Im letzteren Fall spricht man auch von einem **postthrombotischen Syndrom**. Eine chronische venöse Insuffizienz liegt dann vor, wenn es zu sichtbaren Hautveränderungen an den Beinen kommt. Sie wird in vier Stadien eingeteilt. Zu Beginn bilden sich **Ödeme im Knöchelbereich**. Sie treten vor allem in der warmen Jahreszeit und abends in Erscheinung.

Frage: Wie setzt sich dieser pathophysiologische Prozess fort?

Der pathophysiologische Prozess, der über verschiedene klinische Stadien zur chronisch venösen Insuffizienz und zum Ulkus cruris führt, basiert auf einer sich zunehmend entwickelnden **venösen Hypertension**. In den meisten Fällen ist diese die Folge einer Behinderung des venösen Rückflusses durch dysfunktionale Venenklappen und Versagen der Muskelpumpe. Die Flussumkehr von den tiefen in die oberflächlichen Venen verursacht eine lokale Gewebehypoxie mit Entzündungsreaktionen und gelegentlichen Nekrosen **(trophische Störungen)**. Letztendlich entsteht eine subkutan-fibrosierende Fettgewebsenzündung **(Stauungsinduration)** und eine **Lipodermatosklerose**, die wiederum den lymphatischen und venösen Rückfluss behindert.

Als weitere typische Merkmale im Verlauf der chronisch venösen Insuffizienz finden sich

- Hyperpigmentierungen, die auch als Dermite ocre bezeichnet werden

- narbige, avaskuläre Atrophien (Syn.: **Atrophie blanche**)
- Depigmentierungen
- Ulcus cruris.

> **Merke:** Die CVI ist eine häufige Erkrankung. Das Spektrum klinischer Manifestationsformen reicht von Besenreiservarizen bis zum Ulcus cruris.

Frage: Was ist ein Ulcus cruris?

Antwort: Als **Ulcus cruris** wird eine **Unterschenkelexulzeration** bezeichnet, die meist als Komplikation im späten Verlauf einer chronisch venösen Insuffizienz entsteht. Über 90% aller Unterschenkelulzera sind venös bedingt. Es kann bereits nach geringen Traumen entstehen und findet sich sehr häufig im medialen Knöchelbereich. Es bereitet oft keine Schmerzen und weist einen ausgesprochen chronischen Verlauf auf.

Frage: Was sind die wichtigsten Komplikationen der chronisch venösen Insuffizienz?

Antwort: Neben dem Ulcus cruris kann es auf den weißlichen Atrophie-Herden zu weiteren – allerdings schmerzhaften – therapieresistenten Ulzerationen kommen. Ulzera stellen eine Eintrittspforte für Bakterien dar, insbesondere von b-hämolysierenden Streptokokken.

Rezidivierende Erysipele können zur Obliteration der Lymphwege führen, was der Ödembildung Vorschub leistet.

Etwa die Hälfte der Patienten entwickelt eine **Kontaktdermatitis** gegen auf die Stauungsdermatitis aufgebrachte Salbenbestandteile. Sie trägt neben den entzündlichen Vorgängen bei einer chronisch venösen Insuffizienz mit zum **Stauungsekzem** bei.

19.3 Hämorrhagische Diathesen

Frage: Wodurch können hämorrhagische Diathesen ausgelöst werden?

Antwort: Die **hämorrhagischen Diathesen** entstehen aus Störungen des hämostatischen Vorgangs. Entsprechend den an der Hämostase beteiligten Komponenten werden drei wesentliche Ursachen unterschieden:

- **Koagulopathien** beruhen auf dem Mangel von Gerinnungsfaktoren oder dem Überschuss an gerinnungshemmenden oder die Fibrinolyse aktivierenden Substanzen des Plasmas.
- **Thrombozytäre Erkrankungen** entstehen aufgrund einer Änderung der Zahl oder der Funktion der Thrombozyten.
- **Vaskuläre** hämorrhagische Diathesen sind Störungen der Gefäßfunktion infolge von vermehrter Gefäßdurchlässigkeit bei sonst normaler Hämostase.

☐ ☐ ☐ ?
☺ 😐 ☹

Frage: Wann kommt es zu Petechien bzw. großflächigeren Blutungen der Haut?

Antwort: Als **Petechien** bezeichnet man kleine, flohstichartige, bis 5 mm große Blutaustritte in die Haut oder Schleimhäute. Sie sind an abhängigen Körperpartien besonders ausgeprägt und lassen sich durch Glasspateldruck nicht ausdrücken. Petechien sind Einzeleffloreszenzen einer Purpura, die bei thrombozytopenischen und vaskulären Formen der hämorrhagischen Diathese vorkommt. Charakteristische Petechien kommen auch bei der infektiösen Mononukleose am Übergang vom harten zum weichen Gaumen vor.

Ekchymosen sind fleckförmig umschriebene **Blutungen** in die Haut und Schleimhaut und sind definitionsgemäß größer als 3 mm. Sie treten als Folge einer hämorrhagischen Diathese, insbesondere bei Koagulopathien, und nach Traumen auf. Petechien fehlen hingegen bei Koagulopathien. Bei verschiedenen Verbrauchskoagulopathien kann es neben Petechien auch zu Ekchymosen kommen, wie es z.B. beim Waterhouse-Friderichsen-Syndrom oder einer akut verlaufenden Pneumokokkensepsis der Fall ist.

☐ ☐ ☐ ?
☺ 😐 ☹

Frage: Welche Hautveränderungen gehen mit einer Thrombozytopenie einher?

Antwort: Einer **Thrombozytopenie** liegt entweder eine verminderte Produktion, eine verkürzte Lebensdauer oder ein erhöhter Verbrauch von Thrombozyten zugrunde. Die Störung kann angeboren oder erworben sein.

Thrombozytopenien sind die häufigste Ursache einer hämorrhagischen Diathese. Typisch sind petechiale, d.h. punktförmige Blutungen von Stecknadelkopf- bis Linsengröße. Sie treten an Haut, Schleimhäuten, inneren Oberflächen und seltener auch in Organen auf. Die **Petechien** kommen meist an den Streckseiten der Beine und anderen abhängigen Körperpartien vor. In schweren Fällen können auch Ekchymosen dazukommen.

Diagnostisch finden sich neben einem positiven Rumpel-Leede-Test eine verminderte Thrombozytenzahl und eine verlängerte Blutungszeit. Die Labortests für die Gerinnungsparameter fallen normal aus.

19.4 Vaskulitiden

Fallbeispiel: Ein 24-jähriger Patient stellt sich bei seinem Hausarzt wegen eines Hautausschlages vor. Er berichtet, eine ähnliche Hautveränderung sei vor 3 Jahren schon einmal aufgetreten. Damals habe sein Dermatologe ihn mit Glukokortikosteroiden behandelt, wobei keine vollständige Abheilung erzielt werden konnte. Die Behandlung wurde daraufhin auf Wunsch des Patienten abgebrochen. Eine über Monate durchgeführte homöopathische Therapie brachte schließlich die erhoffte Abheilung der Hautveränderungen. Jetzt sei die Erkrankung erneut ausgebrochen, jedoch zusätzlich mit Gelenkschmerzen, v.a. im Schulterbereich, den Knie- und Knöchelgelenken. Weiterhin habe er Magen-Darm-Krämpfe. Der Patient befindet sich in gutem Allgemein- und Ernährungszustand. Die körperliche Untersuchung einschließlich einer ausführlichen neurologischen Untersuchung ist normal. Einzig die Haut zeigt eine tastbare konfluierende Purpura beider Arme, Beine und Glutealregionen (↗ Foto 57). Die durchgeführte Hautbiopsie und histologische Aufarbeitung zeigt im mittleren und oberen Korium eine leukozytoklastische Vaskulitis. Es findet sich ein perivaskuläres Infiltrat von Neutrophilen mit Kernstaub, Eosinophilen, Lymphozyten und Histiozyten.
An welcher Erkrankung leidet der Patient wahrscheinlich?

☐ ☺ ☐ 😐 ☐ ☹

Antwort: Der Patient könnte an einer **Purpura Schönlein-Henoch** leiden. Das histologische Bild mit einer **leukozytoklastischen Vaskulitis** sowie die klinische Präsentation mit tastbarer **Purpura**, **Gelenkschmerzen** und **Bauchschmerzen** sind typisch für dieses Krankheitsbild. Etwas untypisch ist das Alter des Patienten.

Frage: Was ist die Purpura Schönlein-Henoch und wie kommt sie zustande?

? ☐ ☺ ☐ 😐 ☐ ☹

Antwort: Die Purpura Schönlein-Henoch wird auch als **Vaskulitis allergica** bezeichnet. Die Erkrankung tritt vor allem im **Kindesalter** auf, kann aber prinzipiell alle Altersschichten betreffen. Die Pathogenese zeichnet sich durch eine Typ-III-Reaktion aus. Es kommt zu einer Arthus-Reaktion mit der Bildung von IgA-Immunkomplexen, die sich unter anderem in der Gefäßwand ablagern. Die Gefäßwand wird durch eine Komplementaktivierung zerstört. Dadurch kommt es zu petechialen Exanthemen, die nicht mit dem Glasspatel wegzudrücken sind. Die

Erkrankung hat eine gewisse Ähnlichkeit mit der so genannten **IgA-Nephropathie**, die auf einer Ablagerung von IgA-Immunkomplexen in der Niere beruht. Die von Hennoch in 3 seiner 6 initial dokumentierten Fälle beschriebene Nierenbeteiligung steht heute im Zentrum des Interesses. Sie ist prognosebestimmend.

Das Geschehen kann akut auftreten und rezidivieren. In vielen Fällen **geht der Erkrankung eine Infektion der oberen Atemwege voraus** (z.B. eine Pharyngitis). Die Effloreszenzen sind v.a. an den **Unterschenkelstreckseiten** lokalisiert. Allgemeinerscheinungen sind Fieber und Abgeschlagenheit. Weitere Symptome können sein: Übelkeit, Periarthritis, Polyarthralgie und Glomerulonephritis.

Folgende Auslöser können die allergische Vaskulitis induzieren:
- Bakterien und Viren
- Medikamente wie Antibiotika, Antiphlogistika, Thiazide
- Fremdproteine (Immunseren, z.B. Tetanussimultanimpfung).

In der Mehrzahl der Fälle ist bei der Purpura Schönlein-Henoch ein abwartendes therapeutisches Verhalten gerechtfertigt. Die Erkrankung heilt in aller Regel komplikationslos ab. In Einzelfällen sollte immunsuppressiv behandelt werden.

!

Merke: Die klassische Purpura Schönlein-Henoch präsentiert sich mit tastbarer Purpura, Gelenkschmerzen, Bauchschmerzen und Nierenbeteiligung.

20 Erkrankungen der Mundschleimhaut

Frage: Wie würden Sie das klinische Erscheinungsbild der Aphten beschreiben?

? ☐ ☐ ☐ ☺ 😐 ☹

Antwort: Als **Aphten** bezeichnet man bis linsengroße, rundlich-ovale Schleimhautulzerationen. Sie haben oft einen chronisch-rezidivierenden Verlauf und gehören zu den häufigsten Läsionen der Mundschleimhaut, an denen etwa 20% der Bevölkerung leiden. Aphten sind von Fibrinbelägen bedeckt und von einem rötlichen Saum umgeben. Sie können äußerst schmerzhaft sein. Es treten meist bis zu fünf Läsionen gleichzeitig auf. Jüngere, psychovegetativ labile Frauen oder Patienten mit Magen-Darm-Störungen sind häufiger betroffen.

Frage: Von welchen Erkrankungen müssen Aphten unterschieden werden?

? ☐ ☐ ☐ ☺ 😐 ☹

Antwort: Differentialdiagnostisch ist zu denken an:

- Morbus Behçet
- Immunkomplexvaskulitis
- Morbus Crohn.

Weiter sind die mit Mundschleimhautulzerationen einher gehenden **Viruserkrankungen** abzugrenzen:

- Gingivostomatitis herpetica
- Herpangina Zahorsky
- Hand-Fuß-Mund-Krankheit.

Beim Erythema exsudativum multiforme und bei bullösen Dermatosen sind die Erosionen der Mundschleimhaut ausgedehnter.

Frage: Wie können Aphten behandelt werden?

? ☐ ☐ ☐ ☺ 😐 ☹

Antwort: Aphten können lokal mit leicht **adstringierenden Lösungen** wie 1% wässrige Methylenblaulösung oder mit einer Tinctura Myrrhae behandelt werden. Der Gebrauch von **schmerzstillenden anästhesierenden Arzneien** wie Subcutin-Lösung oder Dynexan-Salbe vor dem Essen kann empfohlen werden. V.a. im Anfangsstadium zeigt die vorübergehende Anwendung von **Triamcinolonacetonid** in Haftsalbe oder

Betamethason-Lutschpastillen eine gute Wirkung. Nahrungsmittel, die Aphten auslösen können, wie ungeschälte Walnüsse, Zitrusfrüchte, Tomaten, Schweinefleisch und Gewürze, sollten gemieden werden.

☐ ☐ ☐ ?
☺ 😐 ☹

Frage: Welche chronisch entzündliche Allgemeinerkrankung ist durch den Symptomentrias von Aphten der Mundschleimhaut, aphtöse Genitalulzera und Hypopyoniritis charakterisiert?

Antwort: Dieser Symptomentrias ist typisch für einen **Morbus Behçet**, auch wenn er anfangs oft nicht vollständig vorhanden ist. Das Auftreten von mehr als fünf Aphten, die meist auffällig groß und in der hinteren Mundhöhle in Erscheinung treten (↗ Foto 58), sollte einen Morbus Behçet vermuten lassen.

Es finden sich verschiedene uncharakteristische **Hautsymptome:**
- Sterile Pusteln, die auch Behçet-Pusteln genannt werden
- Erythema nodosum
- Erythema multiforme
- Pyodermien
- Thrombophlebitis migrans.

Ein typisches und fast diagnostisches Zeichen sind entzündliche Infiltrationen und umschriebene Hautnekrosen nach Nadelstichen und verschiedenen Hauttests bei etwa der Hälfte der Patienten.

Weitere und z. T. seltenere Symptome sind: Arthritis, Epididymitis, Gefäßrupturen, Hämoptoe, Pleuritis, Enzephalomeningitis und andere neurologische Veränderungen. **Augenkomplikationen** wie Glaukom und Katarakt können in über 30% der Fälle zu Blindheit führen.

Da es keine spezifischen Labortests gibt, kann die Diagnose nur aufgrund klinischer Kriterien gestellt werden.

Die Behandlung mit Glukokortikoiden in hohen Dosen und Immunsuppressiva ist zwar teilweise wirksam, insgesamt aber unbefriedigend.

!

Merke: Beim M. Behçet handelt es sich wahrscheinlich um eine **Multiorgan-Vaskulitis**. Die Erkrankung wurde schon von Hippokrates beschrieben, der modernen Medizin aber von Hulusi Behçet, einem türkischen Dermatologen, in Erinnerung gerufen.

Hinweis: Ein empfehlenswertes medizinisch-biographisches Lexikon findet sich im Internet unter: http://www.whonamedit.com. Dort kann man beispielsweise Wissenswertes über das Leben von Hulusi Behçet in Erfahrung bringen.

Frage: Wie entsteht eine Leukoplakie und wie wird sie behandelt?

? ☐ ☺ ☐ 😐 ☐ ☹

Antwort: Eine **Leukoplakie** ist eine dysplastische Epithelveränderung der Schleimhaut. Da der Übergang in ein spinozelluläres Karzinom zwar selten, aber möglich ist, kann sie als eine der aktinischen Keratose der Haut entsprechende Veränderung angesehen werden. Als Ursachen kommen chronische, mechanische und physikalische oder chemische Reize in Frage. Typisch ist die Lippenleukoplakie des Rauchers und die Leukoplakie im Genitalbereich durch rezidivierende Herpes-Infektionen und Smegma.

Leukoplakien sind schmerzlose, nicht juckende, scharf begrenzte Veränderungen im Bereich der Mund- und Genitalschleimhaut. Sie sind nicht abwischbar und können eine große klinische Variationsbreite von opalen Trübungen bis zu weißlichen Plaques und Papeln aufweisen.

- **Plane Leukoplakien** gelten als wenig infiltrierend und harmlos.
- **Verrucöse Leukoplakien** gelten als nicht mehr rückbildungsfähige Präkanzerosen.

Die sicherste Therapie ist die **Exzision**. Bei großflächigen Leukoplakien kann auch die **Kryo-** oder **Lasertherapie** angewendet werden. Die Applikation von **Retinoiden** oder 0,1 % **Vitamin-A-Säure in Haftsalbe** gilt als weniger Erfolg versprechend.

21 Dermatologische Therapie

☐ ☐ ☐ ?
☺ 😐 ☹

Frage: Wodurch kann die Wirksamkeit topischer Kortikoide gesteigert werden und inwiefern ist sie abhängig von der Körperregion?

Antwort: Eine **vermehrte Penetration** topischer Kortikoide hat eine erhöhte Wirksamkeit zur Folge. Je höher die Haarfollikel- und Schweißdrüsendichte und je dünner die Hornschicht bei ausreichender Hydratation, desto besser die Penetration. So ist sie an den Fußsohlen sehr niedrig, am behaarten Kopf und der Axilla 3-mal, im Gesicht etwa 10-mal so groß wie am Unterarm.

Therapeutisch wird eine gute Hydratation mit **Okklusivverbänden** erreicht. Durch die luft- und wasserdichte Abdeckung der Haut mit einer Kunststoff-Folie kann die Penetration bis 100fach gesteigert werden.

Auch **Harnstoff**, **Salizylsäure** und andere hornschichterweichende Stoffe können das Eindringvermögen verbessern. Weitere Faktoren, die die Penetration bzw. die Wirkstoffkonzentration beeinflussen, sind: Hautdurchblutung, Temperatur, Hautfläche, Kontaktzeit, Applikationsfrequenz und das Vehikel des Wirkstoffes.

☐ ☐ ☐ ?
☺ 😐 ☹

Frage: Welche lokalen Nebenwirkungen können bei topischer Kortikoidtherapie auftreten?

Antwort: Das Ausmaß der **lokalen Nebenwirkungen topischer Kortikoide** steht in Relation zur Behandlungsdauer und -frequenz und zur Potenz und Menge des verwendeten Wirkstoffs. Sie treten schneller bei Kindern, nach Okklusivanwendung und in Hautregionen mit hoher Permeabilität auf.

Die folgenden Nebenwirkungen sind nur zum Teil reversibel:

- Atrophie der Haut
- Striae distensae
- Steroidakne
- Verzögerte Wundheilung
- Teleangiektasien
- Steroidpurpura
- Hypertrichose
- Allergische Kontaktdermitis (selten)
- Periorale Dermatitis bei Anwendung im Gesicht (sehr häufig bei Frauen)
- Rosazea.

Frage: Worauf ist bei der lokalen Kortikoidbehandlung zu achten?

? ☐ ☺ ☐ 😐 ☐ ☹

Antwort: Bei falscher Anwendung lokaler Kortikoide kann das Erscheinungsbild einer vorbestehenden Dermatose verschleiert bzw. verschlimmert werden, wie es bei Mykosen oder der perioralen Dermatitis der Fall sein kann. Zur Vorbeugung von Gewöhnung und Nebenwirkungen werden zu Beginn der Behandlung hoch dosierte Kortikoide gegeben, die so früh wie möglich stufenweise auf eine minimale **Dosis reduziert** werden sollten. Wegen des Rebound-Effekts ist ein abruptes Absetzen zu vermeiden.

Hoch potente Kortikoide sollen meist nicht länger als 2 Wochen angewendet werden. Eine Kortikoidbehandlung ist im Gesicht wegen der Steroidgewöhnung und perioralen Dermatitis nur mit Vorsicht durchzuführen. Ebenso ist zu beachten, dass Nebenwirkungen in den intertriginösen Arealen und bei Kindern schneller auftreten.

Frage: Bei welchen Erkrankungen werden Retinoide eingesetzt?

? ☐ ☺ ☐ 😐 ☐ ☹

Antwort:
- **Tazarotene (Zorac®)** wird zur topischen Behandlung der Acne vulgaris und Psoriasis vulgaris eingesetzt. Ferner findet es Anwendung zur Therapie feiner Gesichtsfalten, benigner fazialer Lentigenes und Areale diffuser Hypo- und Hyperpigmentation. Evtl. eignet sich Tazarotene auch als Hautschutz zur Prävention von Basaliomen.
- **Adapalene (Differin®)** wird zur topischen Behandlung der Acne vulgaris eingesetzt.
- **Acitretin (Neotigason®)** ist indiziert bei Verhornungsstörungen, wie der psoriatischen Erythrodermie und Psoriasis pustulosa. Sie werden auch eingesetzt bei einigen mit Hyperkeratosen einhergehenden Ichthyosen, wie Dyskeratosis follicularis Darier oder Ichthyosis hystrix.
- **Isotretinoin (Roaccutan®)** wird v.a. bei schweren Formen der Acne, Rosacea und einigen pustulösen Dermatosen verwendet. Als **topische Medikation** wird es zur Behandlung der Akne und zur Therapie feiner Gesichtsfalten (evtl. Stimulation der Kollagensynthese) eingesetzt.

Frage: Auf welche Nebenwirkungen der Retinoide ist besonders zu achten?

? ☐ ☺ ☐ 😐 ☐ ☹

Antwort: Da es sich bei den Betroffenen oft um Frauen im gebärfähigen Alter handelt, muss unbedingt beachtet werden, dass alle Retinoide dosisabhängig **teratogen** wirken. Vor Therapiebeginn muss eine Schwangerschaft ausgeschlossen werden. Weiterhin kann es zur Entwicklung schwerer **Depressionen mit Suizidgefahr** kommen.

Bei Acitretin muss während der Behandlung und bis zwei Jahre nach Absetzen des Präparates eine sichere Kontrazeption gewährleistet sein.

Bei Isotretinoin (Roaccutan®) muss über den Zeitraum eines Zyklus (28 Tage) nach Absetzen des Präparates sicher kontrazeptiv behandelt werden. Weitere dosisabhängige Nebenwirkungen dieses Wirkstoffes sind: trockene Haut, Lipidstoffwechselstörungen und Knochenveränderungen.

Frage: Seit 1998 ist eine neue Klasse von topischen Immuntherapeutika – die so genannten **Imidazochinolone** – auf dem Markt. Was wissen Sie über diese Substanzen und für welche Erkrankungen werden sie therapeutisch eingesetzt?

Antwort: Ein für die Therapie dermatologischer Erkrankungen zugelassenes und immer häufiger eingesetztes Imidazochinolon-Derivat ist das **Imiquimod (Aldara®)**. Imiquimod bindet an Zelloberflächenrezeptoren von Immunzellen und löst die Sekretion von proinflammatorischen Zytokinen aus, vorwiegend Interferon-α, Tumornekrosefaktor-α und Interleukin-12. Ein solches Zytokinprofil ist typisch für eine zellvermittelte Immunreaktion („delayed type hypersensitivity reaction") und beruht auf der Aktivierung spezifischer T-Helferzellen, so genannter T-Helferzellen vom Typ 1 (Th_1-Immunreaktion). Zellvermittelte Immunreaktionen vom Th_1-Typ verursachen eine Reihe von Hautentzündungen wie zum Beispiel die allergische Kontaktdermatitis (siehe Kapitel 8). Das Auftragen von Imiquimod auf die Haut verursacht also durch die Aktivierung von Immunzellen eine Art **Kontaktdermatitis** und **Entzündungsreaktion** der Haut. Lokal aktivierte Immunzellen greifen dann pathologisches Gewebe an und können einen Krankheitsprozess zum Abklingen bringen.

Imiquimod wurde zunächst zur Therapie von Condylomata acuminata zugelassen, eine durch humane Papillomaviren ausgelöste Erkrankung. Klinische Studien haben seine Wirksamkeit belegt. Es scheint auch gegen andere virale Erkrankungen wie Herpes simplex, Molluscum contagiosum und Verrucae vulgares wirksam zu sein. Weiterhin wurde über den erfolgreichen Einsatz bei aktinischen Keratosen, Basalzellkarzinomen und in-situ-Melanomen (Lentigo maligna) berichtet. Imiquimod und zukünftige ähnliche Immuntherapeutika werden sicherlich die Therapie vieler Hauterkrankungen verbessern und vereinfachen.

22 Sexuell übertragene Krankheiten (STD)

Frage: Nennen Sie die vier meldepflichtigen Geschlechtskrankheiten. Wozu ist der Arzt verpflichtet, wenn der Patient die Behandlung verweigert oder abbricht?

☐ ☐ ☐
☺ 😐 ☹

Antwort: Zu den **vier meldepflichtigen Geschlechtskrankheiten** gehören:

- Syphilis
- Gonorrhö
- Ulcus molle
- Lymphogranuloma inguinale.

Nach § 9–13 des Gesetzes zur Bekämpfung der Geschlechtskrankheiten ist der Arzt verpflichtet, die Behandlung nach dem wissenschaftlichen Kenntnisstand durchzuführen und die Erkrankung beim Gesundheitsamt **ohne** Nennung des Namens und der Anschrift (anonym) zu melden.

Der Arzt hat die Pflicht, den Patienten über die Erkrankung aufzuklären und nach Ansteckungsquellen zu suchen.

Wird die Behandlung verweigert oder unterbrochen oder entzieht sich der Patient der Nachbehandlung, ist der Arzt zu einer **namentlichen Meldung an das Gesundheitsamt** verpflichtet.

Für die HIV-Infektionen besteht eine Berichtspflicht der Laboratorien über positive HIV-Antikörpertests. Die Meldung erfolgt anonym an das Bundesgesundheitsamt.

22.1 Geschlechtskrankheiten mit ulzerösen und erosiven Läsionen

Fallbeispiel: Ein 29-jähriger Mann kommt mit einer oberflächlichen Ulzeration des Sulcus coronarius in die Sprechstunde. Vor zehn Tagen ist dem Patienten eine anfangs papulöse Läsion, die sich schnell vergrößerte und ulzerierte (↗ Foto 59), zum ersten Mal aufgefallen. Das harte und schmerzlose Geschwür weist einen lackartigen Grund auf. Es finden sich keine analen oder anderen Schleimhautläsionen. Eine einseitige, schmerzlose Vergrößerung der inguinalen Lymphknoten ist tastbar. Die weitere Untersuchung ist unauffällig.

☐ ☐ ☐
☺ 😐 ☹

Der Patient ist homosexuell und verkehrt mit mehreren Partnern. Sein letzter Geschlechtsverkehr hat vor drei Wochen mit einem Gelegenheitspartner stattgefunden. An welche Diagnosen lassen die genitalen Ulzerationen bei diesem Mann denken?

tipp Medizinstudenten werden nicht ohne Grund mit dem Thema Syphilis konfrontiert. Wie das Robert-Koch-Institut jüngst in einem Epidemiologischen Bulletin mitteilte, nimmt die Zahl der frischen Syphilis-Erkrankungen in einigen Regionen Deutschlands wieder zu.

Antwort: In diesem Fall weist sowohl der klinische Befund als auch die Anamnese auf eine **Syphilis im Primärstadium** (Syn.: Lues I) hin.

Die Ulzeration, die wegen ihrer harten Konsistenz auch **Ulcus durum** genannt wird, wird auch als **Primäraffekt** bezeichnet (↗ Foto 59).

Dieser tritt etwa drei Wochen nach der Infektion an der Inokulationsstelle auf. Etwa eine Woche darauf folgt eine indolente **Lymphknotenschwellung** im zuständigen Lymphabflussgebiet.

Im Stadium des Primäraffekts kommen verschiedene **Differentialdiagnosen** in Betracht:

- Das Ulcus molle wird durch den Erreger Haemophilus ducreyi hervorgerufen.
- Ein Ulcus mixtum wird durch eine Doppelinfektion mit dem Syphilis-Erreger und dem Ulcus molle-Erreger ausgelöst.
- Herpes genitales
- Morbus Behçet
- Karzinom.

☐ ☐ ☐ ?
☺ 😐 ☹

Frage: Wie kann der Erreger nachgewiesen werden? Beschreiben Sie die Technik.

tipp Die Dunkelfeldmikroskopie ist schwierig und nur dann von Nutzen, wenn sie von einem erfahrenen Untersucher mit der richtigen technischen Ausstattung durchgeführt wird. In der Praxis ist der Einsatz der Dunkelfeldmikroskopie auf spezialisierte Zentren beschränkt.

Antwort: Der Erreger der Syphilis, **Treponema pallidum**, gehört zur Gruppe der **Spirochäten** (Schraubenbakterien). Treponema pallidum lässt sich nicht in vitro anzüchten. Diese Tatsache erschwert die Diagnose. Man versucht deshalb, Spirochäten aus Primär- und Sekundärläsionen mittels **Dunkelfeldmikroskopie** sichtbar zu machen, um so indirekt den Verdacht auf das Vorliegen einer Syphilis zu untermauern. Das dazu benötigte Reizserum lässt sich aus den oberflächlichen Primärläsionen (z.B. Ulcus durum) und aus einem vergrößerten Lymphknoten gewinnen. Dabei wird die Oberfläche von nässenden Läsionen mit einem trockenen Tupfer gereinigt und nach Betupfen mit Aceton oder durch leichtes Quetschen Gewebsflüssigkeit an die Oberfläche gepresst. Das Reizserum wird mit einer Kapillarpipette angesaugt und auf einen Objektträger aufgebracht. Im Dunkelfeld sind Spirochäten durch ihre korkenzieherartigen Windungen und durch ihre Rotations- und Knickbewegungen erkennbar.

!

Merke: Der fehlende Nachweis von Spirochäten in der Dunkelfeldmikroskopie schließt eine Syphilis nicht aus.

Treponema pallidum lässt sich auch mit **Fluoreszenz-markierten monoklonalen Antikörpern** in luftgetrockneten Ausstrichpräparaten nach Fixierung nachweisen. Im Gegensatz zur Dunkelfeldmikroskopie ist dieser Test spezifisch für den Nachweis von Treponema pallidum. Voraussetzung für die erfolgreiche Durchführung ist ein Fluoreszenzmikroskop sowie ein erfahrener Untersucher. Auch dieser Test ist meist spezialisierten Zentren vorbehalten.

Frage: Welche zusätzlichen Untersuchungen werden bei Verdacht auf Syphilis durchgeführt?

? ☐ ☐ ☐
☺ 😐 ☹

Antwort: Wegen Mangel an technischer Ausstattung, Testreagenzien und geschultem Personal zur Durchführung direkter Treponema-Visualisierungstechniken (z.B. in einer Hausarztpraxis) wird der weitaus größte Teil der Patienten mit Verdacht auf Syphilis **serologischen Tests** unterzogen. Deshalb sind diese Tests bei der Diagnostik der Syphilis neben klinischer Untersuchung und Anamnese von entscheidender Bedeutung.

✚ Unspezifische Treponema-Tests wie der VDRL-Test sollten bei einer primären Syphilis 1 Jahr, bei einer sekundärer Syphilis 2 Jahre nach Therapiebeginn wieder im Normalbereich sein.

Man unterscheidet Treponema-unspezifische von Treponema-spezifischen Tests:

- **Treponema-unspezifische Tests** weisen IgG- und IgM-Antikörper gegen Cardiolipin-Cholesterol-Lecithin-Antigene nach. Diese Tests sind preiswert und einfach durchzuführen. Positive Testergebnisse werden meistens als Antikörpertiter angegeben. Sie eignen sich besonders zur **Verlaufskontrolle**. Beispiel:
  - Der **VDRL-Test** (Veneral-Disease-Research-Laboratories-Test) dient der **Verlaufskontrolle** und wird auch als **Suchtest** eingesetzt. Er wird auch als Cardiolipin-Mikroflockungstest bezeichnet, da als Antigen Cardiolipin verwendet wird. Sind im Serum des Patienten bestimmte Autoantikörper vorhanden, reagieren diese mit dem Antigen unter Ausflockung. Hohe Titer von über 1:16 sprechen für das Vorliegen einer aktiven Erkrankung. Nach erfolgreicher Behandlung der Syphilis sinken die Titer innerhalb von Monaten wieder ab.
- **Treponema-spezifische Tests** sind kompliziertere Treponema-Nachweisverfahren. Sie dienen der **Bestätigung** eines positiven unspezifischen Tests (z.B. VDRL-Test). Treponema-spezifische Tests basieren auf dem Nachweis von Antikörpern gegen zelluläre Treponema-pallidum-Komponenten. Das Ergebnis ist qualitativ. Sie werden als entweder positiv oder negativ berichtet. Beispiele:
  - Der **TPHA-Test** ist der Treponema-pallidum-Hämagglutinationstest. Mit ihm können IgG-Antikörper im Serum des Patienten nachgewiesen werden. Lag einmal im Leben des Patienten eine Syphilis vor, so bleiben diese Antikörper meist **lebenslang** als **serologische Narbe** positiv.

✚ Treponema-unspezifische Tests wie der VDRL-Test sind zur Diagnostik einer frischen Infektion alleine nicht geeignet, weil Antikörper gegen Cardiolipin-Cholesterol-Lecithin Antigene erst spät auftreten können und die Spezifität der Tests gering ist.

– Mit dem **FTA-Abs-Test** (Fluoreszenz-Treponema-pallidum-Antikörper-Absorptionstest) können treponemenspezifische IgG- und IgM-Antikörper nachgewiesen werden.

!

Merke: Die Stufendiagnostik zur serologischen Bestätigung der Syphilis sieht als Screening-Verfahren die Kombination eines unspezifischen Tests (z.B. VDRL-Test) mit einem spezifischen Test (z.B. TPHA-Test) vor.

☐ ☐ ☐ ?
☺ 😐 ☹

Frage: Was muss im vorliegenden Fall bei der Auswertung der serologischen Tests beachtet werden?

Antwort: Im vorliegenden Fall liegt der Infektionszeitpunkt wahrscheinlich erst drei Wochen zurück. Mit einer Serokonversion kann laut Robert-Koch-Institut nach 14 bis 40 Tagen gerechnet werden. Daher kann hier eventuell mit einem positiven Ergebnis gerechnet werden.

Es ist jedoch zu beachten, dass im frühen Primärstadium alle serologischen Reaktionen negativ sind. Hier sollte eventuell ein IgM-Antikörpernachweis mittels anderer Verfahren durchgeführt werden. Zum Beispiel kann ein Treponema-spezifischer IgM-Nachweis via Western Blotting gelingen.

!

Merke: Zur Therapieindikation reichen Anamnese, ein typischer klinischer Befund und der mikroskopische Erregernachweis aus.

☐ ☐ ☐ ?
☺ 😐 ☹

Frage: Wie würden Sie den Patienten behandeln? Was muss beachtet werden?

✚ Penicillin ist weiterhin Therapie der Wahl bei Syphilis. Bis heute sind keine Penicillin-Resistenzen für Treponema pallidum beschrieben worden.

Antwort: **Penicillin** ist Mittel der Wahl bei der Behandlung der Syphilis. Wegen der langen Generationszeit der Treponemen ist auf ausreichend lange und hohe Gewebsspiegel zu achten.

Bei einer Penicillinallergie werden **Doxycyclin** oder **Tetracyclin** eingesetzt. Während einer Schwangerschaft kann **Erythromycin** oder **Azithromycin** eingesetzt werden. Die gefährlichste Komplikation ist eine Jarisch-Herxheimer-Reaktion, die zu Beginn der Therapie durch den toxischen Einfluss massenhaft zerfallender Treponemen entstehen kann. Eine gleichzeitige **Behandlung des Sexualpartners** sollte durchgeführt werden. Serologische Nachkontrollen sind regelmäßig durchzuführen.

Frage: Wie wäre der weitere Krankheitsverlauf, bliebe der Patient unbehandelt? Was sind Condylomata lata?

? ☐ ☐ ☐ ☺ 😐 ☹

Antwort: Unbehandelt setzen 2–3 Monate nach der Infektion die Prodromi des **Sekundärstadiums (Lues II)** ein mit Fieber, Abgeschlagenheit und Kopfschmerzen. Sie gehen einher mit Milzschwellung und generalisiertem Lymphknotenbefall, die gefolgt werden von zahlreichen weiteren Symptomen:

- **Syphilitisches Exanthem** (↗ Foto 60)
- **Condylomata lata** sind breitbasige nässende Papeln im Genitoanalbereich, die als Papelbeete auftreten können.
- **Plaques muqueuses** sind erregerreiche, rötliche Makeln oder Papeln mit grau-weißlichen Belägen. Sie kommen an der Mundschleimhaut und auf der Zunge vor.
- Eine **Angina specifa** imponiert als ödematöse Tonsillenvergrößerung mit grau-weißlichen Belägen. Sie ist afebril und geht mit Schluckbeschwerden einher.
- Die **Alopezia areolaris** tritt nach 5–6 Wochen vor dem Übergang in das Latenzstadium auf. Sie zeigt einen reversiblen, herdförmigen oder diffusen Haarausfall, der „wie von Motten angefressen" aussieht.

Frage: Beschreiben Sie das syphilitische Exanthem im Stadium II der Lues. Von welchen Hauterkrankungen muss es unterschieden werden?

? ☐ ☐ ☐ ☺ 😐 ☹

Antwort: Das **Exanthem im Stadium der Lues II** bietet ein **polymorphes**, vielgestaltiges Bild (↗ Foto 60). Die einzelnen Effloreszenzen werden auch **Syphilide** genannt. Das Exanthem beginnt mit kleinen, schwach rosa gefärbten Makeln, die auch **Roseola** genannt werden. Diese gehen im weiteren Verlauf in derbe, kupferfarbene **Papeln** über.

tipp Der Befall von Handinnenflächen und Fußsohlen ist ein wichtiger differentialdiagnostischer Hinweis auf das Vorliegen eines Lues-Exanthems. Das Erkennen dieses Zusammenhanges wird gerne in Staatsexamen abgefragt.

Die Papeln finden sich disseminiert am Stamm und charakteristischerweise auch **palmoplantar**. Sie sind auf Druck schmerzhaft. Weitere Veränderungen wie Krusten- und Schuppenbildung kommen hinzu. In diesem Stadium kann das Exanthem anderen dermatologischen Erkrankungen wie Psoriasis, Pityriasis rosea, Lichen ruber oder einem seborrhoischen Ekzem ähneln.

Das Exanthem ist in Abhängigkeit von seinem Stadium auch nicht leicht zu unterscheiden von einer Acne vulgaris, Virus- oder Arzneimittelexanthemen.

Hinweise auf die richtige Diagnose sind die **generalisierte Lymphknotenschwellung**, die Mundschleimhautveränderungen und die palmoplantaren Papeln. Typischerweise findet sich bei allen Syphiliden kein Juckreiz.

Frage: Welche Hautaffektionen finden sich beim Lues III?

Antwort: Die **Lues III** ist nicht mehr ansteckend und der Erreger nicht mehr nachweisbar. Diese Form der Lues kommt heute kaum noch vor. **Gummen** gehören zu den charakteristischen Hautveränderungen dieses Stadiums:

Gummata sind granulomatöse Gewebsreaktionen auf Treponemenantigene in der Subkutis. Es handelt sich um dunkelrote oder braune Knoten, die schmerzlos ulzerieren. Sie sondern einen gummiartigen Detritus ab und heilen unter Narbenbildung ab. Gummata können auch an Schleimhäuten, Knochen, Muskulatur und inneren Organen vorkommen. Zu den häufigsten Komplikationen zählen Gaumen- oder Nasenseptum-Perforationen.

Frage: Zu welchen weiteren Störungen kann es neben den Hautaffektionen bei der Spätsyphilis und Neurosyphilis kommen?

✚ HIV und Syphilis sind öfters vergesellschaftet. Bis zu 6% der Patienten in HIV-Ambulanzen in den USA haben eine positive Syphilis-Serologie. Es gibt keine klaren Hinweise darauf, dass die Erkrankung in HIV-Patienten aggressiver verläuft.

Antwort: Unter der Spätsyphilis wird die Lues III und IV, zu der auch die Formen der Neurosyphilis gehören, zusammengefasst. Sie ist heute eher eine Rarität.

Die **kardiovaskuläre Spätsyphilis** ist eine prognostisch ungünstige Erscheinungsform der Lues III. Dabei können eine **Peri- und Endarteriitis**, eine **Mesaortitis** und ein **Aortenaneurysma** auftreten. Eine Mesaortitis ist eine Ausweitung der Aorta ascendens mit Insuffizienz der Aortenklappen.

Im Stadium IV bilden sich die Symptome der **Neurosyphilis** bei abgeschwächter Immunitätslage aus. Es kommt zu **Tabes dorsalis**, progressiver Paralyse, Demenz und psychotischen Wesensveränderungen.

Frage: Mit welchen Veränderungen geht eine angeborene Syphilis einher? Wie kann man sie verhindern?

Antwort: Treponema pallidum kann im 4.–5. Schwangerschaftsmonat diaplazentar auf den Feten übertragen werden. Wird die Mutter rechtzeitig behandelt, kann eine Erregerübertragung und damit eine Erkrankung verhindert werden. Deshalb wird zu Beginn der Schwangerschaft ein **TPHA-Test** routinemäßig durchgeführt.

Der Ausprägungsgrad der **angeborenen Syphilis** (Syn.: Lues connata) hängt vom Grad der Infektiosität der Mutter ab. So kann es zu einer Totgeburt oder zu Symptomen des Lues II bei der Geburt kommen. Ist das Kind erscheinungsfrei, kann die Lues auch erst zu einem späteren Zeitpunkt serologisch oder durch Auftreten der so genannten **Hutchinson-Trias** erkannt werden.

Diese Trias ist für eine Lues connata tarda typisch und kann erst nach vielen erscheinungsfreien Jahren auftreten:

- Tonnenform der oberen Schneidezähne
- Keratitis parenchymatosa
- Innenohrschwerhörigkeit.

Merke: Treponema pallidum ist fruchtschädigend (Merke: TORCH)! Exponierte Neugeborene bedürfen einer sorgfältigen Nachuntersuchung.

!

Frage: Wie wird das Ulcus molle noch genannt? Durch welche Charakteristika unterscheidet es sich von anderen genitalen Ulzerationen?

? ☐ ☐ ☐ ☺ 😐 ☹

Antwort: Das **Ulcus molle**, das auch **weicher Schanker** genannt wird, ist die harmloseste Geschlechtskrankheit. Sie kommt in Deutschland selten vor und ist meldepflichtig. Der Erreger **Hämophilus ducreyi** wird durch Geschlechtsverkehr übertragen. Nach einer Inkubationszeit von 2–5 Tagen bildet sich an der Eintrittspforte ein linsen- bis münzgroßes, weiches, schmierig belegtes Geschwür. Es weist einen überhängenden Rand auf und ist bei Berührung schmerzhaft. Durch diese Charakteristika ist es meist von anderen genitalen Ulzerationen wie dem Ulcus durum, Herpes genitalis, Lymphogranuloma inguinale oder Pyodermien abgrenzbar.

Nach 1–4 Wochen kann es zu einer schmerzhaften Schwellung der regionalen Lymphknoten kommen. Sie können einschmelzen und nach außen durchbrechen.

Die **Erreger** lassen sich mikroskopisch als fischzugartige gramnegative Stäbchen darstellen und sind nur schwer kulturell nachzuweisen.

Die **Therapie** wird mit Ceftriaxon, Erythromycin oder Cotrimoxazol durchgeführt. Um eine gleichzeitige Luesinfektion auszuschließen, sollte nach etwa zwei Monaten eine TPHA-Kontrolluntersuchung erfolgen.

22.2 Weitere STD

Frage: Wie kann der Erreger der weltweit häufigsten Geschlechtskrankheit nachgewiesen werden?

? ☐ ☐ ☐ ☺ 😐 ☹

Antwort: Neisseria gonorrhoeae ist der Erreger der **Gonorrhö** (Syn.: Tripper). Sie ist die weltweit häufigste Geschlechtskrankheit. Die gramnegativen, intraleukozytären Diplokokken können mikroskopisch nach Methylenblau- oder Gramfärbung nachgewiesen werden.

Abstriche werden von der Urethra, der Zervix und gegebenenfalls von Rachen, Konjunktiven oder Rektalbereich genommen. Im Vaginalbereich einer erwachsenen Frau lassen sich keine Gonokokken nachweisen, da diese auf Plattenepithelien nicht adhärieren können.

Folgende Nachweismethoden stehen zur Verfügung:
- **Kultur:** Goldstandard für die Diagnose einer Gonorrhö der Frau ist die Kultur mittels modifiziertem Thayer-Mayer-Medium. Die Sensitivität dieser Untersuchung ist in symptomatischen Patientinnen sehr groß. Bei asymptomatischen Patientinnen liegt sie jedoch nur bei 65 bis 85%. Die Spezifität liegt bei 100%. Die Ergebnisse einer Kultur liegen normalerweise innerhalb von 48 Stunden vor.
- **DNS-Amplifizierung:** Der Kultur fast ebenbürtig sind DNS-Amplifizierungstechniken. Dazu gehören die **Polymerase-Kettenreaktion (PCR)** und **Ligase-Kettenreaktion (LCR)**. Mit ihrer Hilfe lassen sich winzige Mengen krankheitsspezifischer DNS in Abstrich- und Urinpräparaten nachweisen.
- **Gramfärbung:** Diese ist bei der symptomatischen Gonorrhö der Frau in nur 60% der Fälle diagnoseführend. Beim Mann ist die Gramfärbung 100% sensitiv und deshalb diagnostisches Mittel der Wahl. Bei der Frau sollte immer zusätzlich ein zervikaler Abstrich mit Kultur angelegt werden. Die Gramfärbung ist sehr preiswert und einfach durchzuführen. Auf sie sollte deshalb nie verzichtet werden.

!

Merke: Bei der Frau sollte bei Verdacht auf Gonorrhö ein zervikaler Abstrich mit nachfolgender Gramfärbung und Kultur vorgenommen werden. Beim Mann ist die Gramfärbung peniler Sekretionen in nahezu 100% der Fälle diagnoseführend.

□ □ □ ?
☺ 😐 ☹

Frage: Wie werden Gonokokken übertragen und welche Symptome können sie auslösen?

Antwort: Die Übertragung der Gonorrhö erfolgt fast ausschließlich durch **Geschlechtsverkehr**. Dabei infizieren sich 60% der Männer und 90% der Frauen beim Primärkontakt. Bei Kindern erfolgt die Infektion meist durch infizierte Gegenstände wie feuchte Handtücher und Waschlappen. Die Inkubationszeit beträgt 2–8 Tage. Auch an eine extragenitale Lokalisation im Rachen- oder Analbereich sollte gedacht werden.
- Beim **Mann** verläuft die Infektion in 10% asymptomatisch. Sonst kommt es zunächst zu einer eitrigen Urethritis mit Dysurie und gelb-grünlichem Ausfluss. Ohne Behandlung kann es zu einer Prostatitis und Epididymitis mit nachfolgender Sterilität kommen.

- Bei der **Frau** ist der Verlauf oft **milder** als beim Mann. In ungefähr 50% der Fälle bleiben Urethritis und Zervizitis unbemerkt. Der Ausfluss und die Dysurie werden nicht selten bagatellisiert. Eine aufsteigende Infektion, häufig zur Zeit der Menstruation, führt zu Komplikationen wie Endometritis und **Adnexitis**. Eine Salpingitis kann durch einen Tubenverschluss zur Sterilität führen. Die Gonorrhö der Frau kann auch zu einer anorektalen Infektion führen, entweder durch direkten Schleimhautkontakt mit penilen Sekretionen oder durch Autoinokulation vaginaler Sekretionen. Auch eine oropharyngeale Infektion ist möglich.

Frage: Wie wird eine Gonorrhö behandelt?

? ☐ ☐ ☐ ☺ 😐 ☹

Antwort: Die Behandlung ist für Mann und Frau gleich. Da eine Koinfektion mit Chlamydien beim Vorliegen einer Gonorrhö äußerst wahrscheinlich ist, sollte dies bei der Behandlung berücksichtigt werden. Die antibiotische Behandlung mit beispielsweise Ceftriaxon 1x 125 mg i.m. (anti-Gonokokken) und Azithromyzin 1x 1 g p.o. (anti-Chlamydien) kann bei einer unkomplizierten zervikalen, urethralen oder anorektalen Gonorrhö empfohlen werden.

22.3 STD mit Lymphadenopathie

Frage: Durch welchen Verlauf ist das Lymphogranuloma inguinale gekennzeichnet?

? ☐ ☐ ☐ ☺ 😐 ☹

Antwort: Das **Lymphogranuloma inguinale** (Syn.: Lymphogranuloma venereum) wird durch die **Serotypen L1–L3** von **Chlamydia trachomatis** ausgelöst. Weitere Subtypen verursachen das Trachom und die unspezifische Urethritis. Nach einer Inkubationszeit von 3–10 Tagen bildet sich an der Eintrittspforte eine kleine Papel oder ein Ulkus, das meist unbemerkt abheilt. Nach 3–4 Wochen kommt es zu allgemeinen Krankheitserscheinungen.

✚ Das Lymphogranuloma venereum ist eine endemisch-verbreitete Erkrankung in Teilen Ost- und Westafrikas, Indiens und Teilen Südost-Asiens und in der Karibik. Es kann schwierig sein, nur aufgrund des klinischen Bildes zu einer Diagnose zu gelangen. Deshalb haben serologische Tests einen besonderen Stellenwert.

Es entwickelt sich eine meist einseitige **Lymphknotenschwellung**. Die Lymphknoten verbacken mit dem umgebenden Gewebe und schmelzen eitrig ein. Unbehandelt können sie Fisteln und Strikturen zurücklassen. Eine Obliteration der Lymphgefäße im Genitalbereich kann zu einer Elephantiasis führen.

Frage: Wie werden die Erreger des Lymphogranuloma inguinale nachgewiesen? Kennen Sie einige Differentialdiagnosen und Therapeutika dieser Erkrankung?

✚ Die Diagnose eines Lymphogranuloma venereum ist schwierig. Die Klinik kann sehr uncharakteristisch sein und Labortests sind nicht standardisiert.

Antwort: Serologische Antikörpernachweise, Komplementfixationstests (CF) und Immunfluoreszenztechniken (IF) sind die am häufigsten verwendeten diagnostischen Tests zum Nachweis einer Infektion mit Chlamydia trachomatis. Weder IF noch CF sind in der Lage, abgelaufene von neuen Infektionen zu unterscheiden. Es ist wichtig, einen positiven serologischen Test vor dem Hintergrund der aktuellen Klinik des Patienten zu betrachten. Die Polymerasekettenreaktion (PCR) könnte evtl. in Zukunft die Diagnose erleichtern.

Zu den **Differentialdiagnosen** zählen: Ulcus molle, Granuloma venerum, Lues, Katzenkrankheit, Tuberculosis cutis colliquativa, Lymphadenopathie bei AIDS.

Die **Therapie** erfolgt mit Doxycyclin, Erythromycin oder Azithromyzin (Vorteil: Nur eine Dosis [1 g] pro Woche für 3 Wochen – bessere Compliance). Infizierte Kontaktpersonen sollten ebenfalls behandelt werden.

22.4 HIV-Infektion

Fallbeispiel: Ein 34-jähriger Mann klagt seit zwei Monaten über Fieber, Abgeschlagenheit und Durchfall. Über die letzten drei Monate hat er 4 kg abgenommen. Seit 15 Jahren hat er überwiegend homosexuellen Geschlechtsverkehr mit wechselnden Partnern. Bei der Untersuchung finden Sie nicht abstreifbare, längs geriffelte, weißliche Plaques an den seitlichen Zungenrändern. An Haut und Schleimhäuten finden sich sonst keine Veränderungen. Der einzige weitere positive Untersuchungsbefund ist das Vorliegen einer zervikalen, axillären und inguinalen Lymphknotenvergrößerung.
Worum handelt es sich bei der Mundschleimhautveränderung?

Antwort: Im Hinblick auf die Anamnese und den Untersuchungsbefund sprechen die Veränderungen an den Zungenrändern für eine **orale Haarleukoplakie** im Rahmen einer HIV-Infektion. Sie wird nicht durch das HIV, sondern durch die Reaktivierung von Epstein-Barr-Viren ausgelöst.

Die orale Haarleukoplakie macht keine Beschwerden. Sie kann mit einer oralen Candidosis verwechselt werden und ist von einer Leukoplakie und einem Lichen ruber mucosae abzugrenzen. Das Auftreten der oralen Haarleukoplakie ist nahezu **pathognomonisch** für eine HIV-Infektion und prognostisch ungünstig.

Frage: Welche Hautveränderungen sind bei einer HIV-Infektion zu erwarten?

? ☐ ☐ ☐ ☺ 😐 ☹

Antwort:
- Das **Kaposi-Sarkom** tritt bei bis zu 30% der HIV-Infizierten auf. Es handelt sich dabei um einen multizentrischen Tumor der Gefäßendothelien der Haut und Schleimhaut.
- Eine **Candida-Infektion** kommt bei fast allen AIDS-Patienten vor. Die rezidivierende orale Candidiasis ist die häufigste Sekundärinfektion im Rahmen der HIV-Infektion. Die Candidiasis des Ösophagus ist eines der wichtigsten Kriterien in der AIDS-Diagnostik.
- Eine **seborrhoische Dermatitis** findet sich bei etwa 70% aller AIDS-Patienten.
- Bei **Herpes-simplex-Infektionen** kommt es zu auffällig schweren Verläufen mit Ulzerationen, Generalisierung und Persistenz. Ohne Therapie kommt es bei schlechter Immunabwehr nicht mehr zur Abheilung.
- Auch ein **Herpes zoster** kann schwerer verlaufen mit Ausbreitung über mehrere Dermatome und Generalisierung.

Frage: Welche Hautveränderungen kennen Sie noch, die bei einer HIV-Infektion gehäuft vorkommen?

? ☐ ☐ ☐ ☺ 😐 ☹

Antwort: Folgende Hautveränderungen treten bei HIV-Infektion häufiger auf:
- Condylomata acuminata
- Mollusca contagiosa
- Verrucae vulgares
- Pyodermien.

Frage: Wie wird diagnostisch vorgegangen?

? ☐ ☐ ☐ ☺ 😐 ☹

Antwort: Die Diagnose einer HIV-Infektion erfolgt neben den klinischen Kriterien und Laborbefunden hauptsächlich serologisch. Als Suchtest wird der **ELISA** (enzyme linked immuno sorbent assay) eingesetzt. Ist er positiv, so muss das Ergebnis durch einen Bestätigungstest, den **Westernblot-Test**, aus der gleichen Blutprobe kontrolliert werden. Mit der **Polymerasekettenreaktion** kann man den so genannten „viral load" (die Viruslast) bestimmen.

Tafelteil

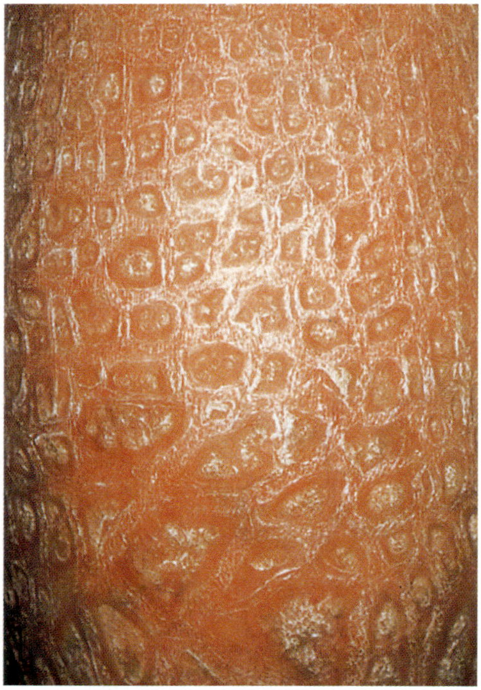

Foto 1: Ichthyosis (Kap. 2), [1]

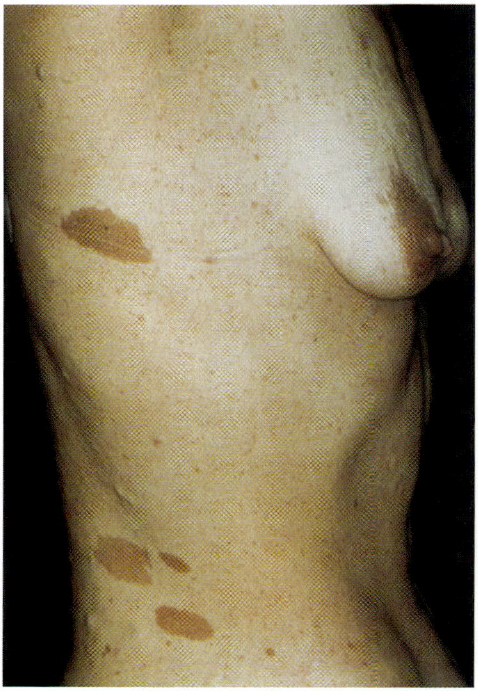

Foto 2: Neurofibromatose Typ 1 (Kap. 2), [1]

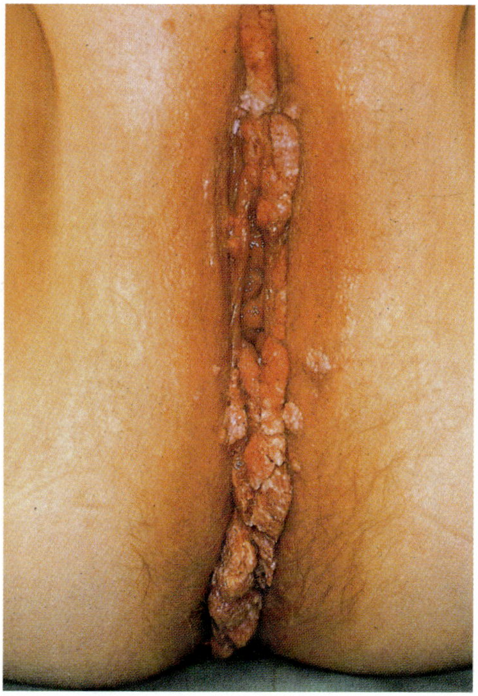

Foto 3: Condylomata acuminata (Kap. 3), [1]

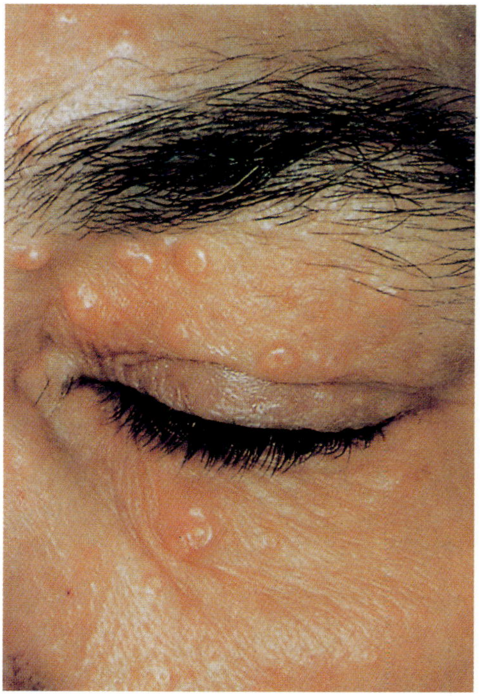

Foto 4: Mollusca contagiosa (Kap. 3), [1]

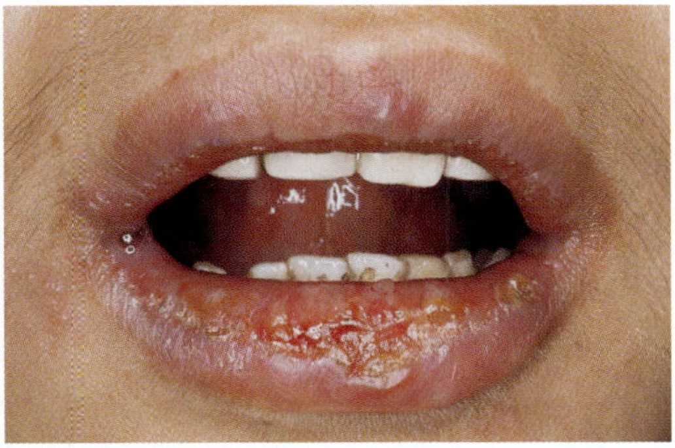

Foto 5 Herpes labialis (Kap. 3), [1]

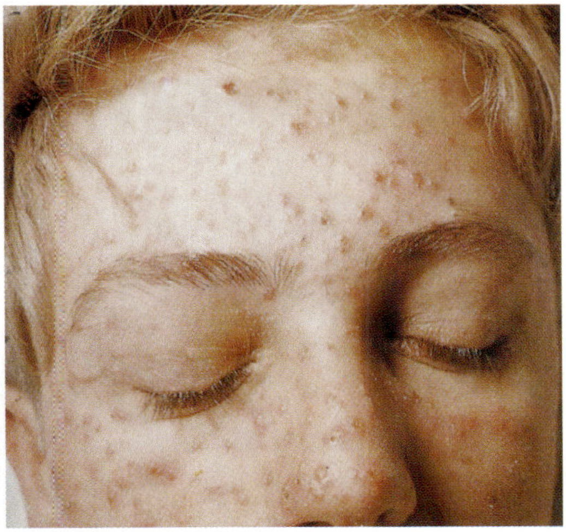

Foto 6: Varizellen (Kap. 3), [1]

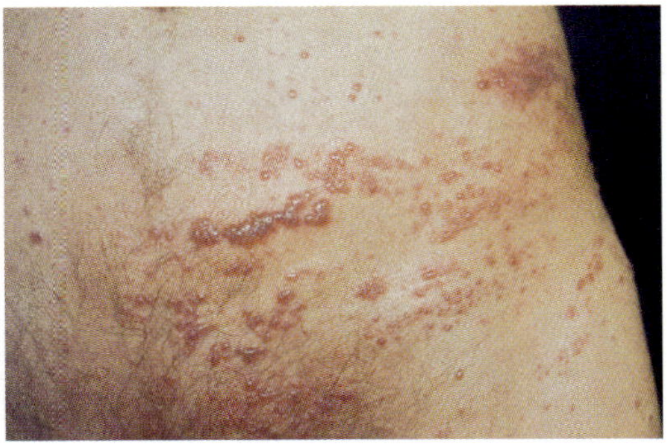

Foto 7: Herpes Zoster (Kap. 3), [1]

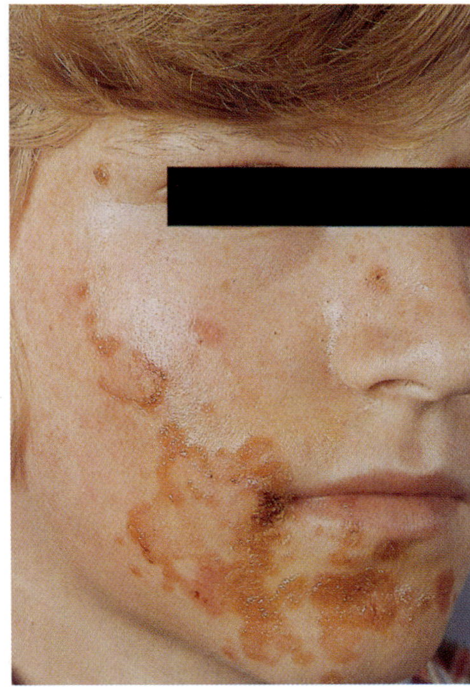

Foto 8: Impetigo contagiosa (Kap. 4), [1]

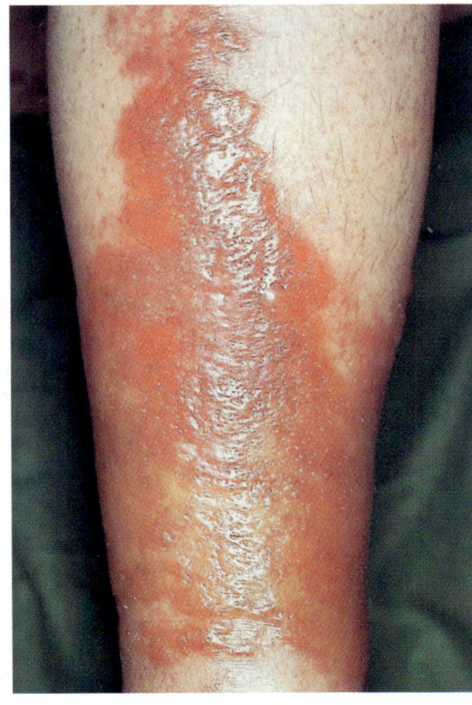

Foto 9: Erysipel (Kap. 4), [1]

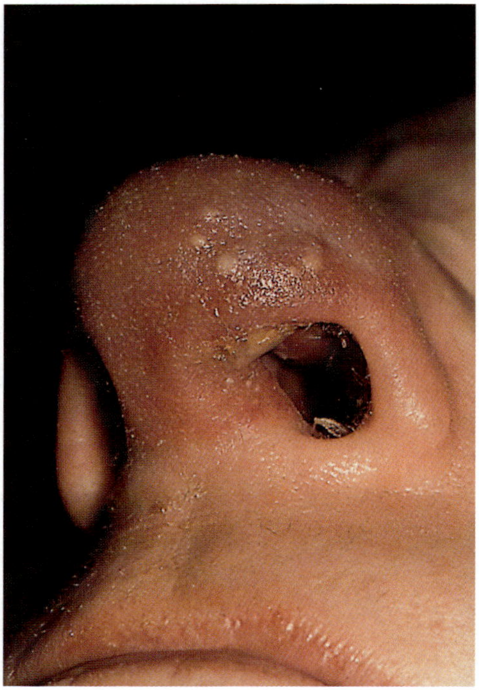

Foto 10: Nasenfurunkel (Kap. 4), [1]

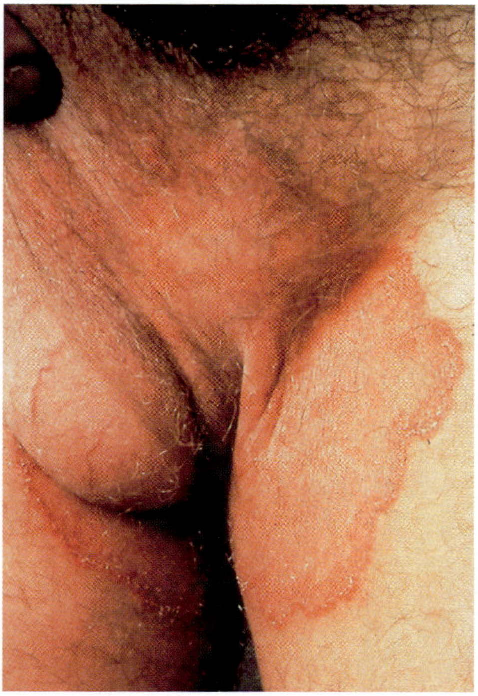

Foto 11: Tinea corporis (Kap. 5), [1]

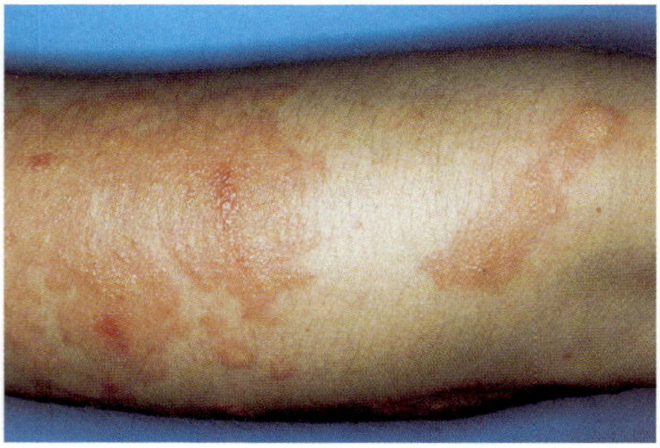

Foto 12: Wiesengräserdermatitis (Kap. 7), [1]

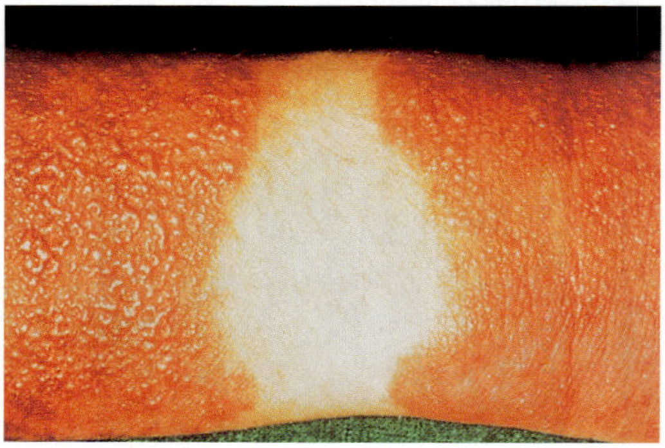

Foto 13: Phototoxische Dermatitis (Kap. 7), [1]

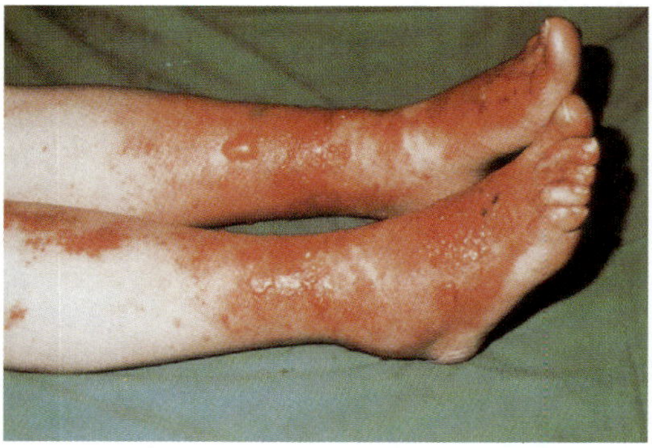

Foto 14: Akute allergische Kontaktdermatitis (Kap. 8), [1]

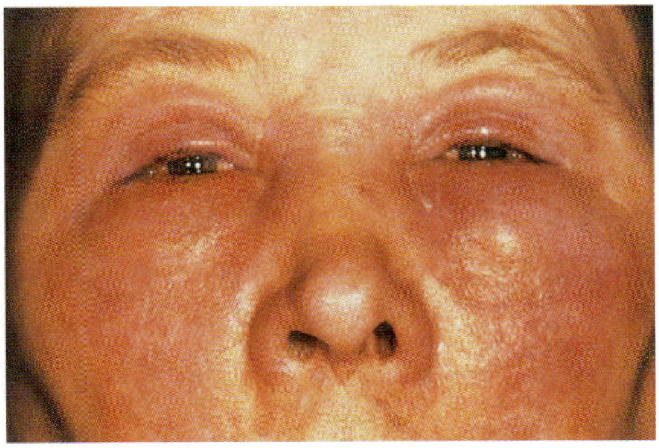

Foto 15: Allergische Kontaktdermatitis (Kap. 8), [1]

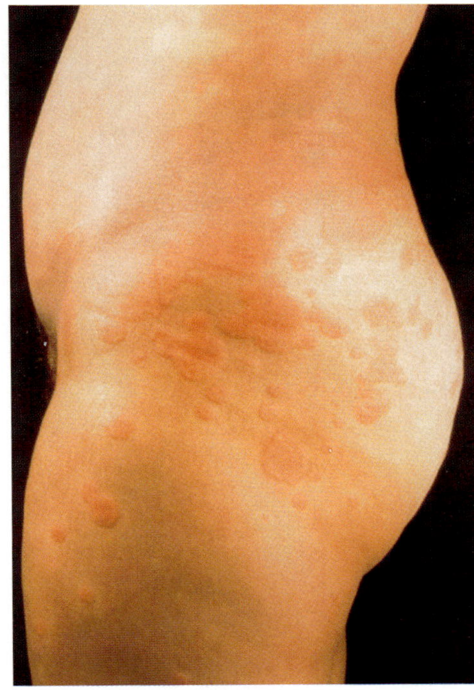

Foto 17: Urtikaria (Kap. 8), [1]

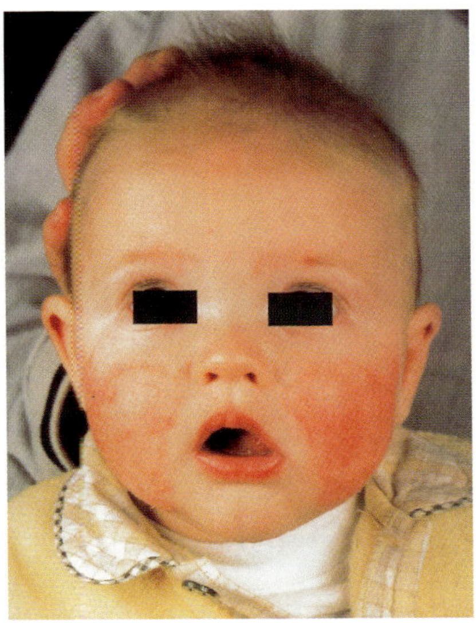

Foto 16: Atopische Dermatitis (Kap. 8), [1]

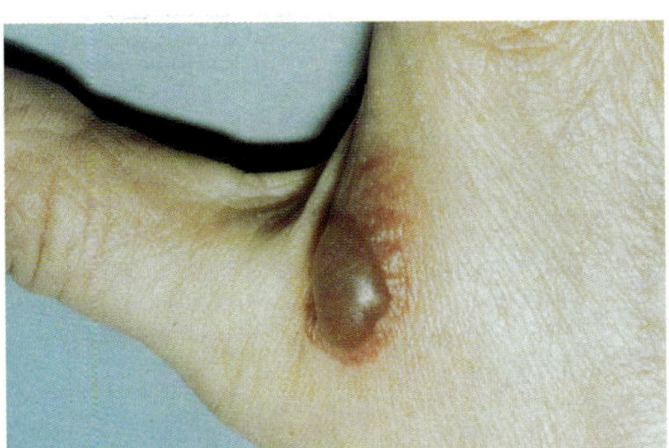

Foto 18: Fixes Arzneimittelexanthem (Kap. 8), [1]

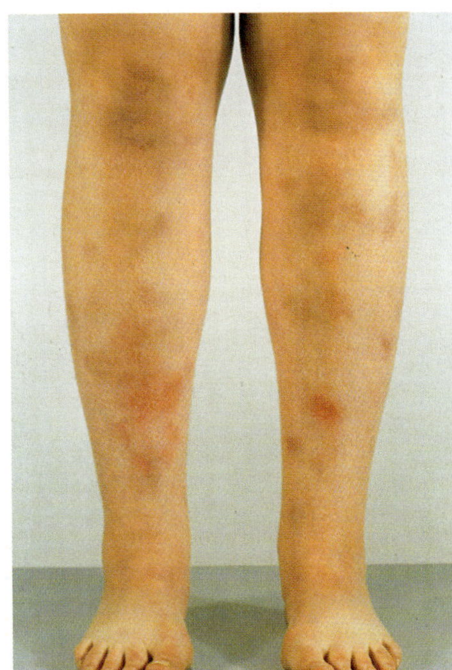

Foto 19: Erythema nodosum (Kap. 8), [1]

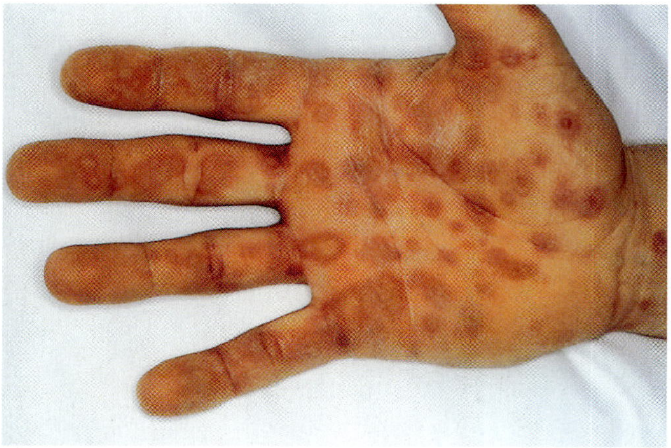

Foto 20: Erythema exsudativum multiforme (Kap. 8), [1]

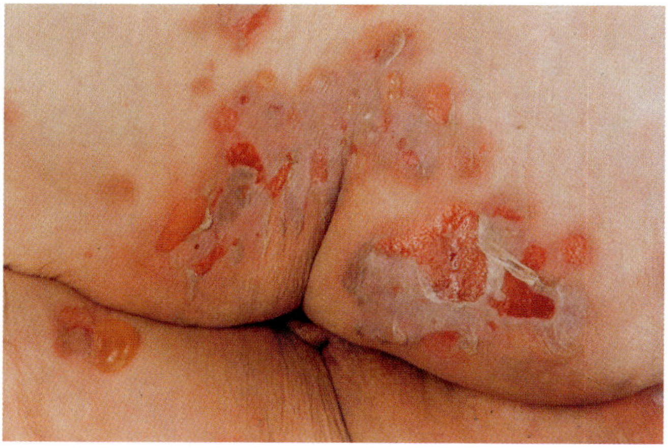

Foto 21: Bullöses Pemphigoid (Kap. 10), [1]

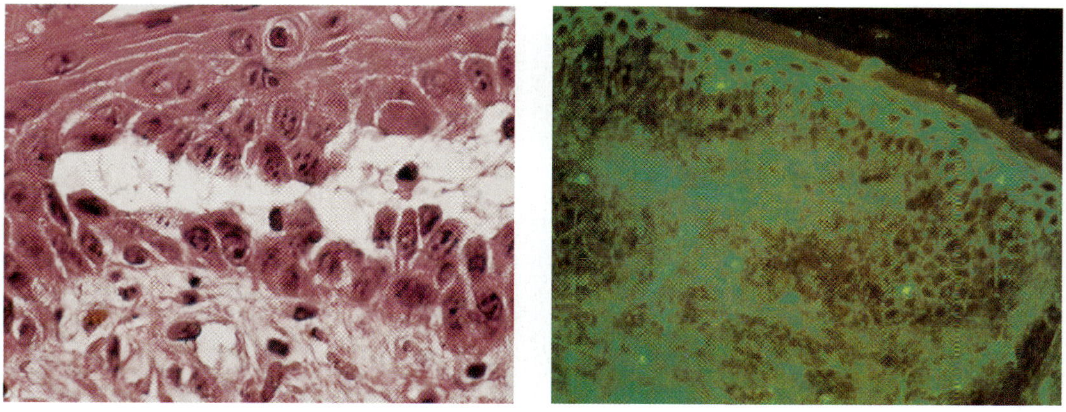

Foto 22: Pemphigus vulgaris (Kap. 10), [1]

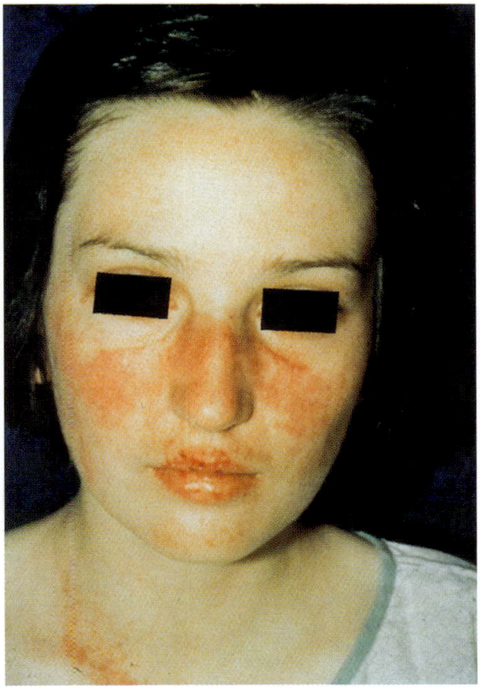

Foto 23: Systemischer Lupus erythematodes (Kap. 10), [1]

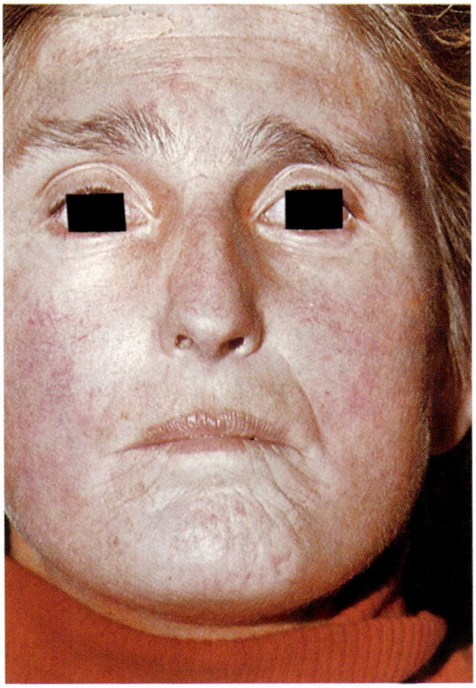

Foto 25: Progressive systemische Sklerodermie (Kap. 10), [1]

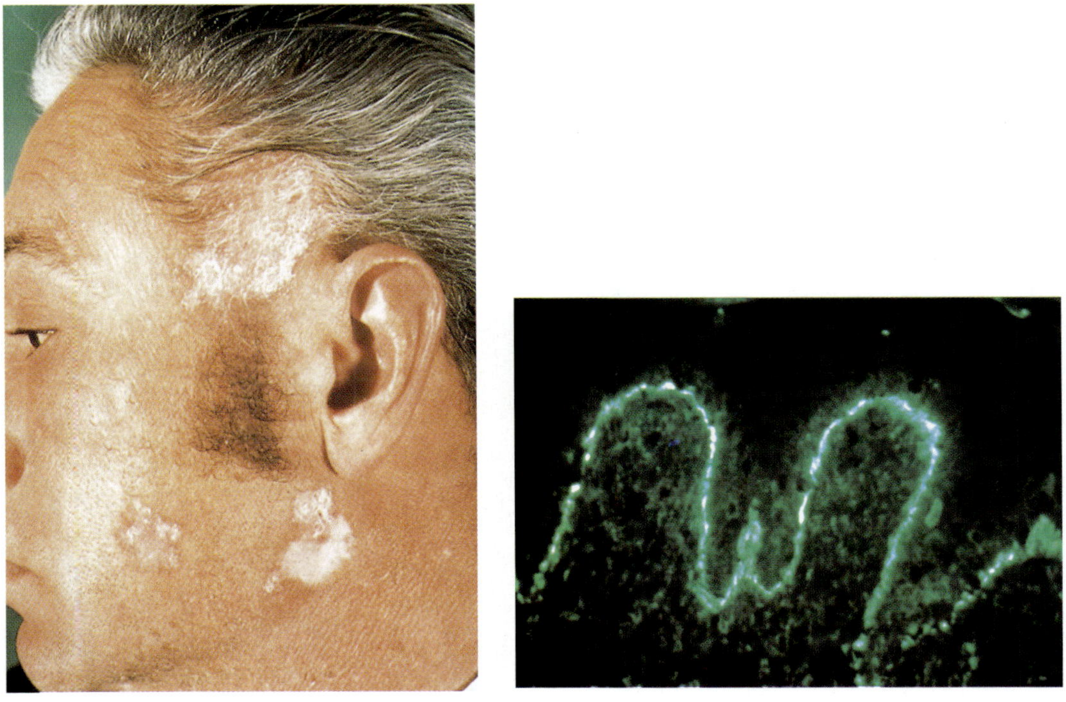

Foto 24 a + b: Diskoider Lupus erythematodes (Kap. 10), [1]

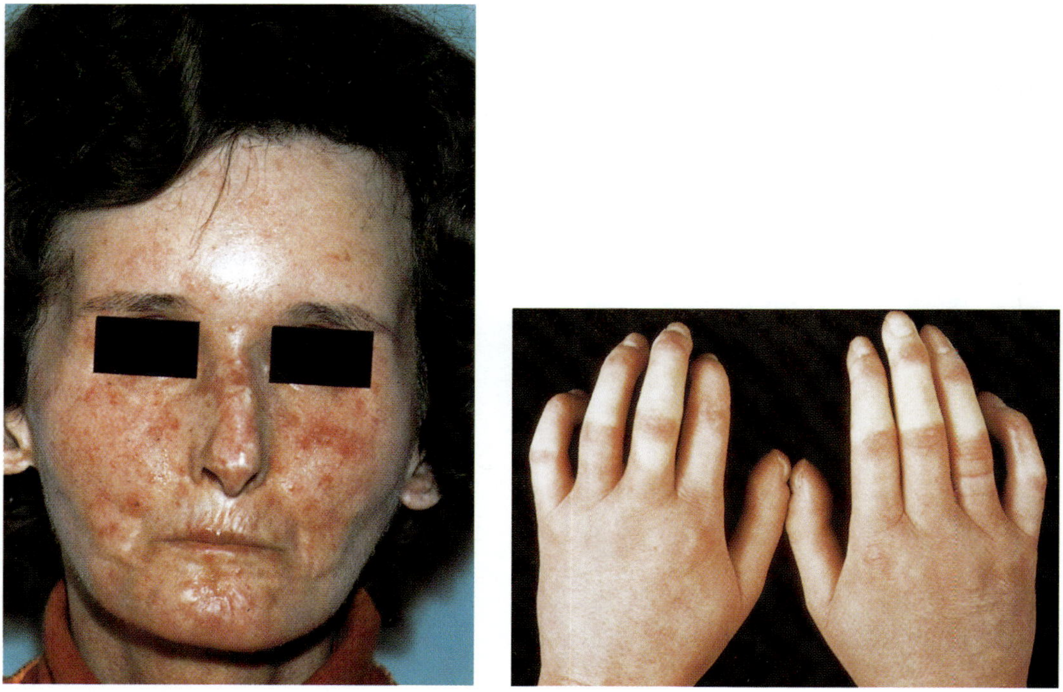

Foto 26 a + b: CREST-Syndrom (Kap. 10), [1]

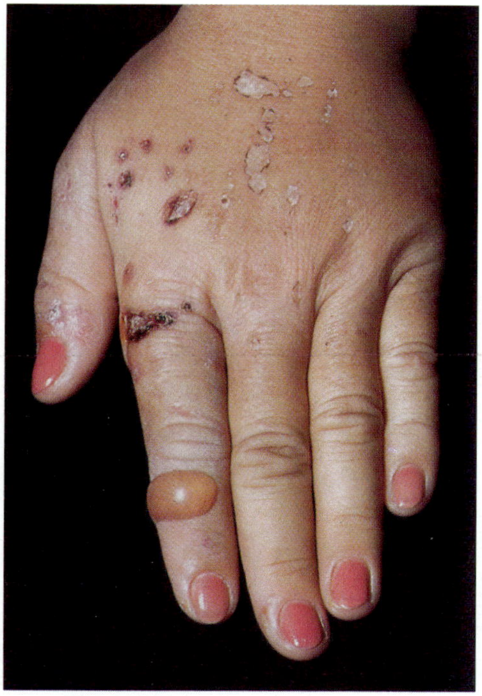

Foto 27: Porphyria cutanea tarda (Kap. 11), [1]

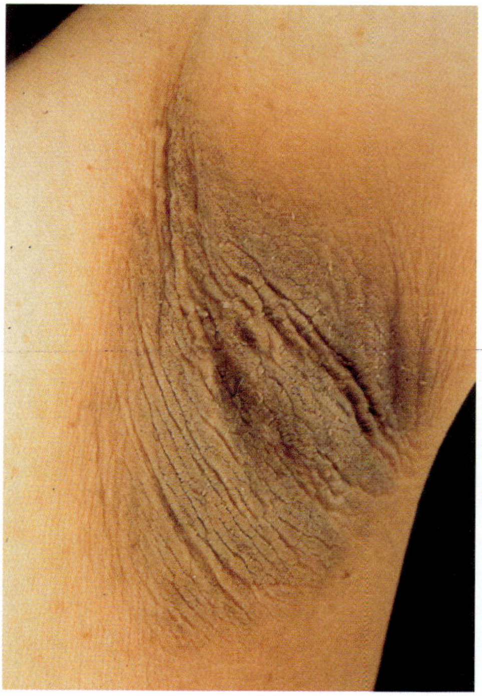

Foto 28: Acanthosis nigricans maligna (Kap. 11), [1]

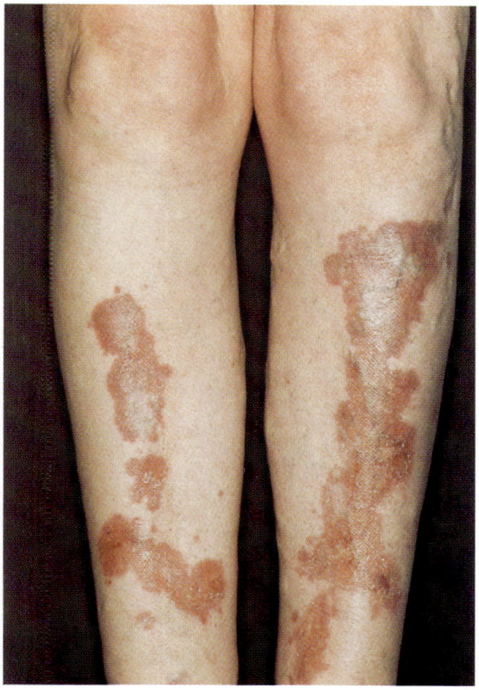

Foto 29: Necrobiosis lipoidica (Kap. 11), [1]

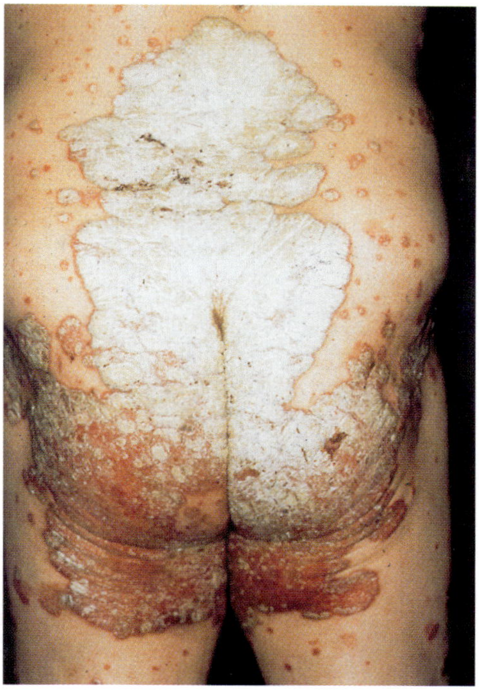

Foto 30: Psoriasis vulgaris vom Plaque-Typ (Kap. 12), [1]

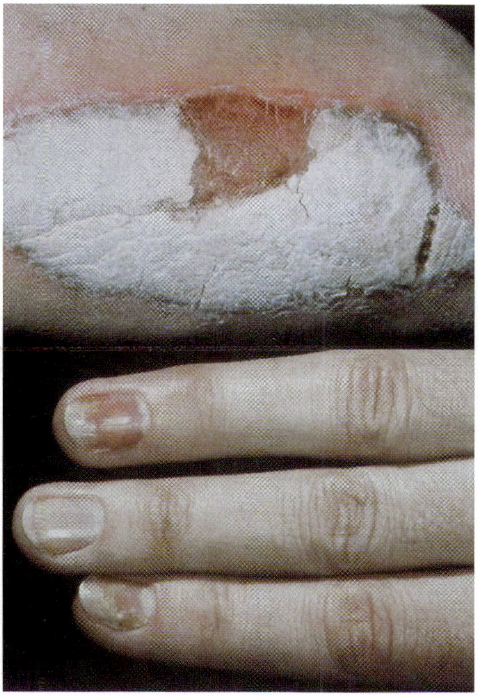

Foto 31: Psoriasis vulgaris – Nagelveränderungen (Kap. 12), [1]

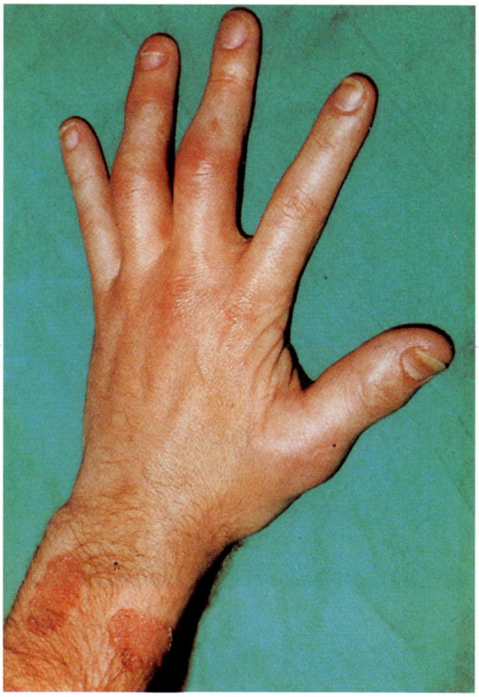

Foto 32: Psoriasis vulgaris mit distalem Gelenkbefall (Kap. 12), [1]

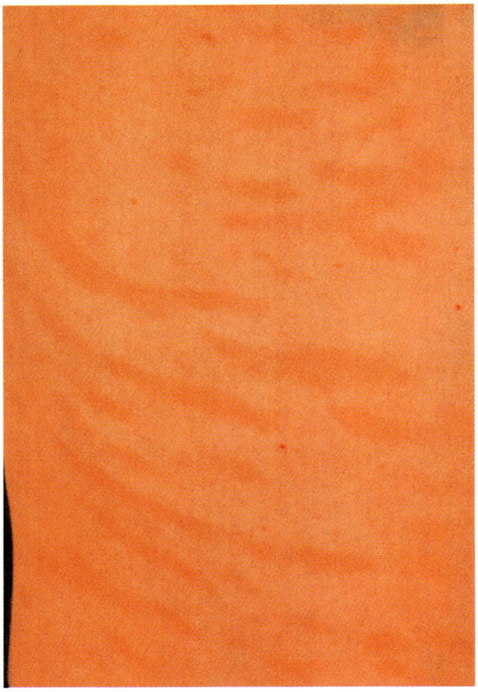

Foto 33: Parapsoriasis en plaque (Kap. 12), [1]

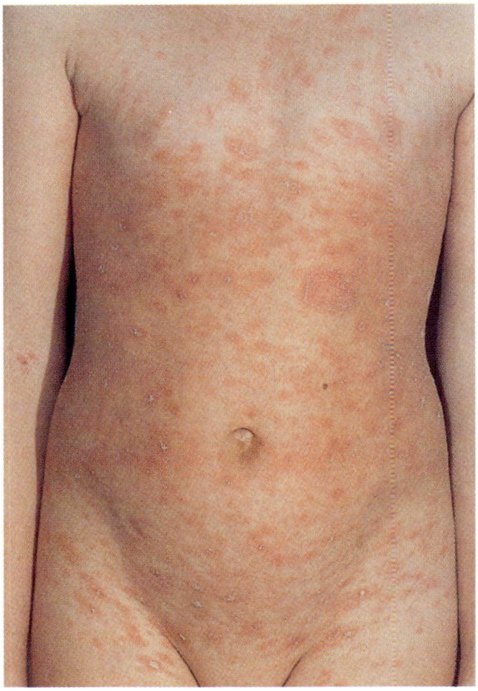

Foto 34: Pityriasis rosea (Kap. 12), [1]

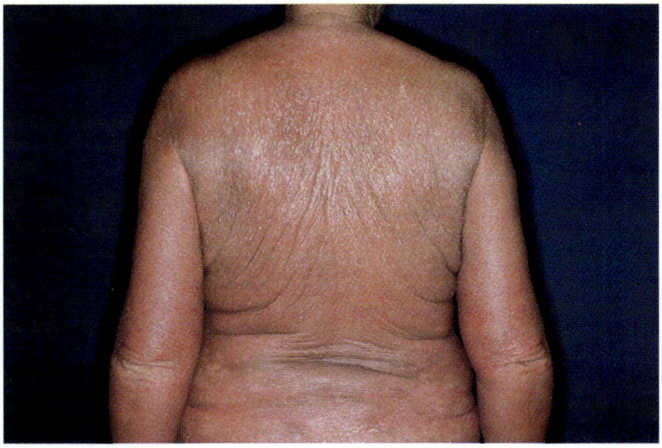

Foto 35: Erythrodermie (Kap. 12), [1]

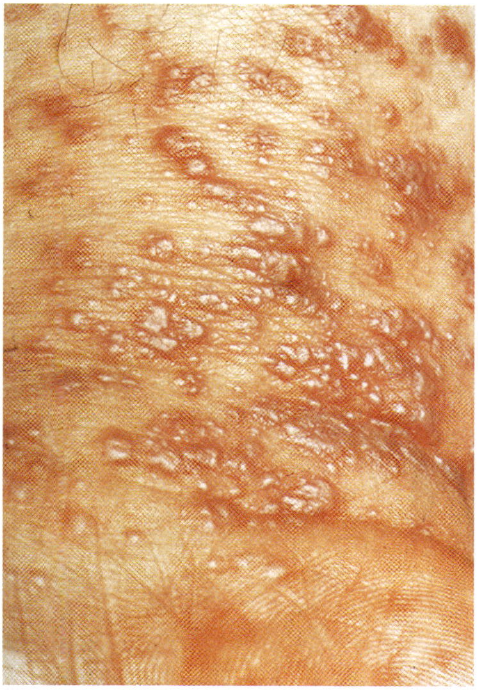

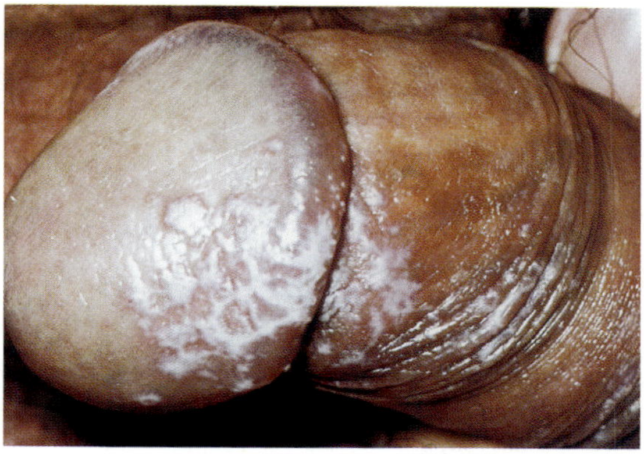

Foto 36 und 37: Lichen ruber planus (Kap. 13), [1]

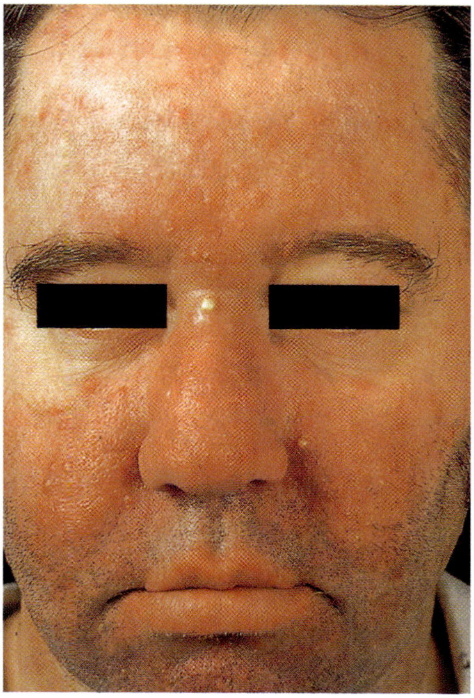

Foto 39: Rosazea (Kap. 13), [1]

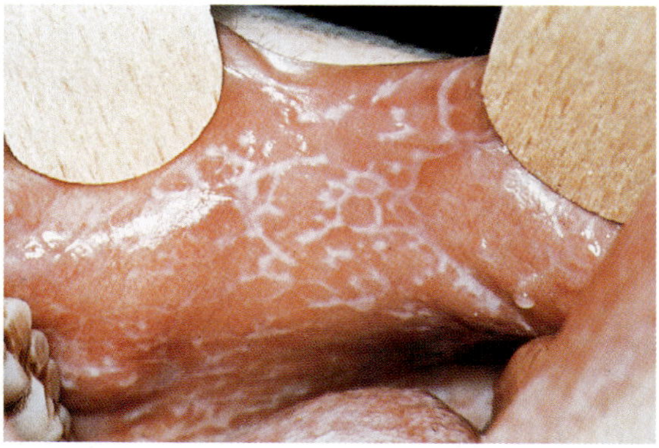

Foto 38: Lichen ruber planus – Wickham-Phänomen der Mundschleimhaut (Kap. 13), [1]

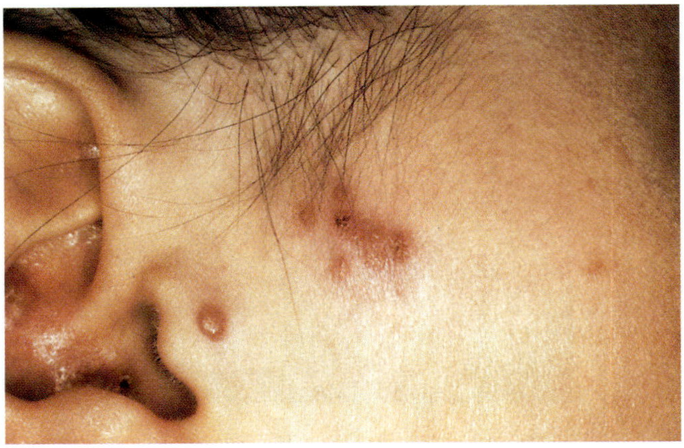

Foto 40: Sarkoidose (Kap. 14), [1]

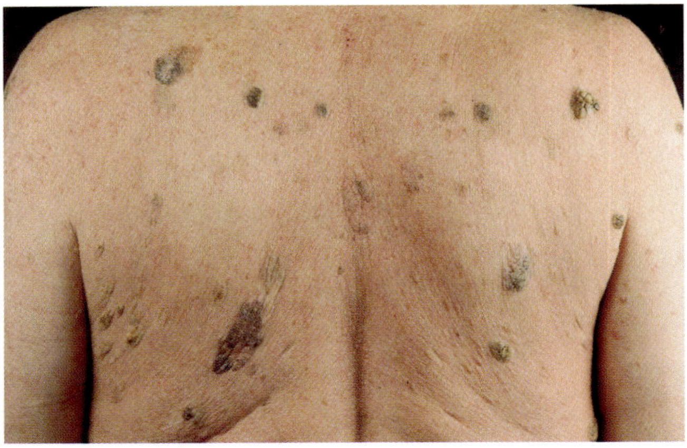

Foto 41: Seborrhoische Keratosen (Kap. 15), [1]

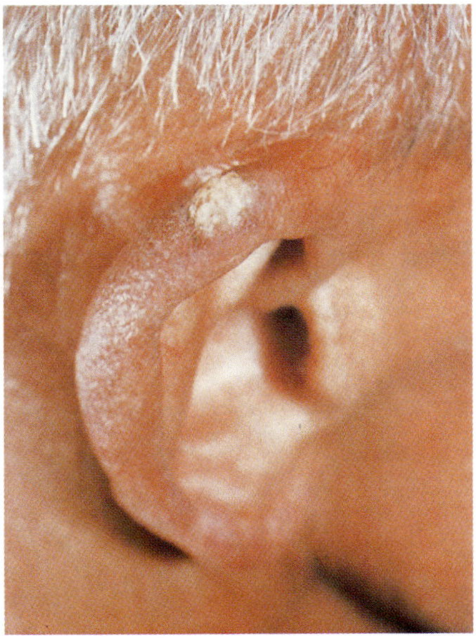

Foto 42: Aktinische Keratose (Kap. 15), [1]

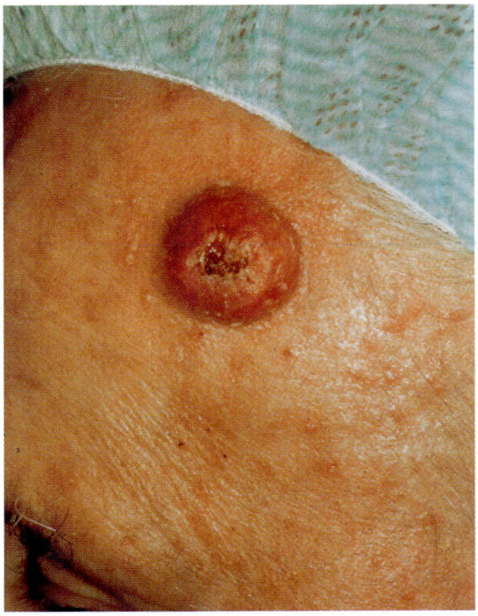

Foto 44: Keratoakanthom (Kap. 15), [1]

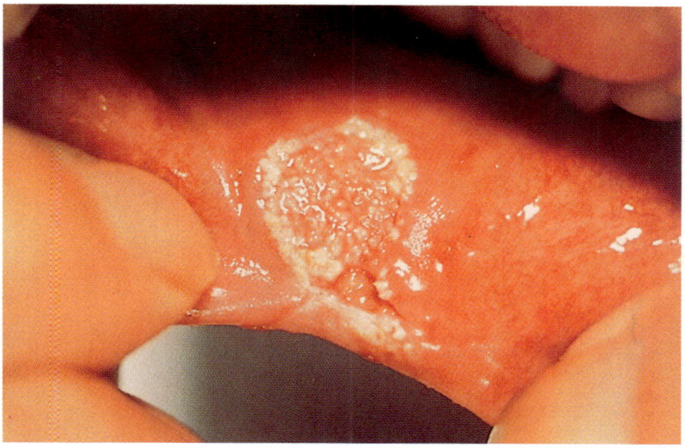

Foto 43: Leukoplakie (Kap. 15), [1]

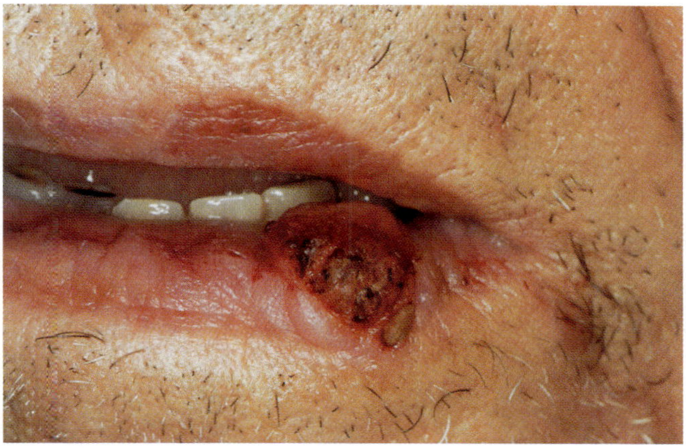

Foto 45: Spinozelluläres Karzinom der Unterlippe (Kap. 15), [1]

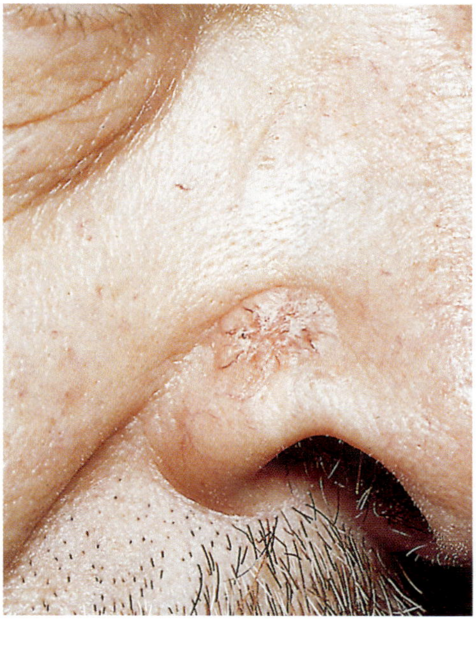

Foto 46: Knotiges Basaliom (Kap. 15), [1]

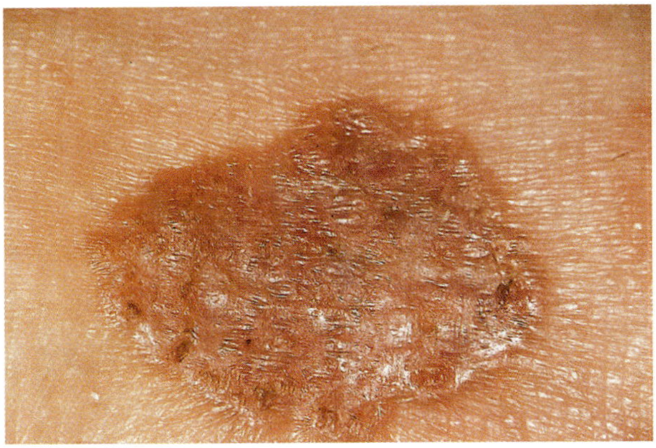

Foto 47: (Rumpfhaut-) Basaliom (Kap. 15), [1]

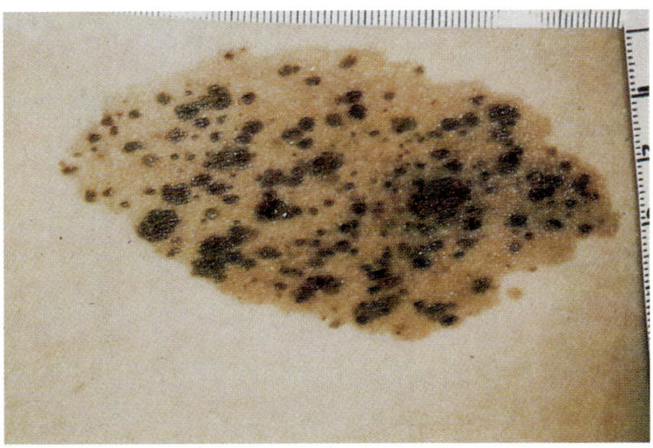

Foto 48: Naevus spilus (Kap. 15), [1]

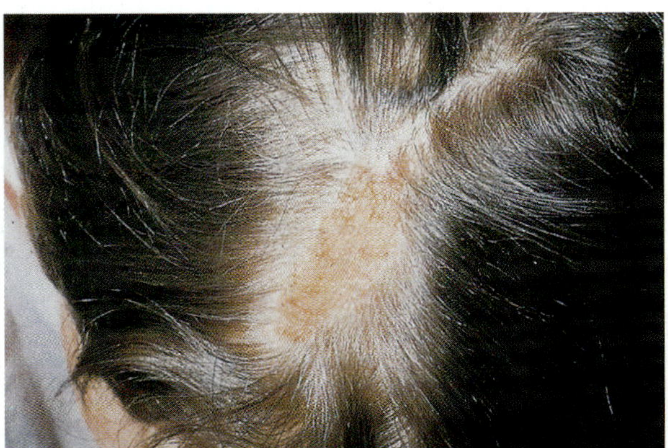

Foto 49: Naevus sebaceus (Kap. 15), [1]

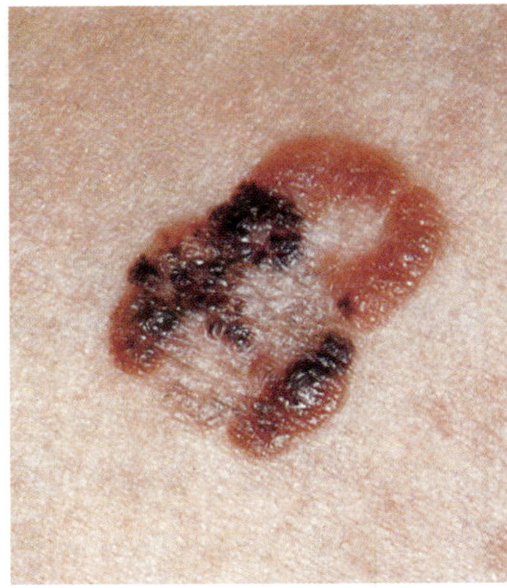

Foto 50: Oberflächlich spreitendes malignes Melanom (Kap. 15), [1]

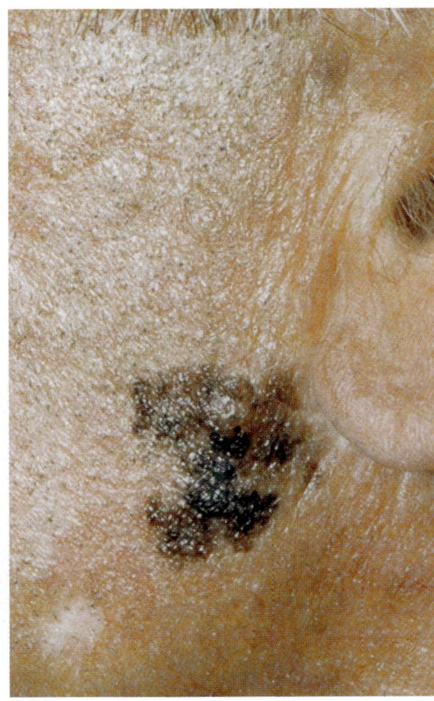

Foto 51: Lentigo-maligna (Kap. 15), [1]

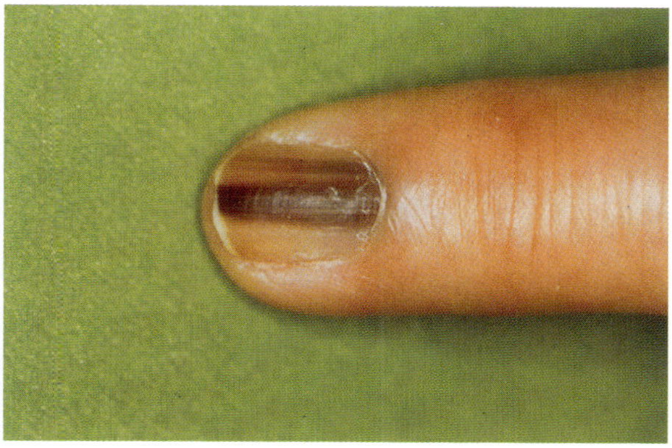

Foto 52: Akrolentiginöses malignes Melanom (Kap. 15), [1]

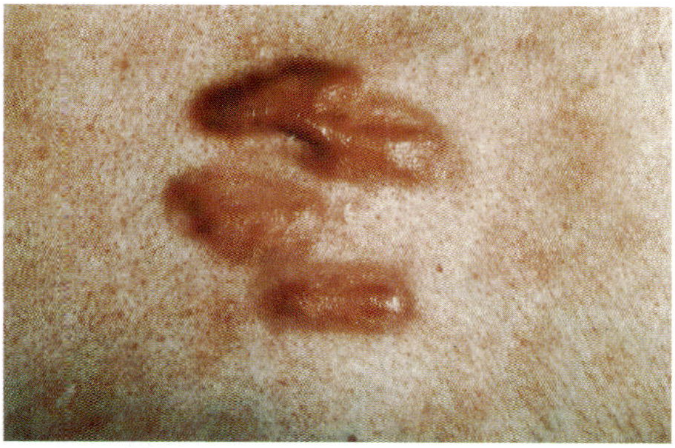

Foto 53: Keloid (Kap. 15), [1]

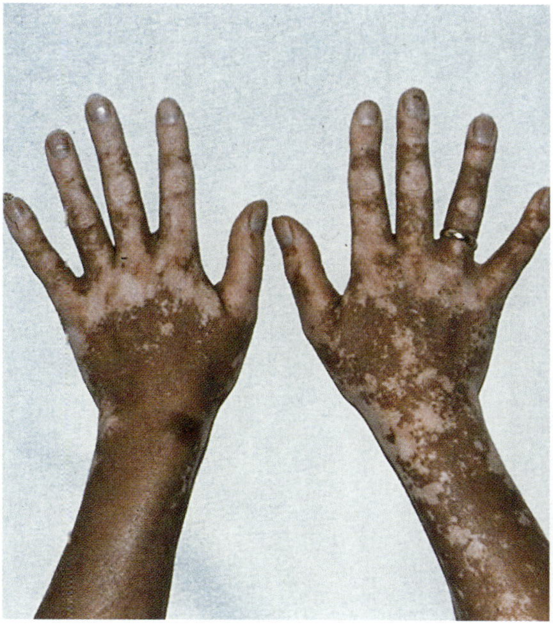

Foto 54: Vitiligo (Kap. 16), [1]

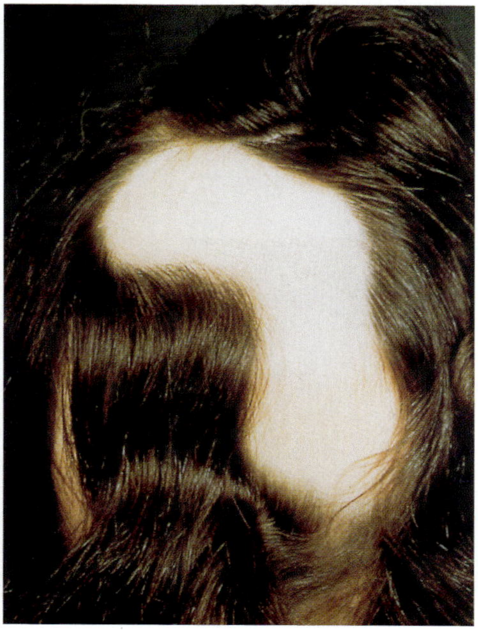

Foto 55: Alopezia areata (Kap. 17), [1]

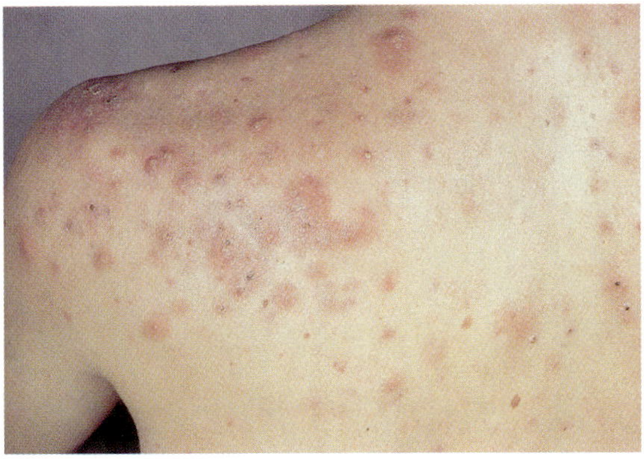

Foto 56: Acne conglobata (Kap. 18), [1]

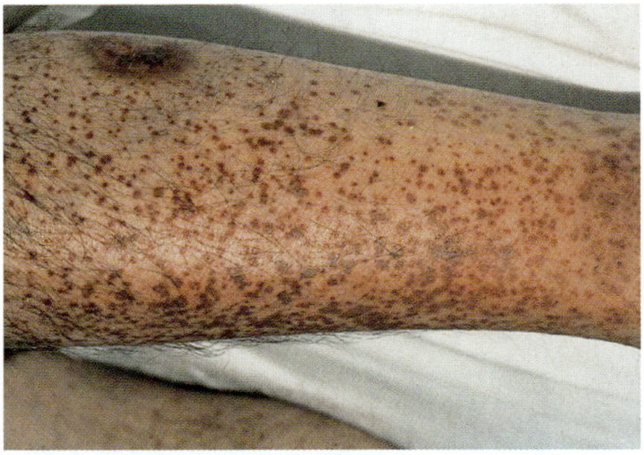

Foto 57: Leukozytoklastische Vaskulitis (Kap. 19), [1]

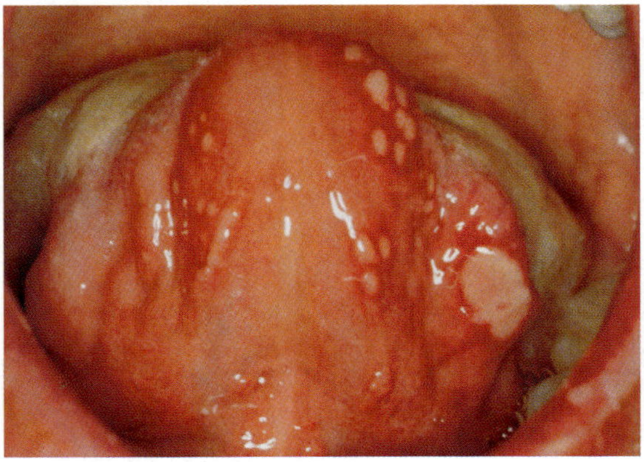

Foto 58: Morbus Behçet (Kap. 20), [1]

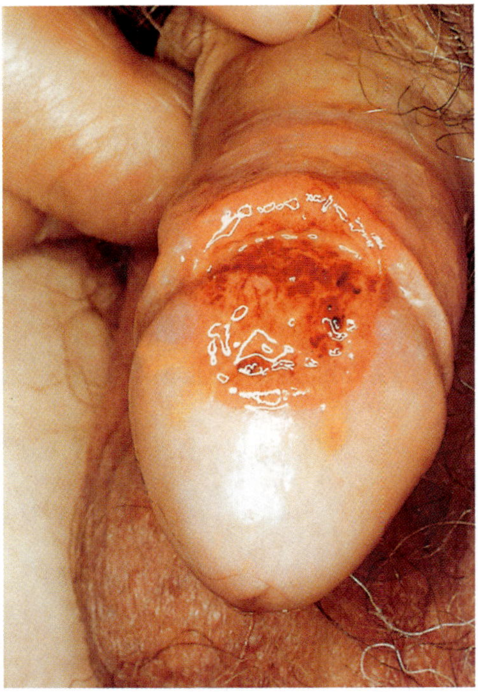

Foto 59: Syphilis (Stadium I), (Kap. 22), [1]

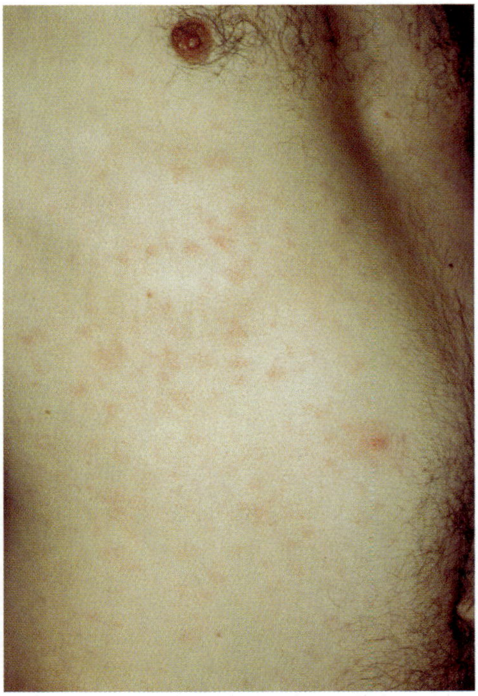

Foto 60: Syphilis (Stadium II), (Kap. 22), [1]

Index

O

P

Q

R

S

T

U

V

W

X